U0291776

# 新版广联达算量计价软件
# 实用操作指南

主　编　毛银德

中国建设科技出版社有限责任公司
China Construction Science and Technology Press Co., Ltd.
北　京

**图书在版编目（CIP）数据**

新版广联达算量计价软件实用操作指南/毛银德
主编．--北京：中国建设科技出版社有限责任公司，
2025.3. -- ISBN 978-7-5160-4402-5

Ⅰ. TU723.3-39

中国国家版本馆 CIP 数据核字第 2025XG2153 号

**新版广联达算量计价软件实用操作指南**
XINBAN GUANGLIANDA SUANLIANG JIJIA RUANJIAN SHIYONG CAOZUO ZHINAN
主　编　毛银德

出版发行　中国建设科技出版社有限责任公司
地　　址：北京市西城区白纸坊东街 2 号院 6 号楼
邮　　编：100054
经　　销：全国各地新华书店
印　　刷：北京联兴盛业印刷股份有限公司
开　　本：889mm×1194mm　　1/16
印　　张：16.25
字　　数：400 千字
版　　次：2025 年 3 月第 1 版
印　　次：2025 年 3 月第 1 次
定　　价：**70.00 元**

# 前　言

广联达算量、计价软件已在国内工程造价领域广泛应用，占有较大的市场份额。其对各种结构形式的建筑图纸，均可进行识别纠错、智能布置等智能化操作，从而得到完整的工程造价和人、材、机分析文件。

本书的目录框架与之前版本大致相同，但在内容上进行了较大更新。如 2.3 节增加了【测量距离】、【测量面积】、【查看长度】、【测量弧长】、【查看属性】等内容；第 3 章增加了 3.6 节计算装配式建筑预制柱；4.3 节尾部增加了补画 CAD 线、【拾取构件】小技巧；第 5 章增加了 5.3 节计算装配式建筑预制剪力墙的工程量、5.4 节计算装配式建筑预制剪力墙与后浇柱的工程量；第 6 章中增加了 6.7 节绘制装配式建筑预制梁、6.8 节智能布置主肋梁、6.9 节梁加腋；第 9 章中增加了 9.10 节计算装配式建筑预制叠合底板、9.11 节绘制装配式建筑预制叠合板（整厚）、9.12 节智能布置装配式建筑预制板缝、9.13 节绘制装配式建筑预制楼板和后浇叠合层、9.14 节智能布置空心楼盖板、9.15 节智能布置空心楼盖板柱帽；10.1 节增加了绘制弧形阳台、放射筋；第 16 章增加了 16.3 节计算【自定义面】的工程量；新增了第 18 章设置施工段；第 21 章增加了计价软件的操作方法。

对于软件使用比较熟练但手算经验不足的读者，本书还设置了手算技巧用于对量的章节，读者可以在识别或绘制构件图元后，使用软件的【工程量】→【汇总选中图元】→【查看工程量】→在【查看构件图元工程量】页面，对照软件计算的工程量做手算对比。

本书可作为高等院校专业教科书或自学教材使用。读者按照本书掌握基本操作方法后，如遇版本更新会很容易适应。

由于时间仓促，笔者能力有限，有些地方可能存在不足，欢迎读者批评指正。

毛银德

2025 年 2 月

# 目 录

# 1　识别构件前的准备工作

## 1.1　进入软件创建工程

插入加密锁，如果提示没有检测到加密锁，需要激活加密锁，操作方法见第 20.3 节尾部的讲解。进入软件后，显示【登录】页面，如图 1-1-1。

图 1-1-1　登录页面

在【登录】页面下部，有两种使用方法：①网络版→输入邮箱或者手机号、密码→【立即登录】→可进入网络版操作，其余方法同下述。②单机版→单击【离线使用】，弹出以下画面，见图 1-1-2。

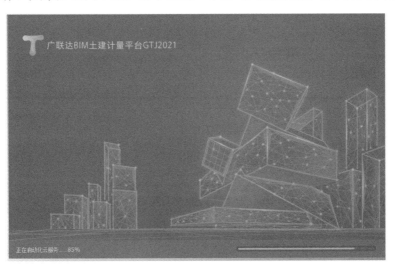

图 1-1-2　广联达土建算量软件最新版初始画面

用户需稍等，上述画面可自动消失。如果是再次登录，继续做未完工程，在"最近文件"下部：单击已有工程的窗口，弹出提示：云规则窗体初始化失败，原因，网络连接失败，请查看本地网络→确定，上述情况可能会再次出现一遍→确定，可进入已有工程，继续做未完工程。

对于新建工程，在左上角→【新建工程】。如果您是新手对广联达工程造价软件不了解，（需要联网）在左边【新建工程】的下部→单击【课程学习】（另有【半小时讲透施工段】→（免费）【立即观看】→【短信登录】→输入本人手机号、密码可以登录、观看讲座视频）→单击【土建录播课堂】，在下部有【土建】、【装饰】、【市政】、【钢结构】、【安装】、【计价】，可以根据需要→单击【土建】，可以进入有【土建GTJ2018】。另有进阶必备【土建GTJ2021】等众多授课视频供观看学习，在此选择一个授课视频→【立即观看】→在"账号登录"的【账号】栏：输入手机号码→输入密码（如果忘记密码→单击【忘记密码】→进入重新修改、设置密码的操作）→【登录】→可根据自己的选择观看所需要的广联达工程造价授课视频，但是视频讲得很快还需要记笔记，并且视频讲的只是个别片段、章节，不系统、不完整，不如按照本书可以直接上机操作，本书就是你最完整、全面的笔记。

（上接【新建工程】）在弹出的【新建工程】页面：按各行要求输入工程名称→单击【清单规则】行尾部的▼→（以河南地区为例，全国各地也需要参照此方法操作）选择"房屋建筑与装饰工程计量规范计算规则（2013－河南）"；单击【定额规则】行尾部的▼→选择"河南省房屋建筑与装饰工程预算定额计算规则（2016）；在下边的【清单库】行：选择"工程量清单项目计量规范（2013 河南）"；在【定额库】行：选择"河南省房屋建筑与装饰工程预算定额（2016）"。在此选择的定额库只用于土建计量套取定额子目，凡钢筋统计计算的钢筋规格、数量，软件有自动套取定额子目功能。在"钢筋规则"的下部单击【平法规则】行尾部的▼，根据设计需要选择11或16系列《混凝土结构施工图平面整体表示方法制图规则和构造详图》，简称11系列或16系列平法规则。在【汇总方式】栏：选择"按照钢筋图示尺寸——外皮汇总"。

说明：在此页面下部→单击【钢筋汇总方式详细说明】，有"广联达 BIM 土建计量平台 GTJ2021"：关于汇总方式选择按外皮或者中心线的计算说明供查阅。在此页面下部还有【计算规则选择注意事项】供查阅。

单击【创建工程】弹出提示：云规则窗体初始化失败，原因，网络连接失败，请查看本地网络→确定，上述情况可能会再出现一遍→确定（运行、需要稍等）→在【工程设置】的下邻行，单击【工程信息】，如图 1-1-3。

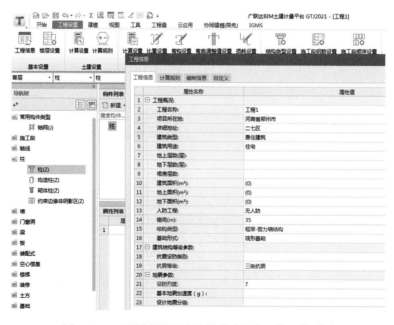

图 1-1-3　工程设置界面电脑屏幕功能窗口位置排列图

　　上述输入的信息已显示在【工程信息】页面：需要从上向下逐行选择或输入各行参数→单击【项目所在地】行，显示▼→▼，选择项目所在地区、城市；→输入工程详细地址；选择【建筑类型】：有居住、办公等多种建筑类型可选择；输入地上、地下层数；输入【地上建筑面积】、【地下建筑面积】→回车，程序可自动计算并显示地上＋地下的总【建筑面积】，在最后汇总计算结果时，程序可以自动分析并显示按照每平方米建筑面积计算出的单方造价。此页面的蓝色字体为必输内容。比如：输入檐高→回车，程序可以根据工程所在地区自动计算并显示建筑的抗震等级。在【基础形式】栏：选择基础形式，还可以选择如筏板基础→＋独立基础。与老版本不同之处在于：【工程信息】页面多了地震参数，需要按照《建筑抗震设计规范》（GB/T 50011—2010）中第 3.2.2 条的规定输入，地震分组需按照此规范附录 A 的规定输入。

　　单击【抗震设防类别】行：显示▼→▼，可以根据设计要求选择甲类、乙类、丙类、丁类建筑，这些参数的选择都会影响到计算结果。

　　只要在此输入了建筑所在的地区、檐高等参数，程序可以自动计算出应有的抗震等级，也可以手动选择抗震等级。

　　还增加了【环境类别】、【施工信息】、"地下水位线相对±0.00 标高"，单击【实施阶段】行尾显示▼→▼，选择【招投标】、【施工过程】、【开工日期】、【竣工日期】、【竣工结算】等内容。一个页面各行信息输入完毕。直接从左向右选择下个功能窗口即可。还需要在【工程信息】页面→单击此页面上部的【计算规则】进入【计算规则】选择页面；在【钢筋损耗】行单击显示▼→选择是否计算损耗，因钢筋定额子目内已包括有损耗量，选择【不计算损耗】，如果是单纯统计钢筋用量，软件提供有全国各省市、地区的钢筋损耗量模板可供选择→单击【钢筋报表】行：在此行尾部显示▼→▼→选择各省区（如河南地区，其他地区也需要参照本办法操作）：选择河南 2016，否则计算出的钢筋工程量程序自动选择、套用的可能是其他地区或者本地区其他版本的定额子目→单击【编制信息】：可输入建设、设计、施工、编制单位等信息。

　　说明：在新建工程时如果计算规则选错：单击左上角的软件图标【T】（下拉菜单）→【导出工程】，在弹出的【导出】页面：重新选择计算规则、定额库，方法同上述。

　　单击【楼层设置】→建立楼层表：（如电子版图纸导入有【识别楼层表】功能，可不操作此内容，详见第 1.3 节的描述。）→【计算设置】……→【计算规则】，进入【清单规则】、【定额规则】选择、设置界面；（在后边第二个）→【计算（有钢筋软件图标的）设置】，如图 1-1-4。

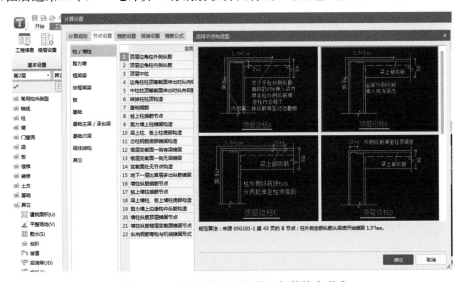

图 1-1-4　在节点设置页面设置钢筋接头形式

　　单击【计算设置】，在显示的【计算设置】界面，单击【搭接设置】：有多种钢筋接头形式可选择；单击上部的【节点设置】：有多种节点大样配筋图，一般需要按照在结构设计总说明的后半部分，按照设计者给出的节点大样详图，在此页面左侧根据需要分别选择主要构件类型→在右侧主栏按照所在行→双击显示▼→▼，选择节点大样详图，在此凡绿色字体、参数单击可修改（程序是按规范、图集设置，无专门要求可不需选择、修改）等更多内容，与2018版不同的是：单击主屏幕上部的【结构类型设置】，在弹出的"结构类型设置"页面：可以逐行单击显示▼→▼，按照图纸设计的应有工况选择，如果选择错误，页面左下角有"恢复"功能。

单击主屏幕上部的【施工段钢筋设置】，在弹出的"施工段钢筋甩筋设置"页面：展开【剪力墙】，可以分别单击【水平筋】、【压墙筋】，可以选择、设置甩筋（又称预留搭接钢筋）的页面：选择设置比例、选择批次；展开【梁】：有【上部筋】、【下部筋】、【侧面筋】；展开【现浇板】有：【底筋】、【面筋】、【中间层筋】、【温度筋】……可在各自界面选择设置比例、批次，（页面下部有使用说明）在此选择完毕→确定。主屏幕上部的【施工段顺序设置】功能，需要在最后各楼层的构件识别、绘制完成后操作，详见本书第18节的讲解。

在此设置的项均在整个工程中起主控作用，可显示在相应的构件属性中，可节约许多工作量，以后在单个构件属性中还可修改，设置完毕→向右依次单击进入【楼层设置】。如果是电子版图纸导入、有识别楼层表功能，此界面可不操作。

## 1.2 电子版图纸导入

结构图纸、建筑图纸可一次性导入。

在【建模】界面的【图纸管理】页面：【添加图纸】在显示的"添加图纸"页面（如果是再次导入→【插入图纸】）；单击"我的电脑"或者"计算机"或"桌面"，找到需要导入的电子版工程图纸文件所保存盘的盘名，并双击使此盘名称显示在上部第一行，下部显示的就是此盘全部文件内容，找到需要导入的电子版图纸工程文件名并单击使此文件名显示在下部【文件名】行，如果没有显示在下部【文件名】行，说明此文件有上级文件名称→双击此文件名使其显示在上部第一行，再单击此工程文件的下级文件名，使其显示在下部【文件名】行，如果此单位工程分结构、建筑二个文件名，需先单击结构图纸文件名使其显示在下部文件名行→Ctrl＋左键→再选择建筑图纸文件名，Ctrl＋左键可再次选择、使多个图纸文件名同时显示在下部【文件名】行，如图1-2-1。

图1-2-1 电子版图纸导入

【打开】→（导入运行）。导入的结构、建筑数个工程图纸文件名已显示在【图纸管理】页面下部→双击此结构或建筑工程图纸总文件名行的首部，此总工程文件图纸名下所属全部电子版图纸已显示在主屏幕。

在【建模】界面：当主屏幕有全部多个电子版图时，任意选择主屏幕上的一张电子版图纸放大→（在主屏幕左上角【建模】窗口的下部隔一行）【设置比例】（作用是检查、核对电子版图纸的绘图比例）→单击轴线交点的首点，向右或者向下移动光标拉出线条→选择下一个轴线交点并单击→弹出"设置比例"对话框：显示所测量轴线两点间的距离mm，需要与图纸标注的尺寸核对，有错误时修改为图纸标注的正确尺寸→确定→右键结束设置比例操作。

需要在主屏幕上显示全部多个结构或者建筑图纸的情况下，分别进行设置比例的操作。

单击【分割】▼→▼（先）【自动分割】（运行，正在拆分图纸，提示：分割完成，提示可自动消失）。自动分割后每个自然电子版图用蓝色图框线围合，并且结构、建筑分割后的电子版图纸名称可自动显示在【图纸管理】页面下的各自所属的结构或建筑的总图名称的下部，识别时不会混淆。如果蓝色图框线内有两个图，常见的有墙（柱）平面图与柱大样详图表绘制在一张自然图上，自动分割后由蓝色图框线围合在一张自然图上，为避免识别时相互干扰，需要进一步【手动分割】详细操作见1.5节、1.6节描述。手动分割后，在【图纸管理】页面首行右边尾部单击"两个横向小三角"→【定位】图纸（又称自动定位图纸）。

大部分图纸都能够实现【自动分割】，对于"墙柱平面图"与"柱大样详图"用外围边框线围合绘制在一张图内的情况，可用下述方法【解锁】后→单击每个图纸外围边框线，变蓝色→右键→删除，再【自动分割】即可，也可以按照后面描述的方法【手动分割】。

修改电子版图纸的操作方法：添加、导入电子版图纸后，→单击主屏幕左上角的【锁】图形，其下部有【锁定】，【解锁】后可修改全部电子版图纸。如果只需要修改单独一个电子版图纸的内容，在【图纸管理】栏下部，找到此图纸名称，双击其图纸文件名行的首部，使此电子版图显示在主屏幕→单击此图纸名称行尾部的"锁"图形使其为开启状态，如图1-2-2所示，即可修改主屏幕上的一个电子版图纸。

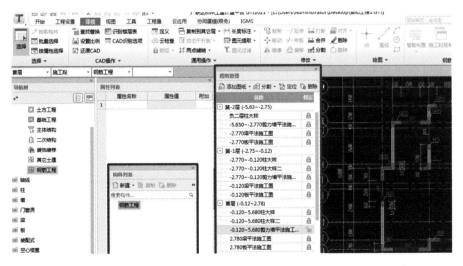

图1-2-2 单击图纸名称行尾部的"锁"图形使其开启可修改图纸上的信息

电子版图纸导入后→【图纸管理】→【定位】可自动定位图纸。自动定位后，已分割成功的结构、建筑图轴网左下角有"×"形定位标志。

由于图纸设计的梁较密，同一个楼层X、Y方向梁的名称和标注分别标在两张电子版图上，把两张图纸拼接到一张图上。方法一：先导入其中一个方向的图，正确定位，然后插入另一方向的电子版图，提示，插入的图不能再定位，要先用框选的方法选中此图→右键（在众多下拉菜单）→【移动】、把两张图纸拼接到一张图上。方法二：当 $X$、$Y$ 方向的两个图在一个图中可先导入全部电子版图，选中其中一张图→右键→移动→把两张图拼接定位在一起→【手动分割】。

## 1.3　识别楼层表、设置错层

导入电子版施工图纸后，可以在主屏幕有多个电子版图纸的情况下，找到有楼层表的图纸，识别楼层表。

单击主屏幕上部的【识别楼层表】功能窗口→光标呈"＋"字形、左键单击图纸上的"楼层表"左上角→松左键，框选结构图上的楼层表→左键，结构图上的楼层表已被黄色粗线条围合框住→右键，弹出"识别楼层表"页面，如图 1-3-1。

图 1-3-1　识别楼层表功能窗口位置图

框选的楼层表已经显示在此页面，无须逐行单击表头上部的空格、对应竖列关系，可直接→【识别】，如果楼层列的楼层数变为红色，是因为程序不能识别楼层编号中的中文汉字，需要把中文汉字修改为阿拉伯数字→【识别】，提示：楼层表识别完成。

检查识别效果→单击左上角的【工程设置】→可在【楼层设置】页面看到识别成功的楼层信息→如果需要增加楼层→单击需增加楼层【编码】栏的，楼层数为当前楼层（如果单击行首部，此层会成为首层，其余楼层依顺序排列）→【插入楼层】→【下移】，在选择的当前楼层向下插入（增加）了 1 个楼层→【上移】，可在当前层向上插入、增加一个楼层。提示：电子版楼层表中的中文汉字"地下室"可不改为阿拉伯数字如"－1"层也可识别成功。

关于楼层表中基础层的层高：有地下室时，基础层的层高指基础垫层顶面至地下室室内地面标高的垂直距离；无地下室时基础层层高指基础垫层顶面至±0.00 的垂直距离（单位 m）。

对结构施工图纸中"层高表"的说明：结构施工图多数图纸都有层高表，有楼层号，在层底标高中表示的是每层的结构底标高，不含建筑面层厚度，建筑面层厚度需要在房间装修地面铺装中设置，层高很好理解。另外在新、老版本的主屏幕多数操作画面的左下角，显示有当前楼层的底标高（是含建筑面层的底标高）、本楼层的层顶标高，单位为 m，供操作时观察使用。

1. 原位复制整个楼层的构件图元

（1）整个楼层的构件图元全部复制到其他层，此办法不能用于首层（因为只有首层不能做标准层）。前提需要把拟复制之源楼层的全部构件图元绘制完成→【工程设置】→【楼层设置】→在"相同楼层"栏：输入"N"个相同楼层数即可→【动态观察】→可看到已复制成功的三维立体图。

（2）如果需要把首层的全部构件图元原位置复制到其他层，可以使用主屏幕上部的【复制到其他层】或【从其他层复制】功能，操作方法见9.4节图9-4-5图下部分的描述操作。

（3）整个楼层全部或大部分构件图元有选择地复制到其他（目标）楼层：先进入目标楼层→（顶横行一级菜单）【楼层】（下拉菜单）→【从其他楼层复制构件图元】→选择来源楼层、选择构件→选择欲复制的目标层可选择N个层→确定。必须是在平面图中原位置复制构件图元。

（4）因为首层不能做标准层，在楼层设置页面不能设置n个相同层数→【定义】，在弹出的【定义】页面：由【层间复制】代替老版本的【复制选定图元到其他层】，一次只能原位置复制在"常用构件类型"下的一个类别构件，操作方法：【砌体墙】→主屏幕上部显示【复制到其他层】（光标放到上面有小视频）→框选全平面图→右键→在弹出的"复制图元到其他层"页面勾选需复制到的目标层→确定，提示：图元复制成功→确定。一次只能原位复制【常用构件类型】下部并且是在主构件展开状态下的一种主要构件，如需要可再选择下一个常用主要构件类型→复制……

2. 设置保护层厚度

（1）设置混凝土强度等级：单击一个构件的砼强度等级如：C20 在行尾部显示▼→▼，可以根据需要选择如：C30→【复制到其他楼层】→选择目标楼层→确定，提示：已成功复制到所选择楼层→确定。

（2）可针对整个楼层设置，在【工程设置】→【楼层设置】页面的下部倒数第二竖列有【保护层】栏，（对于箍筋计量有影响）程序有默认值（可修改）可复制到选定楼层或全楼，如图1-3-2。

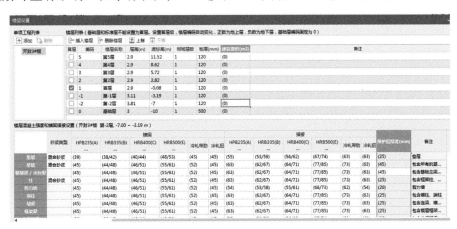

图 1-3-2　批量修改各种构件保护层厚度

（3）还可以在后续操作中单独修改某个构件或图元的属性参数，在构件的属性页面上部展开钢筋业务属性，有保护层厚度可修改。

（4）把已有工程或已完工程的构件属性信息应用到其他工程，前提条件是：一个项目或其他项目有近似单位工程并对已定义的构件执行（在【层间复制构件】菜单右邻）→【构件存档】。在新建下一个工程时执行【构件提取】，可把存档的构件属性信息复制到下一个工程上。

（5）不同层高或错层在一个工程中绘制方法：先按一种标高【识别楼层表】，个别构件标高不同时，通过修改构件【属性列表】中的底、顶标高。如果图纸设计的是区域错层，在识别楼层表后→（在左上角）【工程设置】→【楼层设置】，在弹出的"楼层设置"页面：在主栏内选择已经识别生成楼层表的有错层的楼层并单击使此楼层成为当前操作的楼层→在此页面左上角的【单项工程列表】下邻行→【添加】，已在当前正在操作的工程名称下产生一个【单项工程－1】（选择并单击此处的工程名称，可在右侧主栏内显示各自的楼层表）→单击产生的【单项工程－1】，在右侧主栏内的楼层表→选择一个楼层（→【插入】，可增加1个楼层），按照图纸设计修改层高，单位：米→回车，其上邻层的底标高会自动按照计算出的应有数值改变。关闭"楼层设置"页面→在"常用构件类型"栏下→展开【轴网】→【轴网】(J)，此时在主屏幕显示红色已有轴网→在主屏幕左上角单击【工程名称】窗口

→选择到新增加的【单项工程－1】→（在主屏幕上部的一级功能窗口【建模】）界面→在"常用构件类型"栏下→【柱】（Z）→在【构件列表】页面→【新建矩形柱】，可以按照图形输入的方法绘制【柱】、【墙】、【梁】等，绘制出的错层构件如图1-3-3。

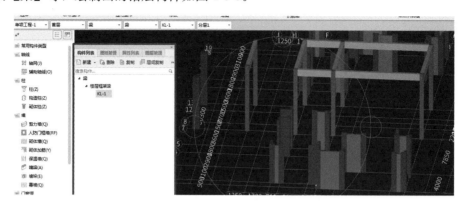

图1-3-3　用【新建单项工程】功能绘制不同层高的错层构件

## 1.4　识别构件前的主要操作过程

在【图纸管理】页面→【添加图纸】又称【导入图纸】→（结构、建筑电子版图纸均需要）在主屏幕同时有多个电子版图纸时：（在主屏幕左上角）【设置比例】→【识别楼层表】→【手动分割】：先【自动分割】后【手动分割】（可以在【手动分割】过程中修改、完善图纸文件名称→还可以把属于同一个楼层的结构、建筑专业的图纸选择到同一个楼层，如图1-4-1所示）→【识别轴网】→【识别柱大样】→【识别柱】，在平面图上识别柱前需检查各平面图轴网左下角白色"X"形定位标志的定位点是否正确，如有错误可以按照2.3节：手动定位纠错、设置轴网定位原点功能纠正。

新老版本各功能窗口位置和操作方法基本相同，CAD识别各功能窗口显示在【建模】界面各主要构件的下部，例如柱子的识别窗口位置，在【建模】界面：展开"导航栏"下部的柱→【柱】（Z）→有【识别柱表】、【识别柱大样】、【校核柱大样】、【填充识别柱】、【校核柱图元】等功能窗口。

图1-4-1　把分割的结构、建筑图纸选择到应有楼层

在【定义】页面：有【属性列表】、【构件列表】、【构件做法】，还有批量【添加（构件名）前后缀】、【层间复制】等多种功能。

在首次新建工程操作结束时→【保存】，在弹出的"另存为"页面→【计算机】或【我的电脑】→选择需要保存的盘名并双击，在下部文件名（N）行：已经显示要保存的工程文件名称→【保存】。可以根据需要保存到需要保存的电脑盘内。

# 1.5  手动分割

在【手动分割】时还需要把图纸对应到应该属于的楼层，无需对应构件。

需要手动分割的几种情形：从基础层开始向上逐层逐图依次分割。已显示在主屏幕的电子版图→【自动分割】后，某张图双边框线全为蓝色，无红色边框线，在【图纸管理】页面下部也找不到此图纸名称。凡内外侧双边框线无一条红色边框线的都需要手动分割。

单击【分割】▼→先【自动分割】后【手动分割】，分割后的图纸用黄色图框线围合，如此图双框线内有两个图纸，需要分别【手动分割】为单独的两个图。

如果有墙柱平面图和柱大样详图表等两种以上图布置在一个双图框线内，如图 1-5-1 所示，在识别过程中相互有干扰，需要分别【手动分割】为两个图纸。

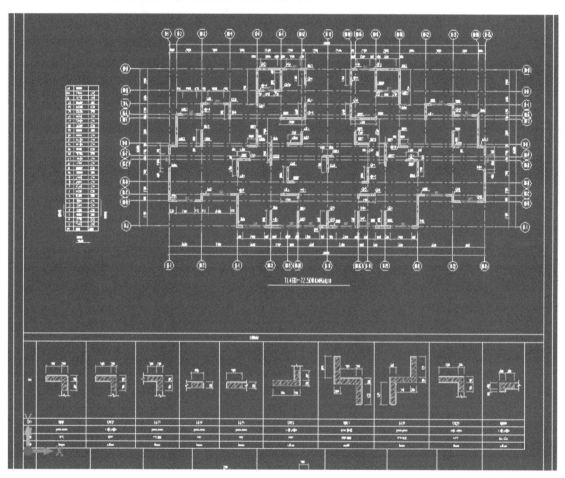

图 1-5-1  手动分割墙柱平面图与柱大样绘在一个图中，需【手动分割】为两个图

分割成功的结构或建筑图纸文件名，分别显示在【图纸管理】页面：各自结构或建筑总图纸文件名称的上部，按分割的先后排序。如在结构总图纸名下显示为：连梁及暗柱平法施工图（是不应该有的图纸名称）→双击此图纸名称行首部，此图已显示在主屏幕，经观察此双图框线内有结构的墙柱平面图与柱大样详图绘制在一个自然图内，识别时会有干扰，需要手动分割为两张图后→（在【图纸管理】页面右上角）【删除】，可删除当前的多余图纸。

因【手动分割】功能只能矩形框选，有时会遇到连梁表突出布置在柱大样详图表的一角的情况，如图 1-5-2。

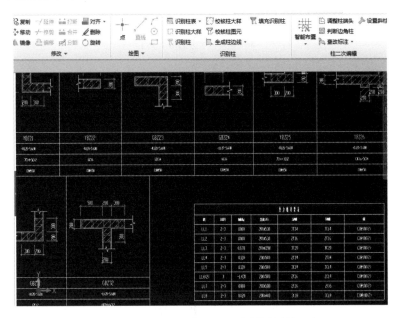

图 1-5-2　连梁表突出布置在柱大样详图的一角

如果柱大样与连梁表【手动分割】为一个图，识别柱大样时与连梁表有干扰，需要把柱大样详图作两次手动分割，这样在【图纸管理】页面下的某层会有两个柱大样图纸文件名，可分别双击此柱大样图纸文件名行首部，使其分别显示在主屏幕，需要分别识别柱大样，分别识别成功的构件名称、构件属性均可显示在相同楼层的暗柱、KZ 构件列表下。

如图 1-5-3 所示，一个图纸双边框线内有两个图，分割一次不行，需要分别作两次分割柱大样图，再一次性手动分割墙柱平面图。

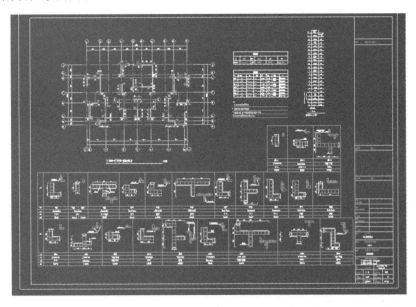

图 1-5-3　需要做二次手动分割的电子版图纸

【手动分割】方法：在【图纸管理】页面，找到已经导入的某工程建筑或者结构总图纸文件名称，双击此图纸文件名称行首部，此建筑或者结构的全部多个电子版图纸已显示在主屏幕（在使用【设置比例】功能检查绘图比例（前边有讲解）之后）→【分割】▼→【手动分割】，找到墙柱平面图与柱大样截面详图（或者其他二个电子版图纸）用图框线围合绘在一张图上的图纸，光标显示为"＋"字形，在左上角单击左键→松开左键→向右下对角框选此图→左键，所选图纸已被黄色线条框住→右键，在弹出的"手动分割"页面，在【图纸名称】行默认显示的是分割前的图纸名称→从已经手动分割的图纸中选择正确的图纸名称并单击（有读取功能），所选的图纸名称可自动显示在"手动分割"页面的【图纸名称】栏，在此还可以修改完善此图纸名称，与 2018 版不同的是需要在其下邻【对应楼层】行→单击显示 ⋯ → ⋯ ，在弹出的"对应楼层"页面，如图 1-5-4 所示。

图 1-5-4　新版本增加了对应楼层功能

在弹出的对应楼层页面，勾选应该属于的楼层数，如果设计者把此图设计为可用于 $N$ 个楼层，在此可勾选 $N$ 个楼层→确定→再在"手动页面"→确定。按照分割的先后次序，此图纸名称已经显示在【图纸管理】页面应该属于第 $N$ 层下部，与 2018 版不同的是第 $N$ 层的建筑图可与结构图纸通过分割、对应楼层的操作，对应到应该属于的同一个楼层，选择图纸时不会搞错→可按照上述方法继续分割下一个图纸。

提示：在各层构件做法相同时还可以，可用复制构件的功能复制到其他层→单击【复制到其他层】，如图 1-5-5。

图 1-5-5　复制选定构件图元到其他层

框选全平面图→右键→弹出"复制图元到其他层"页面，如上图→选择目标楼层→确定→弹出"同名构件处理方式"页面→只复制图元，保留目标层同名构件属性→确定→提示：图元复制成功→确定→【动态观察】可以观察到构件图元竖向已连续，注意：一次只能复制一类主要构件。

# 1.6 手动分割方案

在手动分割前需考虑分割的先后顺序，包括各楼层图纸的组合，有时可能还需要在分割过程中对图纸名称进行修改、完善，并对楼层图纸进行组合，也叫分割方案。

用户需从头至尾认真看图，搞清楚各层都有哪几页图（指结构、建筑施工图纸）组成一个完整的楼层。主要有墙柱平面图、柱大样或称柱截面列表、梁平面图、楼板平面图等。

很多情况下，施工图的设计（也称图纸排列组合方式不符合预算软件识别步骤的先后次序的要求，就是说图纸设计有穿插乱层的，如结构图的柱大样配筋详图和柱的电子版图，是1～5层相同为一页图，而梁的结构（配筋）平面图3～6层相同为同一页电子版图，楼板结构图每层各不相同，并不是按预算软件的识别顺序排列，按某一层或按1至n层为一个标准层竖向分段，在这一层或几层的层底至层顶标高范围内，没有按柱大样配筋（详图）表，墙柱平面图、梁平面图、楼板平面图的顺序，排列、布置图纸，这就需要（一般结构图都有）按结构施工图的层高表，记住这个层、段的竖向层底至层顶标高范围，首先返回到最上部→单击【工程设置】→单击【楼层设置】，在【楼层设置】界面，把识别产生的楼层表，用【删除】、【插入】楼层的功能，把楼层数修改的与欲分割，对应的楼层数相同、一致，再用【手动分割】功能（操作方法按前述），框选某一柱大样或者墙柱平面图……松左键，已框选的图变蓝→右键→弹出"请输入图纸名称"页面，如图1-6-1。

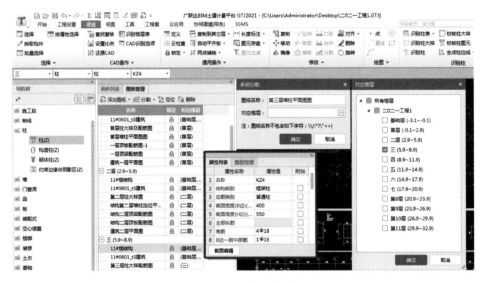

图 1-6-1 手动分割

如果页面覆盖手动分割的电子版图，光标单点此页面上部蓝色带可拖动移开→放大此电子版图→找到此图的图纸名称并单击此图纸名称（此图纸名称已显示在弹出页面的图纸名称行内）→把此图修改、完善为应有的某层图纸名称→还需要在下邻【对应楼层】栏→把此图纸对应到应该属于的楼层→确定。修改后的图纸文件名显示在【图纸管理】页面：应该属于的楼层内。继续用上述方法，把该层所需的墙柱、梁、楼板图采用手动分割，对应到应有楼层。

柱大样、墙、柱等竖向构件在其构件的属性页面的起止标高（连梁除外），是由楼层表中的层高起控制作用，对应到某层识别、生成构件后，其属性页面的标高值会按其应有标高随之变动，不需要修改。

# 1.7　转换钢筋级别符号

本软件只能用 A、B、C 代表一级、二级、三级钢筋，如果某张电子版图纸中的钢筋直径前的钢筋级别等级符号是用"?"号表示，与设计不相符，在识别此张电子版上有钢筋的构件前需【转换符号】→弹出转换符号页面，在其上部"CAD 原始符号"行，需要输入待识别的电子版图上原有显示的"?"号或错误的需要更正的字符，在此页面下部"钢筋软件（指应有的）符号"行→单击其行尾的▼可在下拉众多菜单选择应有正确的：A 表示 HPB300；B 表示 HRB335；C 表示 HRB400；D 表示 RRB400；L 表示冷轧带肋钢筋；N 表示冷轧扭钢筋；E 表示 HRB500；EF 表示 HRBF500；BF 表示 HRBF335；CF 表示 HRBF400；BE 表示 HRB335E 等。CE、EE、BFE、CFE、EFE（选择完毕）→【转换】→在显示的"确认"页面：是否将当前符号"?"转换成钢筋软件的如"CHRB400"→是，已转换→结束→电子版图上的"?"已转为应该有的钢筋符号。新版本在【建模】左上角二行（建模下邻行）有【查找替换】功能菜单，见图 1-7-1。

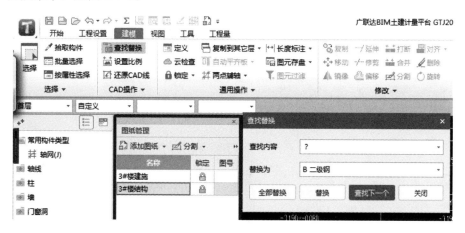

图 1-7-1　转换钢筋符号功能窗口位置图示

转换钢筋级别符号，新老版本操作方法基本相同。

# 2 识别及绘制构件

## 2.1 识别轴网、建立组合轴网

需要进入【图纸管理】页面：找到一个轴网、轴号比较齐全的图纸，并双击此图纸文件名称的首部，只有此一页图纸显示在主屏幕。

在"常用构件类型"栏：展开【轴线】→【轴网】(J)，在主屏幕上部→单击【识别轴网】，其下属识别菜单显示在主屏幕左上角，如果被【属性列表】、【图纸管理】、【构件列表】页面覆盖可拖动移开。

单击【提取轴线】：此时在主屏幕上邻行默认显示为【按图层选择】(Ctrl＋) 或 (Alt＋)，另有【单图元选择】、【按颜色选择】，如图 2-1-1。

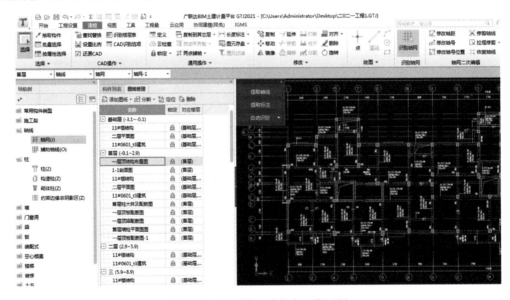

图 2-1-1 识别轴网功能窗口位置图

【提取轴线】→左键单击轴线（不能单击绿色轴线延长线），选上光标由箭头变为"回"形为有效，左键单击轴线、轴线全部变蓝，有没变蓝的轴线可再次选择并单击→右键确认，变蓝的轴网图层全部消失。

【提取标注】→左键单击没消失的绿色轴线延长线、轴号圈、轴线编号、轴线尺寸线为轴线标志，左键单击变蓝，如有没变蓝的上述轴线标志可再次单击、变蓝→右键确认，变蓝的图层消失。

【自动识别】▼→【自动识别】（其中另有【选择识别】和【识别辅轴】菜单，适用于由两个以上轴网拼接成一个交叉组合轴网的情形使用）→已消失的轴网、轴线标志恢复，再次双击【图纸管理】页面的此图纸名称首部，主屏幕图纸已全部（刷新＝更新）恢复。自动识别轴网后，轴网可由蓝色变为红色。【识别轴网】▼→（如果选择）【选择识别】功能：适用于两个以上轴网拼接的组合轴网。

图形输入手工建立（组合）轴网方法。

在"常用构件类型"栏：展开【轴线】→【轴网】(J)。

在【构件列表】页面→【新建】▼有【新建正交轴网】（适用于矩形轴网，上、下开间，左、右进深，两个方向轴线 90°相交的工况）→【新建正交轴网】，在【构件列表】下产生：轴网 1→在右邻→【下开间】→在"常用值 mm"栏下部→选择软件提供的常用轴线间距、可以修改→【添加】，在下开间产生一个所选择的轴线间距，如果与图纸设计的轴线间距不同，左键单击产生的轴线间距尺寸数字，可以输入任意的尺寸数字 mm，→继续在"常用值"下部，选择下一个轴线间距→【添加】。

【左进深】方法同上。

在主屏幕产生轴网 1 为红色→【轴号自动排序】（另有【轴网反向排序】），新建的红色轴网已显示下开间，左进深方向的轴线编号→关闭【定义】页面。在主屏幕显示的"请输入角度"对话框：输入逆时针方向的角度值为正值，向逆时针方向旋转，输入顺时针方向的角度值为负值，向顺时针方向旋转，按默认值 0 为不旋转正交轴网→确定，建立的轴网已按照设置的方向显示在主屏幕。（如果绘制的轴网不符合要求→光标放在红色轴线上呈"回"形并单击左键、轴网变蓝→右键（下拉菜单）→【撤消】，可以撤消主屏幕已绘制的轴网，关闭【定义】页面，在显示的"请输入角度"对话框中：重新输入正确的角度……重新按照上述方法绘制轴网。

在【构件列表】下部→【新建】▼→【新建斜交轴网】，在【构件列表】下产生 1 个：轴网 2；在右邻的【下开间】，操作方法同轴网 1，关闭【定义】页面。→单击【构件列表】下的轴网 2、变蓝，成为当前操作的构件（在主屏幕上部）→【点】→在主屏幕上移动光标显示已建立的斜交轴网，如图 2-1-2。

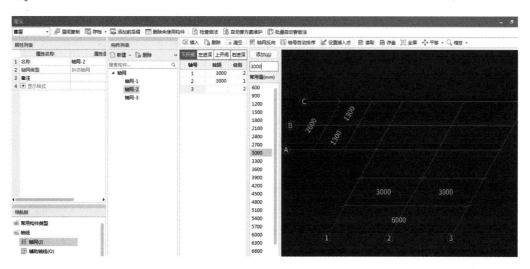

图 2-1-2　建立斜交轴网各功能菜单位置图

光标移动到轴网 2 与轴网 1（需要布置的）相交的首个轴线交点时，光标由大"＋"字形变为小"＋"字形→单击左键→右键确认，轴网 2 已布置上→单击已布置的轴网 2，只有轴网 2 变蓝→右键（下拉有众多菜单）→【旋转】→左键单击轴网 2 与轴网 1 首个连接节点→移动光标并观察轴网 2 的旋转角度到应有角度→回车，轴网 2 已按照与轴网 1 结合的应有角度布置成功。

在【构件列表】下→【新建】▼→【新建圆弧轴网】，按照 2.2 节中的方法操作。

## 2.2　绘制轴网技巧

在"常用构件类型"栏：【轴网】→【辅助轴线】（O），在主屏幕上部→【修改轴距】（不能选择、单击红色起始轴线和外侧的边轴线，只能选择需要修改辅助轴线间距的内侧一条红色轴线）光标放到作为基准轴线上、光标由"口"字形变为"回"字形为有效、并单击，在弹出的"请输入"对话框中，在此只能输入正值，不能输入负值，如图 2-2-1 所示。

图 2-2-1　修改轴线间距

输入需要修改的轴线间距尺寸后→确定，轴线间距已经改变。

在主屏幕上部【两点辅轴】▼（另有【平行辅轴】、【点角辅轴】、【轴角辅轴】、【转角辅轴】、【三点辅轴】、【起点圆心终点辅轴】、【圆形辅轴】、【删除辅轴】多个功能）→选择轴线→【两点】→在轴网中根据需要任意选择首点→选择第二点并单击→在显示的"请输入轴号"对话框：输入轴号→确定。

建立【平行辅轴】：左键单击需要添加平行辅助轴线的基准参照轴线，所选择的轴线变为蓝色并弹出"请输入"对话框，如图 2-2-1 所示，在"偏移距离"栏，输入的正值向上、负值向下偏移，如果选择的是垂直轴线，负值向左、正值向右偏移→确定，平行辅助轴线已绘制成功。

【点角辅轴】→光标选上轴线交点，在轴线交点显示为"米"字形并单击，在弹出的"请输入"对话框的角度行：输入角度→输入轴号→确定，点角辅助轴线已绘制成功。

【轴网】→【点角】（有【点角】、【轴角】、【转角】）光标由箭头变为"回"形并单击→弹出"请输入"角度、轴号，正值为逆时针。负角度值为顺时针→确定→从所选择角点绘制的辅助轴线已画上。

【轴角辅轴】：是以选定轴线上的基准点和指定的角度创建辅助轴线，是在已有放射形轴网上增建放射形辅助轴线→【轴网】→【点角】▼→【轴角】→左键选择基准轴线→光标放在轴线上显示为"回"形为有效，并单击左键，轴线变白→选择变白轴线的垂直轴线的十字交点，光标放到此节点并单击左键→弹出"请输入"，在此输入轴线号、角度，负角度为逆时针，正角度为顺时针→确定。

【删除辅轴】→光标放到辅助轴线上呈"回"形为有效、并单击辅助轴线、变蓝，可多次选择辅助轴线并单击、辅助轴线变蓝→右键→提示：是否删除选中的辅助轴线→是，辅助轴线已删除。

在"常用构件类型"栏的【轴网】界面，在【构件列表】页面→【新建】▼→【圆弧轴线】→在【构件列表】页面：产生一个轴网构件，并在其相邻右侧程序默认为下开间→选择角度、添加，或输入角度→左进深，添加或输入弧线之间的距离 mm→用主屏幕上部的【点】或【旋转点】菜单绘制，如主屏幕已有一个轴网，用主屏幕上部的【点】菜单绘制，需要在已有轴网 1 的连接、插入点才能画上，此轴网如用"旋转点"绘制，需选首个结合、插入点→观察并且移动光标到拟绘制轴（弧形轴网）网的下个任意网格节点并旋转到应有位置→单击左键，已绘上此轴网。→右键结束，【转角偏移辅轴】，可以在弧形轴网中绘制一条与轴线成一定角度的辅助轴线。方法：【轴网】→【转角】▼（或【点角】、【轴角】▼选【转角】）→在弧形轴网中选择一条轴线为基准轴线，单击此轴线变白同时弹出"请输入"角度如 20.5°，输入轴线号，正角度值为逆时针，负角度值为向顺时针方向偏移→确定，与所选择轴线绘制的转角偏移辅助轴线已绘制成功。

恢复轴线：使用恢复轴线功能菜单可以把延伸或修剪过的轴线恢复原状→【轴网】→（主屏幕上邻行）【恢复轴线】→光标左键单击需恢复原状的轴线，只能恢复一步。绘制轴线技巧：弧形轴线如弧形阳台，需要先绘制一个平行辅助轴线、用以确定弧形的弓形高度，再画弧形的垂直等分线→【平行辅轴】→【三点辅轴】→单击弧形轴线的起点，点上光标变"米"形→移动光标拉出线条→点弧形中部垂直平分线的顶点→点弧线终点，弧形轴线已绘制成功。在主屏幕上部→【工具】，进入【工具】界面：右上角有【测量距离】、【测量面积】、【测量弧长】更多功能。

## 2.3　手动定位纠错、设置轴网定位原点

需要在【图纸管理】页面→双击图纸文件名称行首部，在主屏幕只有一张电子版图状态，凡有轴网的图纸，此图（自动）定位图纸后，在左下角有带白色（老版本为红色）"X"形定位标志，检查是否为全楼各图纸共有、并且是唯一的 1 个比较在左下角的轴线交点，如不是，将会造成所识别构件图元整体偏移错位。需用【工具】界面下的【设置原点】功能手动定位，并且每张有轴网的电子版图纸都要检查轴网左下角的"×"形定位标志的位置是否正确。

【设置原点】的操作方法：【工具】（下拉菜单）→【设置原点】→光标捕捉到应有轴线交点时，光标由箭头变"米"字形→单击左键→右键结束→再找到此轴线交点时已带有白色"X"形定位标志。如果在主屏幕此图消失，找不到已经设置过原点的电子版图纸→（主屏幕上部的）【视图】→【全屏】，主屏幕消失的电子版图纸可恢复显示，并且已有"×"形定位标志。如图 2-3-1 所示。

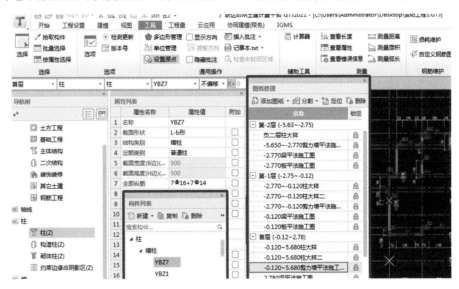

图 2-3-1　手动定位纠错、设置轴网定位原点

必须是在【手动分割】后，主屏幕上只有一个电子版图纸状态才能手动定位成功。主屏幕右上角还有【测量距离】：单击图中任意构件的首点→终点，可以显示此构件的长度尺寸；【测量面积】：按照绘制多线段→形成封闭的方法，可显示封闭区域内的面积、周长，这些数据应该很有用；【测量弧长】：左键单击需要查看弧形的线条→单击弧形线条的起点→单击弧形线条的终点，可显示此弧形的弧长、角度、弦长、半径；【查看长度】：光标放到图中任意构件图元上，可显示此构件的长度尺寸；【查看属性】：光标放在图中任意构件图元上，可以显示此构件所在楼层：构件名称，材质，属性、尺寸、参数，钢筋，添加剂等众多信息；还有【插入批注】、【记事本】、【自定义钢筋图形】、【损耗维护】更多功能。

# 3 识别柱大样与生成柱构件

## 3.1 识别柱大样（含识别框架柱表）

说明1：如框架结构只有框架柱平面图，没有柱截面配筋大样详图，把柱大样配筋详图绘制成柱表形式，不需要识别柱大样。可在【建模】界面的"常用构件类型"栏→展开【柱】→【柱】（Z）。在主屏幕上部→【识别柱表】▼→【识别柱表】，在主屏幕有多个电子版图纸的情况下→框选"柱配筋表格"→右键，框选的"柱配筋表格"已经显示在弹出的"识别柱表"页面：从左向右逐个单击表头上部的空格、竖列发黑，对应竖列关系→【识别】。提示：构件识别完成，共有多少个构件被识别→确定。在【构件列表】页面：已经可以看到识别产生的许多框架柱构件名称。在主屏幕上部→【校核柱大样】（校核运行），提示：校核完成，没有错误图元信息→确定。如果有错误信息，可以按照本书3.2节讲解的方法做纠错处理。只要有柱截面配筋大样详图就需要识别柱大样。

说明2：如有的框架柱或框架剪力墙结构墙柱平面图与框架柱截面详图绘制在一张平面图上，上部是墙柱平面图，下部或一侧为柱截面详图（无表格形式）需要把柱截面详图与墙柱平面图【手动分割】为两张图，避免识别互相干扰。

识别柱大样时：如果"剪力墙表"或者"连梁表"突入与柱大样详图绘制在一张图上，识别时会有影响，需要手动分割为两张图。有【自动识别】、【点选识别】、【框选识别】三种方法。

在【图纸管理】页面：双击某层暗柱或 KZ 截面配筋柱大样图的图纸名称行首部→只有此一个柱大样详图显示在主屏幕。主屏幕左上角的【楼层数】可以自动切换到当前平面图上柱大样详图所在的楼层数。（提示："2021版"【构件列表】、【图纸管理】、【属性列表】、【图层管理】同在一个界面，如找不到【图纸管理】功能窗口，就不能双击【图纸管理】界面的图纸名称行首部使其显示在主屏幕，也就无法识别。处理方法：在【建模】右邻→单击【视图】→单击【图纸管理】→在【构件列表】的左边已显示【图纸管理】页面，单击【图纸管理】进入图纸管理界面：下部有导入的各图纸名称。提示：在【视图】界面，主屏幕上部的【图纸管理】有【构件列表】右边【图纸管理】功能窗口的开启、关闭控制功能，返回【建模】界面：在"常用构件类型"栏下展开【柱】→【柱】（Z）→（在主屏幕上部）→【识别柱大样】（包括识别暗柱、框架柱截面大样图方法相同，可同时进行）【识别柱大样】的数个下级菜单显示在主屏幕左上角（如果【识别柱大样】的下级菜单被【属性列表】、【构件列表】、【图纸管理】页面覆盖，可拖动移开）。如图 3-1-1。

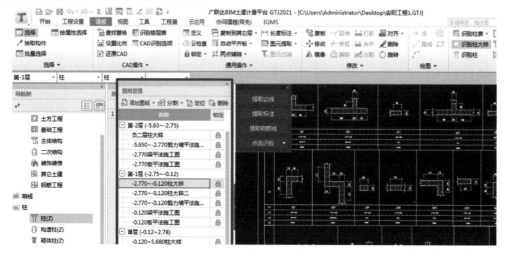

图 3-1-1　识别柱大样

　　【提取边线】（此时在主屏幕上邻行默认显示为【按图层选择】（Ctrl＋）或（Alt＋），另有【单图元选择】、【按颜色选择】）→放大柱大样图→左键单击柱截面边线（识别框架柱的方法同）。对于剪力墙暗柱，因为绘图时剪力墙覆盖暗柱，需选择墙与暗柱连接的内侧短向横（长向为纵、短向为横）线，此线条不是暗柱与剪力墙构件的共用线，不要选择未完折断线及不应识别的图层线条，特别应该注意：如果暗柱边线与红色箍筋线重叠，应该放大此详图→选择暗柱边线与红色箍筋可区分的白色暗柱边线，选择上光标由"＋"字变"回"形，并单击柱大样截面边线、截面边线变蓝，需要检查如有没变蓝的柱大样截面边线，鼠标滚轮缩小、放大观察可再次单击使柱截面边线全部变蓝→右键，已变蓝的图层消失。

　　【提取标注】（柱大样详图中的柱构件名称、全部配筋信息、标高尺寸数字、柱大样详图中绿色柱截面尺寸数字及尺寸标志界线为柱标识，重要提示：不要单击某个柱大样配筋详图下部的中文说明文字）→单击柱名称→上述信息变蓝（如果柱大样详图上的表格也变为蓝色→【Esc】，变蓝的表格恢复为原有颜色，可在【图纸管理】页面：单击此图纸文件名尾部的"锁"图形使其在开启状态→分别单击此表格线、变蓝，使用主屏幕上部的【删除】功能删除后继续识别。）→如果有没变为蓝色的可再次单击柱名称标识，使此图层全部变蓝→右键→变蓝的图层消失。凡识别单击变蓝→右键消失的图层均保存在【图层管理】页面：【已提取的 CAD 图层】中，如识别不成功，单击此菜单可在图中恢复显示已消失的图层，等于【还原 CAD 图】，可继续识别。

　　【提取钢筋线】→光标任意选点柱截面的红色箍筋线变蓝→任意选点（红色点状）纵筋、变蓝→右键确认，变蓝的消失。

　　【点选识别】▼→（优先）【自动识别】（识别运行）→提示：识别完毕，共识别到柱构件多少个→确定。弹出"校核柱大样"页面→移动"校核柱大样"页面，有的版本会在主屏幕柱大样详图上各产生一个蓝色同形状小填充柱，如图 3-1-2。

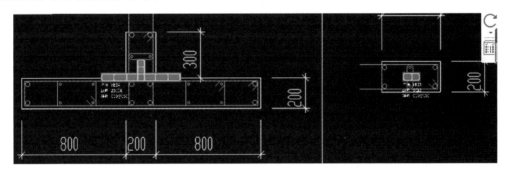

图 3-1-2　在每一个柱大样详图中各产生同形状的蓝色小填充柱

　　凡无此蓝色小填充柱的，是没有识别成功的，在【构件列表】页面也找不到此构件名称，可用【点选识别】见后述→关闭校核柱大样页面｛此蓝色小填充柱消失，在主屏幕上部→【校核柱大样】（校核运行），再次弹出"校核柱大样"页面，此蓝色小填充柱恢复显示｝。检查识别效果→【构件列表】，可在【构件列表】页面：显示识别产生的构件名称。个别识别不成功的可以使用【点选识别】功能继续识别；识别成功的均在柱大样详图附近有个相同形状蓝色填充柱，凡无此小填充柱的就是没有识别成功的，在【构件列表】页面也找不到此构件名称。

　　个别识别不成功的可使用【点选识别】功能，第一个需要从【提取边线】（如果柱大样详图信息消失→在【图层管理】页面：勾选【已提取的 CAD 图层】，消失的柱大样信息可恢复显示）。

　　（上接【提取边线】）→【提取标注】→【提取钢筋线】→【点选识别】依次识别，方法同上述，当使用此功能再次识别下一个柱大样时可直接→【点选识别】▼→▼【点选识别】开始（一次只能识别一个柱大样，但准确率高，基本无需纠错）→放大柱大样详图→选择上柱截面边线光标由"口"字形变为"回"字形为有效（光标放到非柱大样截面边线上不会变为"回"字形）→左键单击柱大样截面边线（识别运行），此柱大样上已添加了与柱大样同形状的蓝色填充柱，同时已识别成功的柱大样上小填充柱反而消失，并弹出"点选识别柱大样"页面，如图 3-1-3。

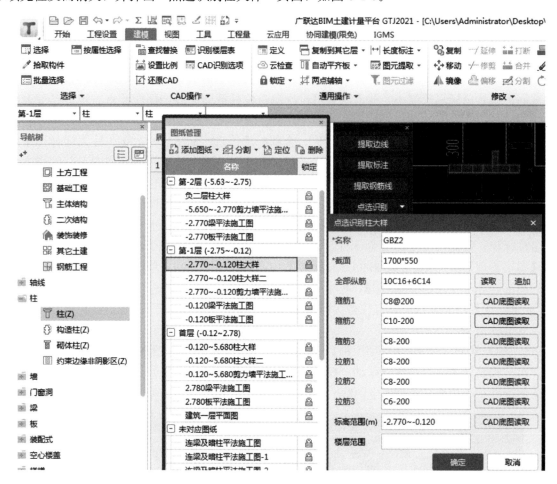

图 3-1-3　点选识别柱大样

（此方法适用于矩形、"凸"形等简单截面形状内部无分割线条的柱大样，如果柱大样上产生的小蓝色填充柱与柱大样形状不同，并且在弹出的"点选识别柱大样"页面的【截面】栏：长度×宽度数据不同，识别失败→【取消】，可按照 3.2 节"编辑异形截面柱"的方法操作）此柱大样的构件名称、截面尺寸、配筋信息已经显示在此页面，可与柱大样详图中的信息核对、修改，如有某栏没有显示应有参数→单击其栏尾部的【读取】→可从此柱大样详图中选择应有参数，选择上光标变为"回"字形并单击左键→返回"点选识别柱大样"页面，单击缺少的信息栏已填入此页面；单击"点选识别柱大样"页面【箍筋】尾部的从【CAD 底图读取】→单击柱大样详图下的箍筋配筋值如：C8—200，此信息可自动显示到"点选识别柱大样"页面的【箍筋】栏，【标高范围】栏缺失的信息操作方法同【箍筋】，当然在此也可手动输入→确定。此时在【构件列表】页面：已经增加了此构件名称。如果【构件列表】页面：没有增加此构件，是在识别楼层表时修改了此楼层的顶、底标高，"点选识别柱大样"页面：显示的"标高范围"与主屏幕左下角的"层底～层顶标高数值"不一致造成的。

提示：如果在"点选识别柱大样"页面的【全部纵筋】栏输入了纵筋根数，其下部各行的【角筋】、【B 边一侧中部筋】、【H 边一侧中部筋】会自动显示为灰色不能用，删除【全部纵筋】信息，上述各栏灰色消失、变为白色可以使用。

框选识别柱大样：如果柱大样详图上产生的蓝色填充柱与柱大样形状不同，属于识别失败（直接从【识别柱大样】的最下一个菜单）→【点选识别】▼→【框选识别】→光标呈"＋"字形→一次只能框选平面图上一个没有识别成功的柱大样全部详图，包括截面尺寸线、引出的箍筋示意图、构件名称、配筋值、标高等→左键，所框选的柱大样信息（柱大样详图中的表格线除外）全部变为蓝色并被黄色线条框住→右键（识别运行），弹出"校核柱大样"页面：识别柱大样的错项信息已显示在校核表中→移动"校核柱大样"页面，框选识别变为蓝色的柱大样详图上有个同形状的小型蓝色填充柱（并有已识别产生的白色参数数字）→双击"校核柱大样"页面：此错项信息（如果识别的柱大样顶~底标高范围穿过多个楼层，在校核表中会显示多个错项构件信息），平面图上此柱大样详图中的同形状小蓝色填充柱变为黄色，主屏幕左上角的【楼层数】自动切换到与校核表错项构件相同的楼层数→【属性列表】，在【属性列表】页面已显示此错项构件的构件名称、属性参数→以详图表中正在识别的柱大样构件名称为准，修改【属性列表】页面显示的错误构件名称→左键，校核页面的错误构件名称可随之改变→单击【属性列表】页面左下角的【截面编辑】（再单击此窗口有开、关功能），在弹出的"截面编辑"页面：对照平面图上柱大样详图信息，按照本书 3.2 节图 3-2-5 中描述的方法操作、纠错。

　　如果在【构件列表】页面显示有构件名称，属于个别信息识别错误的，也可以直接在【属性列表】页面：直接修改构件的属性参数。

　　检查识别效果：在导航栏的图形输入界面→【暗柱】或【框（架）柱】→【构件列表】→在【构件列表】页面可显示：已识别的柱构件名称，在【属性列表】页面：可显示此构件的属性参数。

　　重要提示：如属最下一层柱，需设置柱基础插筋→返回"常用构件类型"栏：（按识别的）【暗柱】或者【框架柱】→【构件列表】：在新建下的构件名称栏→柱名→在右侧此构件属性页面→展开【钢筋业务属性】，在【插筋信息】栏按纵筋信息的格式、配筋值如数输入到此栏即可。

　　说明：如果找不到（不显示）【属性列表】页面，在主屏幕上部→【视图】→【属性列表】，显示【属性列表】后再→【建模】，返回建模界面，也可光标在主屏幕任意处，右键（下拉菜单）→【属性】，可显示【属性列表】页面。

　　上接：共识别多少个柱构件→确认，弹出柱大样校核表。

　　（1）识别柱大样时，生成的柱构件出现在其他楼层，需自行检查楼层标高，层高是否正确，柱构件属性页面的顶、底标高是否正确，柱构件是按标高匹配楼层的。

　　（2）识别出的柱构件是由柱大样详图表中的底、顶标高控制的，如果柱大样详图中的某个柱大样图的底、顶标高是 $N$ 个楼层的底部、顶部竖向标高，识别出的柱构件名称，【属性列表】会一次识别后在 $N$ 个楼层同时自动产生，但在各层自动生成的柱构件名称、【属性列表】中的底部、顶部标高是受楼层表中的层底、层顶标高控制，无需修改分别显示在各层柱构件【属性列表】中的底、顶标高。这样如有的楼层在【构件列表】页面：识别产生的构件种类多于平面图中的柱构件种类，无需删除多余构件，在识别平面图中的柱过程中软件会自动对号入座按实有构件种类生成构件图元，不影响平面图中的识别效果。

## 3.2　识别柱大样后纠错

　　无纸质图纸对照纠错柱大样，返回【建模】界面：在主屏幕上部→【校核柱大样】，在弹出的"校核柱大样"页面上部：分别勾选【尺寸不匹配】、【纵筋信息有误】、【箍筋信息有误】、【未使用的标识】、【柱名称缺失】，其下部主栏可以分别显示对应的错项信息，如：某某构件，某某层，截面尺寸有误或无名柱，第 $n$ 层，没有识别到纵筋标注，或没有识别到箍筋标注→双击此错项提示信息→在【构件列表】页面：找到此错项构件名称并单击成为蓝色，成为当前纠错构件，同时在联动显示此构件的【属性列表】页面：显示此错项构件的属性信息（如果是截面形状、尺寸错误）→左键单击【截面形状】栏的"L-d 形状"显示□□□并单击□□□→进入"选择参数化图形"页面：单击"参数化截面类型"行尾的▼→有 L、T、＋、－、Z、端柱、其他；可进入分类的各种截面类型选择页面，如图 3-2-1。

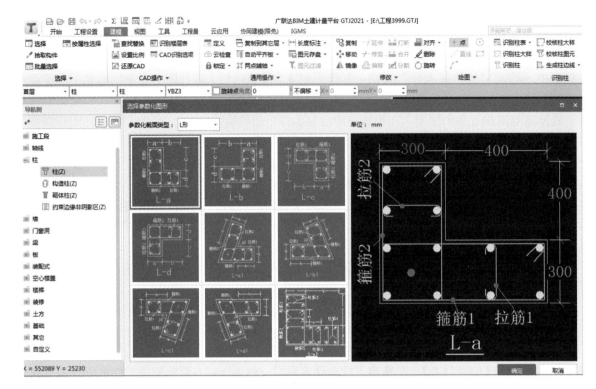

图 3-2-1 选择参数化暗柱的截面形状

在此可以选择需要的截面类型→选择需要的截面形状→输入、修改截面尺寸→确定。在"选择参数化图形"页面找不到的柱截面形状，可以按"编辑异形截面柱"的方法操作，见后述。

"校核柱大样"页面错项提示如：某某构件"柱大样中纵筋点数 N 与标注纵筋数 n 不符"→双击校核表中此错项，在"柱大样详图"中：自动显示此构件名称为蓝色（成为当前纠错操作的构件，可以按照"校核柱大样"页面下部提示的方法纠错），并且此柱大样详图上有与柱大样同形状的黄色小填充，其余柱大样上是蓝色小填充，凡柱大样上无蓝色小填充图案的是没有识别上的，在【构件列表】页面也找不到此构件名称，可以用【点选识别】的方法补充识别。

在此构件的【属性列表】页面：联动显示此构件名称及属性、参数（需要以柱大样详图上的构件名称为准，如果不符，可在此修改构件名称后→回车，修改后的构件名称可联动显示在【构件列表】页面），如果应该是暗柱，识别产生的构件名称显示在【构件列表】页面的【框架柱】下部→单击此构件属性页面的【结构类型】行：显示▼→▼，可选择为【暗柱】（另有【转换柱】、【端柱】可选择），错误显示的构件名称可自动归位到【暗柱】类型下。

在【属性列表】页面左下角单击【截面编辑】，可弹出【截面编辑】页面：光标放在此页面左或右上角，光标成对角线方向微型上、下斜箭头→向对角线方向上拉可放大此页面，此页面如与"校核柱大样"页面、平面图中的"柱大样"详图等页面有覆盖可以拖动移开，如图 3-2-2。

在弹出的【截面编辑】页面，可显示此柱大样截面详图，在此页面上部单击【纵筋】，在【钢筋信息】栏：按照此柱大样详图中应有的纵筋数值输入，还需要单击【全部纵筋】，在显示的小白框中输入相同的纵筋值→左键确认。（如果在此页面右上角显示的是【角筋】，实际需要按【全部纵筋】功能修改，可先修改截面边筋后修改【角筋】，还可以使用手工方法在此页面绘制角筋、边筋，见本节后述。）按上述方法修改后，【属性列表】页面的柱大样信息可随之改变，如果截面尺寸有错误，可以直接在【属性列表】页面的【截面宽度】、【截面高度】栏：修改截面尺寸，如果截面尺寸只有少量偏差，可直接单击【截面编辑】页面的截面尺寸数字进行修改→左键，修改的信息已更正。修改后使【截面编辑】、【属性列表】与柱大样详图中的构件名称、尺寸、配筋信息相同→【重新校核】→校核表中的错项消失。如果误识别了柱大样下部的中文说明文字，可在后续纠错时双击此错项提示→在【构件列表】页面此构件显示为蓝色→删除此构件，再手工建立此构件。

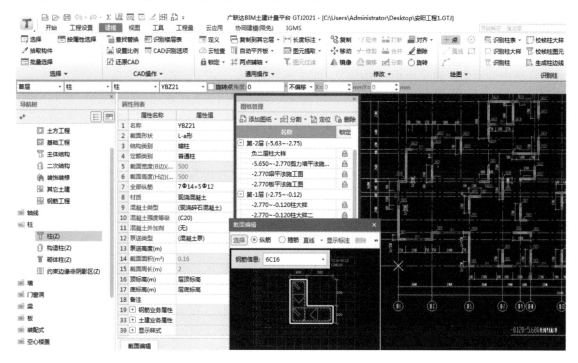

图 3-2-2　在【属性列表】左下角的【截面编辑】页面修改柱的钢筋信息

并且在【截面编辑】页面设置的全部配筋等信息可同时联动显示在【属性列表】页面的各栏内。如果"校核柱大样"页面的错项构件显示的楼层数与平面图中柱大样的楼层数不同，是设计者在"柱大样详图"中，把柱构件的顶～底标高数值穿过了 N 个楼层的标高范围，属于正常。有时也会出现程序错误、多识别的构件→双击"校核柱大样"页面的错项提示信息→在【构件列表】页面：找到此错项构件名称并单击成为蓝色→【删除】，【构件列表】（包括此构件在【属性列表】页面的属性信息）与"校核柱大样"页面此错项信息同时消失，纠错成功。

如果不显示【属性列表】页面，单击平面图中产生的构件图元、变蓝→光标放到主屏幕平面图上的任意处→右键（下拉众多功能菜单）→【属性】(P)，可显示【属性列表】页面，如没有显示【属性列表】可再次右键→【属性】(P)，已经显示【属性列表】页面。

"校核柱大样"页面错项提示：柱名称，第 N 层、没识别到箍筋标注或四边形箍筋不规则→双击此错项，在柱大样详图中此构件名称自动显示为蓝色、成为当前纠错构件，同时在【属性列表】联动显示此构件的属性信息→单击【属性列表】左下角的【截面编辑】，弹出此构件的【截面编辑】页面：原因是箍筋信息不完整或错误，→单击绿色箍筋信息显示在小白框→输入正确箍筋信息（还需要在此页面上部→【箍筋】→▼→【矩形】，光标放到错误箍筋线上呈"回"形并单击左键、箍筋变蓝色→右键（下拉众多菜单）→删除，在此页面左上角【钢筋信息】栏输入正确的箍筋信息→【箍筋】▼→选择【矩形】绘制矩形箍筋→左键，截面大样图中红色箍筋图形已显示，并且此页面的 GJ：箍筋数值已更正。

在【属性列表】页面左下角弹出的【截面编辑】页面绘制纵筋：→单击左上角的【纵筋】→在【钢筋信息】栏输入纵筋配筋值：格式为根数、级别 A、B、C、直径，如：2C16→单击【箍筋】（圆圈内应该是空白）菜单右邻的▼，（有【点】、【直线】、【三点画弧】、【三点画圆】），选择【点】→移动光标带出黄色点状→单击网格节点，已绘上了点状纵筋。→【重新校核】错项已消失，纠错成功。

"校核柱大样"页面提示：无名柱，第 $n$ 层，没有识别到纵筋标注（因为此错项提示信息没有构件名称）→双击此错项提示信息，在【构件列表】页面：有个"无名柱"构件自动显示为蓝色，就是校核页面当前纠错的构件，此构件的属性信息联动显示在【属性列表】页面：构件名称为"无名柱"→单击【属性列表】页面左下角的【截面编辑】，在弹出的"截面编辑"页面：显示此错项构件的截面形状、尺寸数字、配筋信息，可以放大此页面，并拖动与柱大样详图相互对照，找到"截面编辑"页面与柱大样详图中截面形状和尺寸相同的构件，如图 3-2-3。

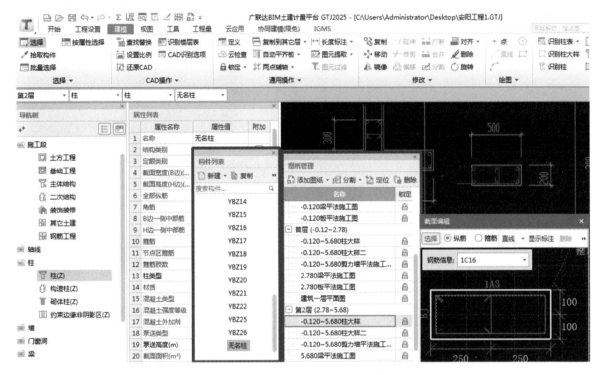

图 3-2-3　纠错识别产生的无名柱构件

记住柱大样详图中的此构件名称，按照下述方法操作：以平面图上柱大样详图中的构件信息为正确→在此构件的【属性列表】页面：把错误的构件名称"无名柱"修改为正确的构件名称→回车→把【截面编辑】页面此构件的配筋信息修改为正确数值，本节前面已有讲解，在此不再重复。在"校核柱图元"页面下部→【重新校核】，错项提示信息已经消失，纠错成功。

如果提示：未使用的柱边线。双击此错项提示信息，图中此构件的截面边线自动放大成为蓝色，在【构件列表】页面：找到此构件名称并单击变蓝，成为当前纠错的构件，在【属性列表】页面：联动显示此构件的名称、属性、参数，单击"截面形状"栏：显示 ⋯ 并单击 ⋯ ，可在弹出的"选择参数化图形"页面：与柱大样图中（如有覆盖可拖动移开）的截面形状、尺寸对照，选择、修改后→确定，在校核页面下部→【刷新】，错项提示信息消失，纠错成功。

特殊情况如果双击校核表中错项提示信息，平面图中错项构件信息没有自动放大显示，可以按照下述方法，快速纠错产生的柱大样构件：

在【构件列表】页面：逐个单击柱大样构件名称、变蓝色，成为当前操作的构件→【属性列表】，在【属性列表】页面联动显示此构件的属性信息，（在【属性列表】页面左下角）→【截面编辑】（光标放到此页面右上角呈对角线方向双箭头拖动可放大此页面）→把【截面编辑】页面显示的柱大样信息与平面图上的柱大样信息对照，以大样图上的柱大样信息为准，如果覆盖影响观察可拖动移开，按照以下描述的方法编辑柱大样截面信息。

使用手工方法在【截面编辑】页面绘制【角筋】、【边筋】、【箍筋】：在此页面上部单击【纵筋】→【布角筋】（箍筋角点内侧黄色点状是角部纵筋）→在左上角【钢筋信息】栏：输入全部角部总配筋值如：4C16→右键确认，全部角部纵筋已布置上。如果某个角筋布置的与图纸要求不相符→光标放到此角筋上光标呈"回"形并单击、变蓝色→右键（下拉菜单）→【删除】。在上部【钢筋信息】栏：输入应有的纵筋信息格式如：1C12→（在【箍筋】右邻）单击【直线】尾部的▼，选择【点】→在已经删除的角筋位置上单击，已经原位布置上。

【布边筋】（两个黄色角筋之间是边筋）在此页面左上角→【纵筋】，在【钢筋信息】栏输入单侧的"边筋"配筋值格式如：2C10，方法1，直接单击需要布置边筋的一侧网格线，此侧两个角筋之间的边筋已等间距布置上，还可以继续单击对边的网格线，布置另一边的边筋；方法2，在【钢筋信息】栏输入单侧边筋配筋值后→在【箍筋】右邻→▼，选择→【直线】→勾选"是否含起点、终点"→单击需要布置一侧的起点～终点，边筋已经布置上。【角筋】、【边筋】布置的同时，此页面的配筋信息已联动改变。

角筋、边筋布置后布置箍筋→单击【箍筋】→在【钢筋信息】栏：输入箍筋配筋值如：C10-150→（在箍筋菜单右邻）【矩形】→单击应绘制箍筋左上角的黄色点状角筋→移动光标单击对方方向的下一个角筋，红色箍筋已绘制成功，同样方法绘制下个箍筋→单击【矩形】▼→【直线】可绘制S形直线拉筋。

特殊情况的柱大样纠错：在"校核柱大样"页面上部：→勾选【未使用的标注】，在下部主栏显示如："剪力墙柱表"（又称柱大样表）或"标高尺寸如：－0.120～5.68"，第 N 层，提取后未被使用的柱大样信息→双击此错项信息→"剪力墙柱表"（或标高尺寸数字如－0.120～5.68）的表头中文文件名称自动放大呈蓝色显示，经检查程序把表头的中文文件名称（或标高尺寸数字）误识别为柱大样构件→在【图纸管理】页面：把当前正在识别的柱大样图纸文件名尾部的"锁"图形→单击"锁"图形使其成为开启状态→双击柱大样表头上误识别的表头中文名称（或标高尺寸数字）、变蓝→【删除】此类误识别的信息→【重新校核】，（校核运行）错项信息消失。如果已经关闭"校核柱大样"页面，在主屏幕上部→【校核柱大样】（校核运行），提示：校核完成，没有错误信息。

对于装配式建筑，在预制剪力墙转角处大多数设置有后浇 GBZ：构造边缘暗柱，按照国家建筑标准设计图集 15G310-2《装配式混凝土结构连接节点构造（剪力墙）》29 页各节点详图中，用红色线条表示的是重要附加、补强连接钢筋、矩形箍筋，需要在此暗柱的【属性列表】页面：→展开【钢筋业务属性】→单击【其他箍筋】栏：显示⬚→⬚，在弹出的"其他箍筋"页面：→（左下角）【新建】，在此页面增加了一行，显示【箍筋图号】，并且显示箍筋【图形】（如果显示的箍筋图形不是需要的图形→双击【箍筋图号】显示⬚→⬚，可以在弹出的"选择钢筋图形"页面：程序备有多种钢筋图形供选择），→双击【箍筋信息】栏，输入箍筋配筋值如：C8-400（按照图集或者设计要求应该是暗柱箍筋间距的 2 倍）→双击箍筋图形栏的截面宽度 B：使其显示在小白框内，输入箍筋图形截面宽度的尺寸数字 mm→回车，箍筋的截面高度 H 显示在小白框内，输入截面高度尺寸数字 mm→左键完成→【新建】，同样方法设置此转角暗柱的另一边附加连接箍筋，如图 3-2-4→确定。增加的箍筋已显示在此构件的【属性列表】页面下部的【其他箍筋】栏，在此显示的只有箍筋的图号，可以显示数个图号。

按照国家建筑标准设计图集 15G310-2《装配式混凝土结构连接节点构造（剪力墙）》29 页各节点详图中，用红色表示的是重要附加连接钢筋，多数按照国家建筑标准设计图集 15G310－2 装配式混凝土结构连接节点构造（剪力墙）29 页各节点详图中，预制剪力墙端部伸入后浇暗柱的附加连接钢筋，用黑色表示的是重要附加连接钢筋，伸入后浇暗柱的长度≥0.8 或 0.6（抗震）锚固长度两种做法，（详见图集节点图示）需要在剪力墙构件的【属性列表】页面：展开【钢筋业务属性】→单击【其他钢筋】栏，显示⬚→⬚，在弹出的"选择钢筋"选择，方法同上述。

在【截面编辑】页面→【编辑弯钩】或弯钩长度→光标放到箍筋弯钩上，箍筋变蓝色，光标变手指，单击弯钩，弯钩变白→右键→显示当前弯钩长度：如 11d、角度：135→单击【默认值】后的▼→90 度，弯钩长度改为 5d（应该按规范要求，在此只讲操作方法）：5×直径 6＝长度 30mm，输入的 5 是 5 倍钢筋直径。

修改弯钩角度或长度后，弯钩不再超出截面边线。识别出的柱构件全部纠错完毕，在主屏幕上部单击【校核柱大样】功能窗口，提示：校核完成，没有错误信息→确定。

暗柱是剪力墙的一部分，无需添加清单、定额，如果是 KZ：框架柱构件，还需要在【定义】页面→【构件做法】→【添加清单】、【添加定额】，操作方法详见 3.5 节。

图 3-2-4　设置装配式建筑转角暗柱的附加连接箍筋

## 3.3　箍筋纠错特例、编辑异形截面柱

识别柱大样后箍筋纠错特例：在【属性列表】页面左下角弹出的【截面编辑】页面，显示的柱大样详图中，箍筋纠错特例，有时在柱截面复合箍筋配置的情况下，设计者为了优化降低箍筋配置成本，在此我们把在柱大样详图中，柱构件名称下部标注的箍筋信息称作对于箍筋的整体标注。如果局部或者个别箍筋与整体也是全部箍筋的钢筋级别、直径、间距不同，在箍筋做法示意图中，单独用引出线标注这根箍筋的配筋值，与构件名称下标注的整体全部箍筋级别、直径不同，可按照本节上述的方法把整体标注的全部箍筋纠错后→单击此根不同配筋值的箍筋，这根箍筋图形变蓝色→右键→【删除】。在【编辑箍筋】的下邻行单击选择到【箍筋】界面→在【钢筋信息】栏：修改、输入应有箍筋的配筋值，级别：A/B/C，直径、间距→在【箍筋】右侧，按此箍筋的形状，单击▼→选择【矩形】或者【直线】，用绘制矩形或直线的方法绘制此根箍筋→【Esc】，退出编辑箍筋。分别单击已有箍筋图元、可在【钢筋信息】栏分别显示不同的箍筋配筋值。如果连续单击不同配筋值的箍筋，两种以上不同配筋值的箍筋同时变蓝，在【钢筋信息】栏：显示"？"号。

不同配筋值的箍筋修改成功后，在【截面编辑】页面黑色小屏幕中，绿色【角筋】或者【全部纵筋】下部箍筋信息：显示为"按截面"三个字。

编辑异形截面柱方法 1：柱大样识别后，在产生的构件【属性列表】页面→单击【截面形状】行的"L—d"，显示⊡→⊡，进入"选择参数化图形"页面，如图 3-3-1。

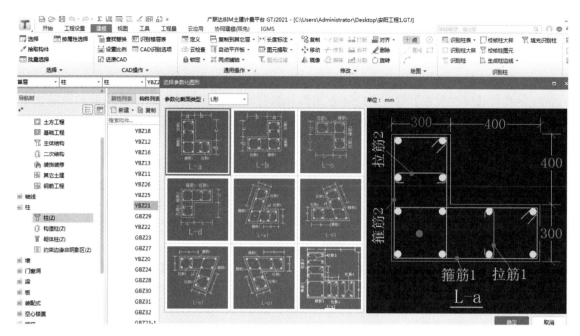

图 3-3-1 在"选择参数化图形"页面编辑柱截面尺寸、配筋信息

如果在此页面上部的"截面类型"行："L"形、"T"形、"＋"形、"一"字形、"Z"字形、"DZ"形、"AZ"形界面下部都找不到的截面类型，按编辑"异形截面"柱设置。操作方法如下：在【构件列表】下部→【新建】→【新建异形柱】→进入"异形截面编辑器"页面→【设置网格】，在弹出的"定义网格"对话框，如下图。

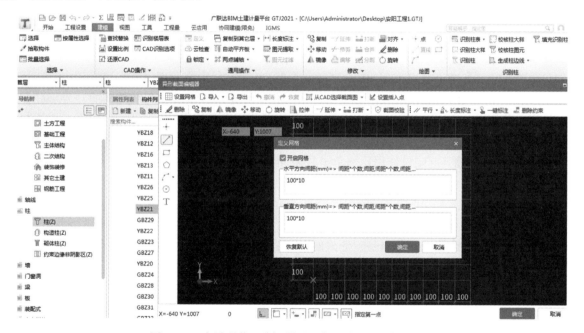

图 3-3-2 在异形截面编辑器页面定义异形柱的截面尺寸

按异形柱的截面尺寸单位：mm，重要节点、间距、转角点，定义：水平、垂直网格，格式为：100、55、86、255……可根据需要输入任意尺寸数字，如 $100 \times 3$，$150 \times n$，说明：100、55、86、255……表示异形截面柱的水平、垂直节点、转角点的网格间距，用逗号分隔，网格间距数字×3、×n，表示相同间距网格的个数，水平方向从左向右，垂直方向从下向上排列（为了绘制多线段方便，避免定义的网格间距太小、太密容易搞错，可以根据需要尽量把网格间距设得大一些）→确定。用直线功能

按绘制多线段的方法，至网格节点或转角节点单击左键，如果某线段画错→（在此页面上部）【撤消】→右键（下拉众多菜单）→【绘图】→【直线】（有圆、弧等多种功能），继续绘制多线段形成封闭→右键结束→【设置插入点】（用以定位）在设置的插入点产生一个红色"×"形定位标志→确定，"异形编辑器"页面消失。

在产生的构件【属性列表】修改为应建立的构件名称，左键，构件列表下此构件名称随之联动改变为同名称构件→单击【属性列表】页面下部的【结构类别】栏：并单击显示的▼→选择框架柱或暗柱，此柱的构件名称可自动归类到【构件列表】页面：框架柱或暗柱名称下。

按【属性列表】各行参数定义完毕，在【属性列表】页面左下角→【截面编辑】，定义的异形柱截面图形已显示在弹出的【截面编辑】页面：下一步按本书3.2节描述的方法，设置截面配筋。

异形截面柱编辑方法2（优选此方法）：还可以用于暗柱穿插在框架柱内（两个柱连体设计）的工况。提示：上述情况也可以分别建立1个暗柱、1个框架柱不选择清单、定额，只用来计算钢筋量；再按照编辑异形截面柱的方法选择清单、定额，计算土建定额。

在主屏幕左上角，把【楼层数】选择到异形柱大样应有的楼层→在【图纸管理】页面找到已识别过柱大样的图纸名称，单击此图纸名称后的"锁"图形，使其成为开启状态（作用是"解锁"可以修改此页面电子版图纸）→双击"锁"图形后边的空格，此单独一张柱大样电子版图显示在主屏幕。

在【建模】界面主屏幕左上角→【设置比例】，光标选择主屏幕电子版图上的异形柱截面尺寸标注线节点的首点，选择上光标呈微型"＋"字并单击左键→移动光标拉出线条→单击下一个尺寸标注线交点，弹出"设置比例"对话框：因在此柱截面节点详图是放大详图，比在平面图中柱截面绘制的比例尺寸要大得多，需要修改为在此图中标注显示的尺寸数字。

提示：按照上述方法处理操作完成后，还需要用同样方法再次在此平面图上使用【设置比例】功能，恢复原来的绘图比例，否则可能会影响在此图上的后续操作、计量；另外还可以使用【手动分割】功能把柱大样截面详图分割为单独的一张图，这样做不会影响后续的操作、计量。再用下述方法处理。

在【构件列表】下→【新建】▼→【新建异形柱】，在弹出的"异形截面编辑器"页面的上部首行→【从CAD选择截面图】▼→【在CAD中绘制截面图】（此时"异形截面编辑器"页面消失）→用【直线】功能按绘制多线段的方法描绘（已用【设置比例】功能复核、修改过图纸比例的）异形柱截面边线（如果有一步画错：Ctrl＋左键：退回一步，可以连续使用向后退回键），最后画回原点形成封闭→右键结束绘制多线段。描绘的异形柱截面图已显示在"异形截面编辑器"页面，并且形状、尺寸不需要修改→【设置插入点】（起定位作用）→单击柱截面内的定位点，在设置的定位点上显示红色"×"定位标志→确定。

用主屏幕上部的【点】功能并移动光标，已可显示产生的异形柱构件图元→重合放到主屏幕此柱大样图上并单击左键，异形截面柱绘制成功，形状、大小、比例匹配一致→右键结束绘制，因为还没有设置配筋信息，还要删除，在此只是验证截面形状是否匹配。

在【构件列表】和【属性列表】自动产生建立的构件。下一步在【属性列表】输入构件名称，设置各行属性参数，在【截面形状】栏自动显示为【异形】，其【截面宽度】（b边）、【截面高度】（h边）数字与柱大样详图中的尺寸相同→单击【属性列表】左下角的【截面编辑】（再单击此【截面编辑】有开、关功能），在弹出的截面编辑页面，按照本书3.2节，手工绘制【角筋】、【边筋】、【箍筋】的方法编辑截面配筋。

## 3.4 增设约束边缘暗柱非阴影区箍筋

此节的操作需要在柱大样识别成功之后，在平面图上识别柱前操作。

方法1，在【定义】界面→【构件列表】页面：分别单击一个必须是构件名称首部带Y字的构件→【属性列表】页面：→展开【钢筋业务属性】：在下部有【其他箍筋】→单击其他箍筋后面的空格，显示┅→点击┅→进入"其他箍筋"设置页面：如下图所示。

图 3-4-1  增加约束边缘暗柱非阴影区箍筋

【新建】（可以对照【截面编辑】下部显示的截面尺寸信息）→单击【箍筋图号】显示┅并单点┅→进入"选择箍筋图形"页面选择箍筋图形形状→确定→输入箍筋信息：按阴影区的箍筋级别 A、B、C，直径取阴影区间距的 2 倍→回车→在图形栏分别点 B、H 输入箍筋的宽度、H 截面高度，在此页面可增加或复制多种箍筋→确定→增设的箍筋图号已显示在【属性列表】页面的"其他箍筋"栏：→识别墙柱平面图的柱，此箍筋已含在柱图元内。提示：在此输入的箍筋 H 截面高度、B 宽度尺寸应手动扣除 H 值 2 倍保护层，B 值扣除一个保护层十阴影区 1 根纵筋间距，规范要求箍住二根纵筋。

在其属性页面的【搭接设置】单击其行尾显示┅有接头形式、定尺尺寸设置功能。识别的暗柱如属 Y 字打头的约束边缘构件需在此类构件各自属性编辑页面的其他箍筋栏，为蓝色字体（蓝色字体为公有属性，只要修改其含义不点已布构件图元也会随之改变构件属性）。

方法 2，此节的操作需要在平面图上识别柱，生成柱构件图元后操作：平面图上暗柱识别成功后，补画 Y 字打头约束边缘构件非阴影区输入 v：配箍特征值 1/2 的箍筋。

老版本：在墙柱某层平面图上→【图元柱图】→左键光标指向需补画箍筋的暗柱，光标变手指，并单击此柱图元→显示"图元柱表"页面：可显示此柱各层的起止标高、纵筋配筋值→单击需增设箍筋对应层的其他箍筋栏→显示┅并单击→显示"其他箍筋类型设置"页面→【新建】→单击【图号】→单点┅选择钢筋图形→确定→输入箍筋信息→单点 H、B 输入尺寸→可新建多个→确定→其他箍筋栏已显示箍筋图号，可显示多个。

各种形状如 L、T 等有布置方向的柱、墙构件用点功能菜单点画方向不对可删除后用"旋转点"菜单布置很方便→旋转点→单点柱插入点→移动光标旋转并观察到应有的方向→回车。

【旋转点】功能菜单改在：单点【点】→勾选【旋转点】（在主屏幕上邻行）→输入角度即可。【点】→【旋转点】→有绘旋转点的小视频。

柱子属性页面全部纵筋显示为灰色不能用，是因为角筋、边筋已有配筋信息，删除已有角筋，边筋信息后才能输入全部纵筋信息。

# 3.5 框架柱（等）构件属性定义选做法

新版本是把钢筋计量、土建算量两个软件的【属性列表】页面，合并为一个页面：上部是钢筋计量软件的属性参数；下部是土建算量软件的属性参数、并且多是蓝色字体、公有属性。只要修改构件的属性、参数含义，不选择已经布置的构件图元，其构件图元的属性、参数也会随之改变。如图 3-5-1 所示。

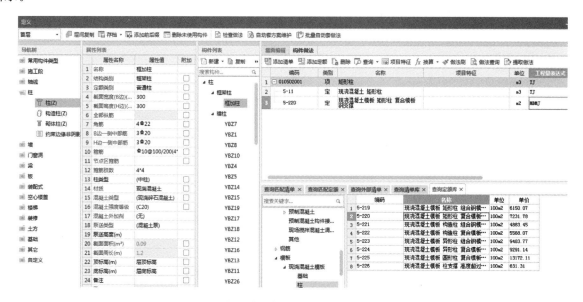

图 3-5-1 新版本构件的【属性列表】页面图示

其中大部分属性、参数如在建立楼层界面已经设置，并且已复制到多个楼层，操作方法：在开始进入软件的【工程设置】界面，在建立楼层的下部可以定义、并复制到需要的楼层，还可以联动显示在此【属性列表】页面，在此可减少许多工作量。在单一的构件【属性列表】页面：设置的各行属性、参数只对本构件有效。

现在以框架结构的 KZ 框架柱为例，讲解在【属性列表】页面，定义 KZ 的编辑方法。

在"常用构件类型"栏：展开【柱】→【柱】（Z），在【构件列表】页面→【新建】▼→【新建矩形柱】［另有【新建圆形柱】（【新建异形柱】按照 3.3 节的方法操作）］。在已经建立之 KZ，框架柱的【属性列表】页面：【结构类别】栏→单击显示▼→选择 KZ（另有【暗柱】、【角柱】、【中柱】、【边柱－B】、【边柱－H】（如果选错，柱根部、柱顶部钢筋锚固长度、锚固方法是不一样的，计算出的钢筋数量也不一样），选择后可在【构件列表】页面联动显示 KZ、暗柱、转换柱、角柱、中柱、边柱。

在这里把构件名称，截面形状，结构类别，定额类别（指房建，市政，安装等专业而不是定额子目编号）、材质、混凝土标号，外加剂，泵送类别，（竖向构件的）顶，底标高（单位：m），插筋设置，支模等，下部有土建业务属性、参数。单击【属性列表】页面左下角的【截面编辑】→弹出钢筋信息"截面编辑"画面：光标放到此页面右上角、光标变为对角线方向双箭头，向对角线方向拖动可放大此页面，操作方法参照 3.2 节、3.3 节。

构件【属性列表】页面：各行参数输入设置完毕，在【构件列表】页面：选择一个 KZ：框架柱构件→【定义】，在【定义】页面上部→【构件做法】，进入选择【构件做法】界面：【添加清单】显示【查询匹配清单】（如果找不到所需清单）→【查询清单库】、→找到并双击所选清单，所选清单已进入上部主栏内，并且在其"工程量表达式"栏：已自动带有"工程量代码"；→【添加定额】→【查询定额库】，需要检查此页面最下行显示的定额版本、年份、专业是否正确（如果不对可在此选择对应的定额专业）→找到相对应的分部、找到相对应的定额子目，以河南地区为例（其他地区也需要参照本方法操作）：双击定额编号 5-11 现浇混凝土矩形柱，使其显示在上部主栏内，在此定额子目行的"工程量表达式"栏：双击显示▼→选择【柱体积】，所选择工程量代码已显示在该定额子目的"工程量表达"式栏。如果层高超过 3.6 米→【添加定额】→可以在显示的空白"定额子目编号"栏：直接再次输入 5-11→回车，在显示的定额子目"工程量表达式"栏：双击显示▼→选择【柱超高体积】，以后汇总计算时相同定额子目的工程量会自动合并为一个数值。

添加柱模板的定额子目、工程量代码方法同上。

如果此框架柱需要计算独立柱装修用的脚手架→展开【措施项目】，展开【单项脚手架】→【里脚手架】→在右边主栏双击 17-56 单项里脚手架，使其显示在上部主栏内→在此定额子目行的"工程量表达式"栏：双击→选择【脚手架面积】后（提示：以下很重要，以后遇到同样问题都要这样操作）→在【查询匹配清单】的上邻行，向右拖动滚动条，在此定额子目行尾部单击【措施项目】栏的"空白小方格"，在弹出的"查询措施"页面：→展开【脚手架工程】→找到序号 31：并单击此行首部、全行发蓝→确定。在已经选择的脚手架定额子目行上部自动多出一行，其"工程量表达式"栏：显示为【1】，并且已自动勾选其下邻脚手架定额子目行的【措施项目】栏的小方格。作用是：后续把此工程导入计价软件时，勾选了【措施项目】的定额子目，可以自动显示在计价软件的【措施项目】界面。

框架柱构件的清单、定额子目、工程量代码选择后→关闭【定义】页面。

如果平面图上框架柱截面边线内有填充图案，按照主屏幕上部的【填充识别柱】功能→识别平面图上的柱构件，按照 4.1 节：平面图上按填充识别柱（含 KZ）的方法操作。

对于已新建的构件、绘制的构件图元，利用【构件列表】页面上部的【层间复制】功能，可在本工程中重复使用，还有【存档】及【提取】功能可以对选择的构件属性、截面信息和【构件做法】清单、定额等【存档】为一个文件，实现在同一工程或不同工程之间的重复使用。【图元存盘】加【图元提取】可以实现构件属性及图元同时【存档】为一个文件，实现同一工程或不同工程的重复使用，提高工作效率。

【添加前后缀】、【批量自动套做法】等功能，可按有关章节的描述操作。

在此需要注意：按照预算定额分部说明及计算规则规定，暗柱不是柱，当暗柱由剪力墙覆盖时，暗柱包括暗柱突出剪力墙部分，合并到墙体积，只需在计算剪力墙模板时追加暗柱突出墙部分的模板侧面积。剪力墙没有覆盖的暗柱，需要按 KZ 选择清单、定额子目，见上述。

下一步【做法刷】：把全部框架柱构件都添加上清单、定额子目，按照 20.6 节讲解的方法操作。

## 3.6 计算装配式建筑预制柱的工程量

在左边"常用构件类型"栏下部→展开【装配式】→【预制柱】（Z）→在【构件列表】页面：→【新建】▼→【新建矩形预制柱】，在【构件列表】页面的【框架柱】下部产生一个 PCZ：用拼音字母表示的预制框架柱构件→并在构件的【属性列表】页面，联动产生相同名称的 PCZ：用拼音字母表示的预制框架柱构件，在此可把拼音字母修改为：用中文表示的预制框架柱→回车→【构件列表】页面中的构件名称可联动改变为中文构件名。

在此构件的【属性列表】页面：按照图纸设计要求→设置各行的属性、参数→输入【截面宽度】（B 边）、【截面高度】（H 边）单位 mm→输入【座浆高度】、【预制高度】，在【预制混凝土强度等级】栏：单击显示▼→选择混凝土的强度等级如：C30，预制柱的混凝土后浇高度程序按照规范默认，在此栏显示为灰色，不能修改→在【全部纵筋】下部→输入【角筋】的总根数，格式如：4C22→输入【B 边一侧中部筋】→输入【H 边一侧中部筋】如：2C20→在【箍筋】栏：双击显示╍→╍，在弹出的"钢筋输入小助手"页面，如图 3-6-1。

图 3-6-1 在"钢筋输入小助手"页面：设置装配式预制柱的箍筋

在"钢筋输入小助手"页面的【钢筋信息】栏：输入箍筋信息如 C10-100/200（4×4）表示：加密/非加密，括号内表示的是箍筋肢数，此页面下部有"输入小技巧"→确定，设置的箍筋信息已经显示在属性页面之【箍筋】栏内→设置【节点区箍筋】、【肢数】等，方法同上→选择"后浇混凝土材质"、【类型】、【强度等级】；属性页面的【截面周长】、【截面积】程序可以自动计算显示；在这里柱的【预制部分体积】、【重量】，请记住：混凝土的每立方米重量约为 24.5kN，需要手工计算输入。在此还需要在【预制钢筋】栏输入预制柱的钢筋信息；在【套筒及预埋件栏】→单击显示▧→▧，在弹出的"编辑套筒及预埋件"页面，如图 3-6-2。

图 3-6-2 编辑设置套筒及预埋件图示

在此页面的【埋件分类】栏：双击显示▼→▼，可以选择【灌浆套筒】或者【预埋件】，并可以使用【复制】→【粘贴】的功能把所选择的构件名称粘贴到同一行的【名称】栏，如果选择的是套筒，需要在此行的【纵筋直径】栏：输入钢筋的强度级别、直径，格式如：C18→确定。在属性页面的【套筒及预埋件】：只能显示所选择的套筒及预埋件的种类数。

在构件的【属性列表】页面：还需要手工输入预制柱上部、下部加密范围区的尺寸数字。按照图纸设计把【属性列表】页面的各行参数设置完毕→【定义】，进入【定义】页面→【截面编辑】，可以看到已设置装配式建筑预制柱的截面配筋图形如图 3-6-3。

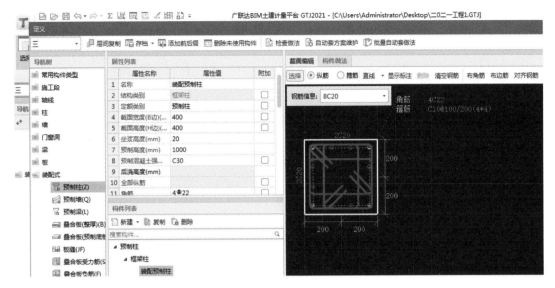

图 3-6-3　装配式建筑预制柱的截面配筋图

在【截面编辑】功能窗口右邻→【构件做法】，参照 3.5 节描述的方法进入【添加清单】、【添加定额】的操作，以河南地区为例：不同的是需要选择 19 年装配式建筑预制柱的定额子目。

清单、定额子目、工程量代码选择完毕→使用主屏幕上部的【点】功能菜单在平面图中绘制柱，不同的是在装配式建筑预制柱界面：没有识别功能，只能手工建立构件、设置属性参数、按照电子版平面图上柱的位置，手工绘制。

# 4  平面图上识别柱，生成柱构件图元

## 4.1  平面图上按填充识别柱（含 KZ）

如有时【构件列表】页面的构件种类多于电子版平面图上的构件名称，无须删除多余构件，在识别中，程序可按平面图上实有构件名称自动对号入座不影响识别效果。

在"常用构件类型"栏→展开【柱】→【柱】（Z）→【识别柱】（光标放到【识别柱】窗口有小视频），【识别柱】的三个下拉菜单显示在主屏幕左上角，有时会被【图纸管理】等页面盖住可拖动移开，如果平面图上的柱截面边线内有填充图案应先→单击主屏幕右上角的【填充识别柱】，如图 4-1-1 所示。

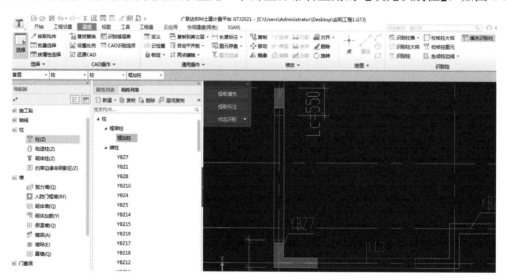

图 4-1-1  平面图上按【填充识别柱】

按三个下级菜单从上向下按照本书指引依次识别。

提示：凡有轴网的平面图，识别前均应检查轴网左下角"×"形定位标志是否正确，如果不正确，可用主屏幕上部【工具】界面下的【设置原点】纠正，2.3 节有详细描述。

单击【提取填充】［在主屏幕上邻行显示【单图元选择】（Ctrl＋）；【按颜色选择】（Alt＋）；程序默认为【按图层选择】（Ctrl＋）］→放大平面图上的图纸，不要选择到轴线等不应识别的图层，光标放到柱填充上，光标由"＋"字变"回"形为有效，并单击柱填充，全部柱填充变蓝→右键变蓝的消失。

单击【提取标注】→单击柱名称、单击柱截面边线与墙连接的内侧截面线条、单击平面图上暗柱的绿色截面尺寸标志线、尺寸数字，全部柱名称、截面边线、尺寸数字变蓝→右键确认，变蓝的消失。

单击【点选识别】尾部的▼→【自动识别】→（识别运行）提示：识别完成，共识别到柱多少个→确定。平面图上的柱填充、柱名称已恢复。

说明：另有【点选识别】功能。单击【点选识别】尾部的▼→选择【点选识别】：主要是针对图纸信息不详细，无法自动识别的，一次只能识别平面图上的一个暗柱，在弹出的"点选识别柱大样"对话框中输入、核对柱大样信息，效率比较低，但识别准确，基本不需要纠错。

弹出“校核柱图元”页面，暂时关闭此页面→【动态观察】，平面图上识别产生的柱构件图元变为蓝色，可查看已产生柱构件的三维动态立体图形如图 4-1-2。

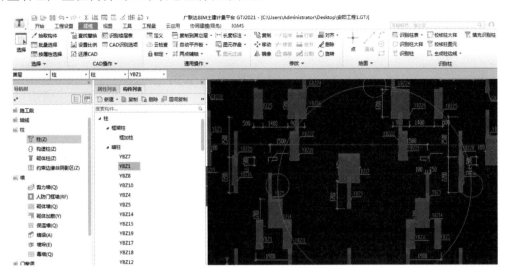

图 4-1-2　识别产生的柱构件三维立体图

在主屏幕最上部→【工程量】→【汇总计算】→如果弹出提示“有错误信息”时→双击错项提示的信息，错项构件图元自动放大呈蓝色显示在主屏幕→删除此错项构件图元后，提示页面的错项信息消失，可继续计算，（在后续操作中可以补充绘上）计算完成后→【查看工程量】→框选平面图上识别产生的柱构件图元→在弹出的【查看构件图元工程量】页面：显示的是已选择的全部构件图元构件名称、工程量。

单击【查看钢筋量】→单击或者框选主屏幕平面图上的构件图元，可显示构件的钢筋工程量，如图 4-1-3。

钢筋总重量（Kg）：9517.515

| | 楼层名称 | 构件名称 | 钢筋总重量（kg） | HRB400 8 | 10 | 12 | 14 | 16 | 合计 |
|---|---|---|---|---|---|---|---|---|---|
| 1 | | YBZ7[5957] | 218.042 | | 119.556 | | 48.431 | 50.055 | 218.042 |
| 2 | | YBZ7[5964] | 218.042 | | 119.556 | | 48.431 | 50.055 | 218.042 |
| 3 | | YBZ1[5970] | 179.845 | | 95.148 | | 35.527 | 49.17 | 179.845 |
| 4 | | YBZ1[5976] | 179.845 | | 95.148 | | 35.527 | 49.17 | 179.845 |
| 5 | | YBZ10[5958] | 214.657 | | 116.496 | | 98.161 | | 214.657 |
| 6 | | YBZ4[5973] | 245.99 | | 104.24 | | | 141.75 | 245.99 |
| 7 | | YBZ5[5927] | 64.025 | | 21.5 | | | 42.525 | 64.025 |
| 8 | | YBZ5[5928] | 64.025 | | 21.5 | | | 42.525 | 64.025 |
| 9 | | YBZ5[5931] | 64.025 | | 21.5 | | | 42.525 | 64.025 |
| 10 | | YBZ5[5932] | 64.025 | | 21.5 | | | 42.525 | 64.025 |
| 11 | | YBZ5[5944] | 64.025 | | 21.5 | | | 42.525 | 64.025 |
| 12 | | YBZ5[5947] | 64.025 | | 21.5 | | | 42.525 | 64.025 |
| 13 | | YBZ5[5949] | 64.025 | | 21.5 | | | 42.525 | 64.025 |
| 14 | | YBZ5[5950] | 64.025 | | 21.5 | | | 42.525 | 64.025 |

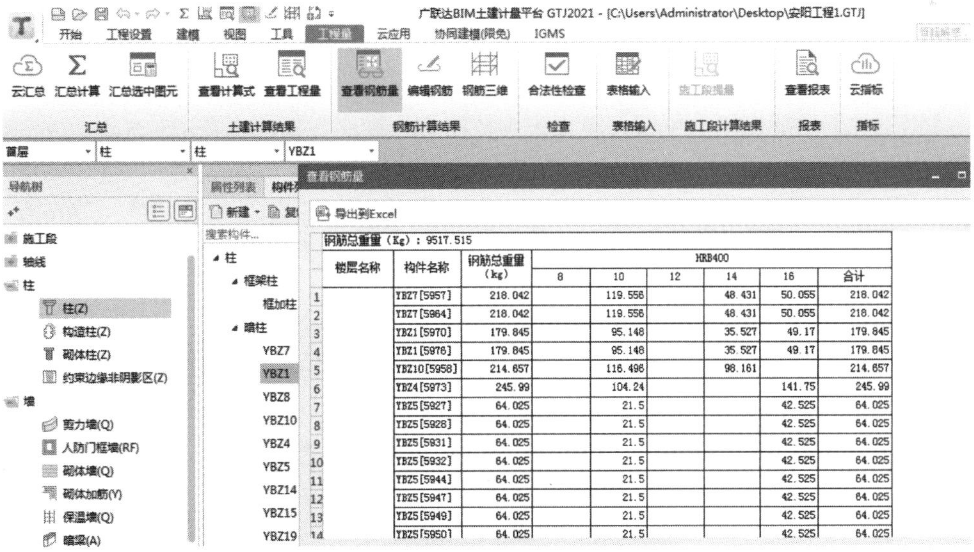

图 4-1-3　平面图上识别产生暗柱各种规格的钢筋数量

汇总计算时若提示柱纵筋长度小于 0，是柱太短造成，因为柱纵筋计算时考虑错开距离，当柱太短时露出长度是固定的，此时柱的高度减去纵筋露出长度会小于 0，多出现在基础层，如果出现柱纵筋长度小于 0，可以在【属性列表】页面→展开【钢筋业务属性】→单击【设置插筋】栏：显示▼→▼，把【设置插筋】选择为【纵筋锚固】即可。

增加斜柱功能：新建柱构件（方法同普通柱）名称、属性并用【点】功能菜单画上柱图元→（右上角）【设置斜柱】→单点已绘上的柱图元，如图 4-1-4。

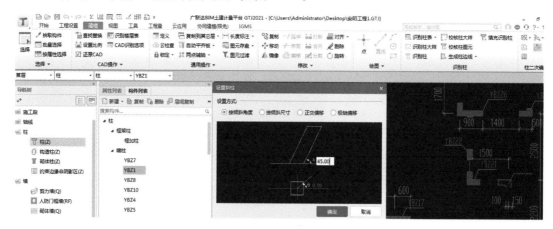

图 4-1-4 设置斜柱

说明：在弹出的"设置斜柱"页面→选择【设置方式】有按倾斜角度，按倾斜尺寸，按正交偏移，极轴偏移四种倾斜方式供选择，需按图纸要求只能选择一种，选择后按此页面下部图示，输入对应角度→确定。说明：图中 a 表示地面与柱的倾斜角度为 0～90°；B 表示柱在空间旋转角度，旋转方向 0～360°→可【动态观察】，查看是否正确。

在大写状态单击键盘上的【Z】是框架柱、暗柱、构造柱构件图元的"隐藏""显示"功能快捷键；绘制柱快捷键，shift＋z；平面图上显示已识别产生的构件图元信息、方便核对已识别的柱名称与CAD 原图柱名是否一致；F4：切换插入点位置；F3：左右翻转；shift＋F3：上下翻转；F5：合法性检查时提示墙或柱上下不连续，需修改此位置下层构件属性的顶标高或上层构件的底标高。

# 4.2 平面图上无填充识别柱

按填充识别柱成功后，如平面图中有一部分柱的截面边线内无填充图案，没识别上仍为空心柱，也就是只有柱截面边线，可按无填充识别柱继续识别，前提是此柱的柱大样必须识别完毕。在主屏幕右上角单击【识别柱】功能窗口，可按无填充识别柱的方法操作，如图 4-2-1 所示。

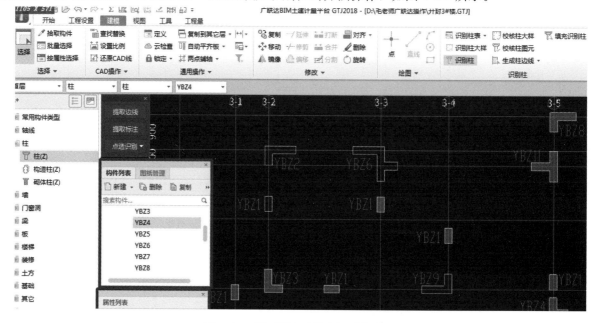

图 4-2-1 平面图上无填充识别柱图示

【提取边线】：因绘图时剪力墙覆盖（暗）柱，需选择暗柱与剪力墙相连的内侧、短向横线并单击（此线不是墙与柱共用线，可区分不会相互干扰，如果是单独的框架柱，可单击任意截面边线）→图中全部柱截面边线变蓝，有没变蓝的可再次单击使此图层全部变蓝→右键确认，变蓝的柱边线全部消失。

【提取标注】→光标左键任意单击平面图上某个需识别的柱名称、变蓝→单击柱的截面尺寸线→尺寸数字（包括以前已识别的柱标识也会变蓝，不影响识别效果）全部变蓝→右键确认，变蓝或变虚线的图层全部消失。

【点选识别】▼→【自动识别柱】→（运行）提示：共识别多少个柱（仅指本次识别的数量）→确定。这部分无填充的柱表示已识别成功。单击键盘上的【Z】是框架柱、暗柱、构造柱构件图元的"隐藏""显示"功能快捷键。

## 4.3 墙柱平面图上识别柱后纠错（含补画 CAD 线）

在"常用构件类型"栏：展开【柱】→【柱】（Z），在主屏幕上只有一张结构专业的墙柱平面图时→【动态观察】（可显示已识别产生的蓝色柱构件图元，不要转动光标提出三维立体图，目的是便于观察识别产生的构件图元）→左键（【动态观察】大圆圈标志线消失），已识别产生的柱图元呈蓝色，灰色柱填充图案是没有识别成功、没有产生柱图元的→在【构件列表】页面：找到此构件名称并单击、变蓝，用主屏幕上部的【点】功能原位绘上，方向、位置不对可使用【镜像】、【旋转】、【移动】功能纠正，可以减少纠错的工作量。

平面图上识别柱纠错特例：（结构的）墙柱平面图上如果识别产生的柱构件图元整体错位，原因是在轴网左下角的"×"形定位标志错位。需要整体删除后重新识别，可按以下方法操作→【动态观察】提出已产生的蓝色柱构件图元→左键，动态观察大圆圈标志线消失，但提出蓝色的构件图元还在，目的是便于观察→框选平面图上产生的全部蓝色柱构件图元→右键（下拉众多菜单）→【删除】（在主屏幕左上角）→【还原CAD】→框选全部平面图→左键→右键确认，此时平面图上只余红色轴网。在【图纸管理】页面：删除当前的图纸文件名→并在下部双击总结构图纸文件名称首部，使全部多个结构图纸显示在主屏幕→找到需要重新识别的墙柱平面图纸→【手动分割】并对应到应有的楼层，使此图纸文件名显示在【图纸管理】页面→双击此图纸文件名行首部，使此单独一页电子版图纸显示在主屏幕→（在主屏幕左上角）【工具】，在【工具】界面：用【设置原点】功能在轴网左下角设置正确的"×"形定位标志→可按照4.1节、4.2节讲解的方法重新识别。

主屏幕上部有【校核柱图元】功能窗口（作用是检查识别出的柱图元是否存在错误信息），单击【校核柱图元】窗口，弹出"校核柱图元"页面：（如有错项信息）在表头行分别单击去勾或勾选表头各菜单，可区分、检查，找出错项原因，方便针对存在的错误原因进行纠错处理。

1. 纠错方法一

"校核柱图元"页面错项提示，如：GBZ1，第 $n$ 层，CAD 线尺寸与柱图元不符（或图元与边线尺寸不符）→双击此错项信息，平面图中错项构件图元与构件名称自动放大呈蓝色显示在平面图中，并且在【构件列表】页面：识别产生的构件名称自动显示为蓝色，成为当前纠错的构件（如"校核柱图元"页面覆盖可以拖动移开，配合观察以平面图中显示的蓝色构件名称为正确，也可以直接删除后再原位置绘上）→【动态观察】（不要转动光标、不提出三维立体图，有利于看清识别产生的蓝色构件图元），经观察：位置也对，原因是识别产生的蓝色构件图元与平面图中原有的柱构件截面边线大小不匹配，大于或者小于原有构件的截面边线（因识别柱大样纠错时已检查纠正了构件截面尺寸与属性参数，应以识别产生的蓝色柱图元截面尺寸为正确，平面图上原有的构件截面边线小于或大于识别产生的蓝色柱图元，是设计者在绘制图纸时，比例尺寸设置错误）→在【图纸管理】页面：单击当前图纸名称行尾部的【锁】图形，使其成为开启状态（作用是解锁后可修改此电子版图纸的信息）→单击平面图中原有柱构件截面向外扩大或者向内缩小的边线、截面边线变蓝色，不要选择柱填充图案的斜线→

（用主屏幕上部的）【删除】功能删除，如果平面图上原有柱构件截面边线向内收缩、小于识别产生的构件图元，不易删除，可以先删除识别产生的蓝色柱图元，再删除原有柱构件向外扩大或者向内收缩的截面边线（包括构件截面边线内，与识别产生的蓝色柱图元不匹配的填充图案也按此方法纠错处理，注意需要保留作为定位标志用的部分原柱截面边线，便于删除后再原位置绘上），再次双击校核表中此错项，提示：该问题已不存在，所选的信息将被删除→确定。此页面下部的错项提示信息已消失→【动态观察】，更容易观察原有构件与识别产生的构件图元大小匹配问题，此方法同样可用于删除柱填充。

提示1：识别或者绘制的构件图元与原有的构件方向不对，可单击识别产生的构件图元、变蓝→右键（下拉多个菜单）→用【镜像】、【旋转】功能纠正，如果位置偏移、错位，可用【移动】功能处理，在校核页面下部→【刷新】，错项信息消失。

【旋转】功能的操作方法→单击构件图元、变蓝色→右键（下拉众多菜单）→【旋转】→左键单击构件图元的插入点，转动光标→观察构件图元旋转到应有位置→左键，构件图元已按照应有位置画上。

提示2：如果左键单击构件图元变蓝→右键（下拉菜单）没有【旋转】、【镜像】、【移动】等众多功能→【Esc】，再单击构件图元→右键，可有旋转、镜像、等众多功能菜单。单击键盘上的【Z】：是框架柱、暗柱、构造柱构件图元的"隐藏""显示"功能快捷键。

2. 纠错方法二

"校核柱图元"页面错项提示如：未识别"L"（或"一"）字形（构件截面尺寸数字）如：200×400（如果此栏较窄，错项内容不能全部显示→光标放到此页面表头上部【名称】右侧此栏界线处，光标呈水平方向双箭头，可扩展观察此栏的全部内容）。第n层，无名柱图元反建（分别勾选此页面上部【尺寸不匹配】、【未使用的边线】、【未使用的标识】。当勾选【名称缺失】时，主栏内的错项信息可全部消失、恢复，原因是在识别柱大样纠错过程中已"反建"，即已建立柱构件名称、属性、参数，可能是在平面图上识别过程中对号入座发生错乱），请检查属性修改构件名称（因在识别柱大样纠错时已核对、纠正构件的属性、参数，构件的属性、参数应没有问题）。

单击【动态观察】（不要转动光标使其形成三维立体图）→双击校核页面的错项提示，此错项构件图元自动呈蓝色显示在平面图中，与其他柱图元有明显色差，并且在【构件列表】页面：此错项构件名称变蓝、成为当前纠错构件→光标放到平面图中识别产生的此构件图元上，光标由"＋"形变为"回"形，显示的构件名称与【构件列表】及"校核柱图元"页面：当前纠错的错项构件名称相同，但与平面图上原有的构件名称不同，可直接使用主屏幕上部的→【删除】功能删除，平面图上此处只剩构件截面边线→从【构件列表】中选择与平面图上相同的构件名称→原位置绘上正确的构件图元，如果位置、方向不对，右键（下拉众多菜单）→用【镜像】、【旋转】、【移动】功能纠正，再双击校核页面上的此错项提示信息→提示：（此错项）该问题已不存在，所选的信息将被删除→确定，校核页面的错项信息已消失，纠错成功。

可优先选择此种方法：如果产生有构件图元，只是光标放到此构件图元上。光标呈"回"形，显示的构件名称与"校核柱图元"页面的错项构件名称相同，但与平面图中原有构件名称不同，也可不删除产生的构件图元，光标放到此构件图元上并单击变为蓝色→右键（下拉众多菜单）→【修改图元名称】，在弹出的"修改图元名称"页面，需要按照图4-3-1图下讲解的方法操作。

3. 纠错方法三

"校核柱图元"页面错项提示：柱填充n，第n层，未使用的柱填充→双击此错项提示，此错项构件自动放大呈蓝色显示在平面图中，与其他构件有明显的色差→ 【动态观察】并转动光标，只有此蓝色错项构件填充图案上没有产生三维立体图形→（如有三维立体图形，可按本节纠错方法一纠错）【俯视】，恢复二维平面→在【构件列表】页面：找到应有的构件名称并单击→使用主屏幕上部的【点】功能，在平面图中原位置画上（如果提示：不能与某某构件重叠布置，可在此构件的属性页面把底标高数值修改为【层底标高】后才能布置上）。如果方向、位置不对，可以使用【镜像】、

【移动】、【旋转】功能纠正。在校核页面下部→【刷新】，错项提示信息消失，纠错成功。

图 4-3-1 平面图中纠错、修改柱构件图元名称

上述页面左边显示的是错项构件图元名称，右边是在识别柱大样时产生的全部柱构件名称，以平面图中原有的构件名称为正确→找到应有的构件名称并单击→确定。平面图中识别产生的构件名称已更正，如果位置、方向不对，可用【移动】、【镜象】、【旋转】功能纠正→再次双击校核页面此错项信息，提示：该问题已不存在，所选的信息将被删除→确定（有的版本是单击校核页面下部的【刷新】，校核页面的此错项信息消失，纠错成功）。

4. 纠错方法四

"校核柱图元"页面错项提示：构件名称如 GBZ－n，未使用的柱标识或没使用的柱名称（请检查并在对应位置绘制柱图元）→双击校核页面中的此错项提示→在平面图中此构件名称自动显示为蓝色，此处只有柱构件截面边线，或者只有柱内填充线无截面边线，缺少构件图元→在【图层管理】页面：勾选【CAD原始图层】，平面图上此错项构件缺少的截面边线可以恢复显示→在【构件列表】中找到此构件名称并单击使其成为当前操作的构件，用【点】功能菜单在原位置绘上。只要绘制的构件图元与平面图上的构件截面边线吻合、大小匹配一致，构件名称相同，如果校核表上错项提示不消失→在【图纸管理】页面→双击其他图纸名称行首部，再双击此前纠错的图纸名称行首部，使此电子版图纸再次显示在主屏幕上，"校核柱图元"页面的错项信息可消失。

5. 纠错方法五

在"校核柱图元"页面错项提示：未使用的标注，就是没有使用此构件的标注信息生成构件，有两种方法可以处理：①按照【点选识别】的功能处理。②直接在构件【属性列表】中修改构件标注的属性信息。错项提示"纵筋信息有误"，是指构件截面中的纵筋数量与标注数量不符，程序是按照柱大样图中的纵筋数量识别的，可以通过【属性列表】页面的【截面编辑】功能直接修改，可以按照有关章节的讲解操作，不再重复。

6. 纠错方法六

在"校核柱图元"页面勾选【未使用的标识】，下部主栏提示：柱名称如：GBZ－n，第n层，未使用的柱标识，双击此错项信息，识别产生的此错项构件图元之构件名称自动放大呈蓝色显示在平面图中→以平面图中放大显示的原有构件名称为正确→在【构件列表】页面：找到此构件名称并单击、变蓝，成为当前操作的构件→把平面图中放大显示的此构件图元删除，只余原有构件截面边线→使用主屏幕上部的【点】功能原位置绘上，如果方向不对可以用【旋转】、【镜像】、【移动】功能纠正；有时是识别产生的柱构件图元与平面图中原有构件截面尺寸大小不一致，可以在【图纸管理】页面：使当前图纸文件名称尾部的"锁"图形在开启状态→删除此构件某一侧的截面边线后→再次双击校核页面的此错项提示信息，提示：该问题已不存在，所选的信息将被删除→确定，校核页面的错项信息已经消失。

如果光标放到识别产生的构件图元上，显示的构件名称与图中原有构件名称相同，但校核页面的错项提示信息仍然不消失，经检查是此构件名称与其截面边线较远造成的，可以按照本节上部所讲"平面图上识别柱纠错特例"或20.2节讲解的方法：整体删除识别不成功的构件图元（也可以不在【构件列表】页面删除已经识别成功的构件）。使用主屏幕上部的【还原CAD】功能还原CAD图纸后，在【图纸管理】页面下部，从"未对应图纸"界面：找到此电子版图纸→【手动分割】并使此图纸重新显示在主屏幕。

在主屏幕左上角→【CAD操作】▼→【补画CAD线】，补画CAD线的众多功能菜单显示在主屏幕左上角，如被【构件列表】、【图纸管理】、【属性列表】页面覆盖可拖动移开，如图4-3-2。

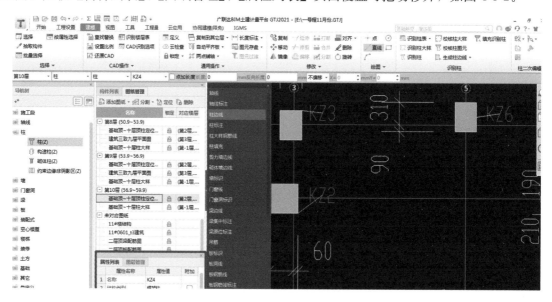

图4-3-2  使用【补画CAD线】功能处理平面图中构件名称与截面边线较远的问题

单击左上角的【柱边线】菜单→光标放到图中柱截面边线的角点上，可显示黄色交叉点并单击→移动光标拉出白色线条→单击左上角的【柱标注】菜单→光标放到图中原有柱构件名称的"Z"字上，可显示黄色交点并单击左键→右键确认，柱截面边线与构件名称已经用绿色线条连接，同样方法使其他柱截面边线与构件名称用绿色线条连接后，重新识别完毕。在"校核柱图元"页面：再次勾选【未使用的标识】，可大量减少此类错项信息发生。

7. 纠错方法七

在【校核柱图元】页面的表头勾选【名称缺失】，下部主栏错项提示：未识别"L"字形（或"Z"字形），截面尺寸如550×500，无名柱图元，已反建，请检查属性并替换名称（因在柱大样纠错时已核对构件的属性、参数，在此构件的属性、参数应该不会错）→双击此错项信息→在【构件列表】页面：自动显示与校核页面相同的错误构件名称为蓝色、成为当前纠错构件→并且在【属性列表】联动显示此同名构件属性，如果在平面图上分不清楚哪个是当前纠错的构件→在主屏幕上部→【点】→移动光标带出的构件图元就是当前纠错的构件图元，以平面图上原有的构件名称为准→把【属性列表】页面的错误构件名称修改为与平面图上应该有的、正确的构件名称→回车，如果提示：应在当前层构件名中唯一（意思是不能重名），可在此构件名后加－1（或N）→回车，提示：构件某某已经存在，是否修改当前构件为某某？→【是】，在校核页面下部→【刷新】，错项信息消失，纠错成功。

8. 纠错方法八

在"校核柱图元"页面的表头勾选【名称缺失】→下部主栏错项提示：未标识L字形（或Z字形、有时也可能是一字形等）（显示截面尺寸如）：550×500，第 n 层，无名称标识，反建构件（因在柱大样纠错时已核对构件的属性、参数，在此构件的属性、参数应该不会错）→双击此错项信息→此错项构件图元呈蓝色自动放大显示在平面图中，经检查平面图上识别产生的蓝色柱构件图元大小与原有构件不匹配→光标放到此构件图元上，光标由"＋"形变为"回"形，显示的错误构件名称与校核页面、【构件列表】页面的错误构件名称相同，经观察是因为设计者粗心，在平面图上只有柱构件截面边线、漏标注、缺少构件名称造成（如果有构件名称，可以按照纠错方法二【修改图元名称】的方法解决）→首先删除误产生的构件图元，因为不知道此构件名称为何构件→单击主屏幕上部的【点】功能键→在【构件列表】页面：分别单击选择构件名称→在平面图中与此构件截面边线对比，绘制大小相同、匹配的构件图元，如果方向、位置不对→可以用【镜像】、【移动】功能纠正，如果与原有的柱构件截面边线方向、位置、大小匹配→再次双击"校核柱图元"页面的此错项信息，提示：该问题已不存在，所选的信息将被删除→确定，校核页面的错项信息消失。

9. 纠错方法九

在主屏幕左上角→单击【拾取构件】，光标放到识别产生的柱图元上，光标由"口"字形变为"回"形，可显示此柱的构件名称，如果是错误的、与图中原有构件名称不同，单击此构件图元，【构件列表】页面：此错项构件名称联动变为蓝色、成为与图中相同、纠错的构件→在平面图中删除此构件图元→再在【构件列表】页面找到正确的构件，原位置绘上，如方向、位置不对，可用【镜像】、【旋转】、【移动】功能纠正→再次双击校核页面此错项信息，提示：该问题已不存在，所选的信息将被删除→确定，校核页面的此错项信息消失，纠错成功。在主屏幕上部单击【校核柱图元】功能窗口（校核运行）提示：没有错误图元信息，纠错成功。

在【构件列表】页面：删除未使用、错误、多识别的构件名称→单击【构件列表】下邻行右边尾部（两个水平方向小三角）→【删除未使用构件】，如图 4-3-3。

图 4-3-3　用【删除未使用构件】功能删除多余无用的构件

在弹出的"删除未使用构件"页面：选择楼层、展开构件类型、选择构件→确定，提示：删除未使用构件成功。【构件列表】页面：未使用构件已删除。

小窍门：在【构件列表】页面，使用手工删除某个识别产生的错误构件时，如果提示"某某构件在绘图区已有图元"，需先删除图元再删除构件。如果有些构件图元在众多图中不好找，可在主屏幕左上角单击【拾取构件】→光标在平面图上呈"口"形→移动光标放到识别产生的柱图元上有动感，并可以显示此柱图元的构件名称。如果是需要寻找又称"拾取"的构件图元→单击此构件图元，在【构件列表】页面的此构件联动变为蓝色，成为当前需要删除的构件，可删除；还可以使用此功能在平面图中快速复制此构件图元。

# 5 识别剪力墙

## 5.1 识别剪力墙、复制构件图元到其他层

识别剪力墙前应先识别剪力墙身表，生成剪力墙构件后，才能在平面图上识别剪力墙。如果剪力墙表与墙柱平面图不在同一个图纸上→需要在【图纸管理】页面→双击结构总图纸文件名称行首部→可以在主屏幕同时有全部多个结构专业的电子版图纸情况下，找到绘制有剪力墙身表的图纸，直接框选识别"剪力墙表"，操作方法如下。

在"常用构件类型栏"下部：展开【墙】→【剪力墙】（Q），在主屏幕上部→单击【识别剪力墙表】→框选剪力墙表→左键→右键，已经框选的"剪力墙表"已显示在弹出的"识别剪力墙表"页面：删除表头下的空白行，删除重复的表头，如图 5-1-1 所示。

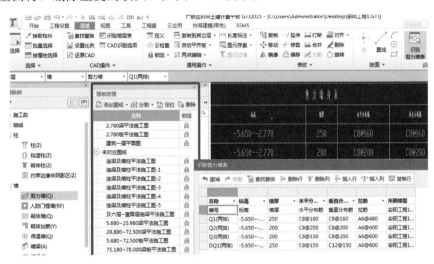

图 5-1-1 识别剪力墙表

左键分别单击表头上部的空格、全列发黑、对应竖列关系，最后对应到尾部的【所属楼层】列，分别双击每行的【所属楼层】栏显示 ⟶ ，在弹出的"所属楼层"页面：勾选应该属于的楼层数→确定，如图 5-1-2。

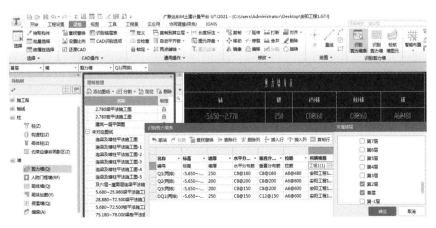

图 5-1-2 把识别的剪力墙构件选择到应有的楼层

已对应到应有的楼层→【识别】，提示：表格识别完毕，共识别到墙构件多少个→确定。

识别剪力墙表特例：单击识别剪力墙表格上部空格、对应列后→【识别】，某行某栏的参数显示为红色→删除此墙构件，识别后在【构件列表】页面→新建此构件的名称、属性、参数。

提示1：在属性页面展开【钢筋业务属性】→在【搭接设置】界面的：钢筋直径范围如12～16均包括上限12，下限16；提示2：新建剪力墙构件，在【属性列表】页面的水平、垂直分布钢筋栏，输入配筋信息特例，如果水平或者垂直分布筋设计为两种不同的钢筋级别、直径、间距，输入格式为：外侧的钢筋级别、直径、间距/内侧钢筋级别、直径、间距。

剪力墙表识别完毕，可回到"常用构件类型"栏：展开【墙】→【剪力墙】，检查识别效果：在【构件列表】页面可显示已识别成功的剪力墙构件名称。在【属性列表】页面的【内/外墙标志】栏：可以选择内墙或者外墙；如果剪力墙顶部设计有暗梁或者压顶钢筋，大部分在剪力墙的剖面图中表示，可以在【属性列表】页面→展开【钢筋业务属性】→在【压墙筋】栏输入，格式如：4C12，如此操作在平面图上识别、产生的剪力墙构件图元会含有暗梁或压墙钢筋。如为最底层剪力墙→还可以在"插筋信息"栏：输入插筋信息。如图5-1-3。

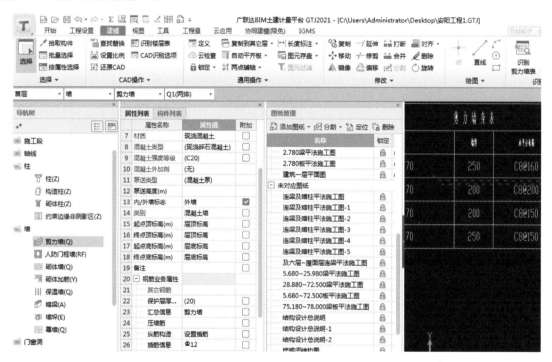

图5-1-3　在【属性列表】页面设置底层剪力墙的基础插筋

在此只需要输入垂直分布钢筋的级别（格式：A. B. C）和直径即可。

剪力墙表识别生成构件后，在【构件列表】页面：选择一个剪力墙构件并单击、变为蓝色，成为当前操作的构件→【定义】，进入【定义】界面→【构件做法】→【添加清单】→【查询清单库】，在左下边展开【混凝土及钢筋混凝土工程】→【现浇混凝土墙】，在右边主栏需要根据识别产生的剪力墙构件类型，找到墙构件的清单编号如：010504001，并双击使其显示在上部主栏，此清单在其"工程量表达式"栏：可以自带工程量代码→【添加定额】→【查询定额库】：需要在下部底行检查"定额库"是否是需要的定额专业，在此可以切换、选择应有的定额专业。

在左边展开【混凝土及钢筋混凝土工程】→展开【混凝土】→展开【现浇混凝土】→【墙】，在右边主栏找到定额编号如：5-24现浇混凝土直形墙，并双击，使其显示在上部主栏内，在此定额子目的"工程量表达式"栏：单击显示▼→▼→选择【墙体积】；还需要在已经展开的【现浇混凝土】下部→展开【模板】→展开【现浇混凝土模板】→【墙】，在右边主栏：找到定额编号5-244现浇混凝土模板，直形墙，复合模板、并双击，使其显示在上部主栏，在此定额子目的"工程量表达式"栏：单击显示▼→【更多】，在弹出的"工程量表达式"选择页面→【显示中间量】→找到序号 82 墙加墙垛模板面积并双击，使其显示在此页面上部，如图 5-1-4。

图 5-1-4　选择剪力墙模板定额的工程量代码

让选择的剪力墙模板之工程量代码显示在上述页面上部→确定。所选择的工程量代码已经显示在此定额子目的"工程量表达式"栏→单击已选择清单、定额子目左上角的空格，已经选择的清单及数个定额子目全部变为蓝色→【做法刷】，按照本书 20.6 节讲解的方法，把所选择的清单、定额子目复制到相同类型的其他剪力墙构件上。

下一步在主屏幕平面图上识别剪力墙，单击主屏幕上部的【识别剪力墙】功能窗口，按本页下部描述的顺序依次识别，如被【构件列表】或者【图纸管理】等页面覆盖可拖动移开，如图 5-1-5。

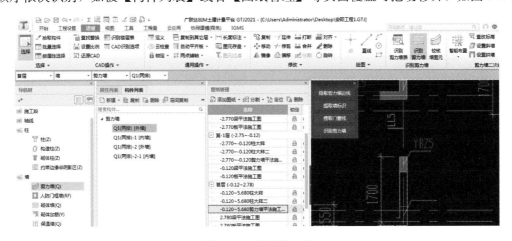

图 5-1-5　识别剪力墙

【提取剪力墙边线】→单击剪力墙双线的单根线，墙双线全部变蓝或变虚线，有没变蓝的可再次单击、变蓝→右键确认，变蓝或变虚线的图层消失。

【提取墙标识】→选择并单击平面图上剪力墙名称：Q1、Q2、墙名称变蓝色→右键，变蓝色的消失。如果平面图上只有一种剪力墙构件，没有绘制墙名称，可以直接选择识别剪力墙表中的墙名称，识别方法同上述。如果剪力墙表与墙柱平面图不在一张图上，此步可以忽略不操作。如提取识别墙边线后墙名称消失→可以在【图层管理】页面：勾选【已提取的 CAD 图层】。墙名称可恢复，再识别墙名称为墙标识，墙名称变蓝→右键，变蓝的消失，如果是在勾选【已提取的 CAD 图层】后识别，右键后变蓝的图层不消失，恢复原有颜色，但识别有效。如果剪力墙上没有绘制门窗线，可以不操作【提取门窗线】。

【识别剪力墙】→识别产生的剪力墙构件已经显示在弹出的"识别剪力墙"页面：可复核，但一般不会错，如有错误可以修改，多产生的墙构件可以删除→【读取墙厚】，平面图上消失的剪力墙线恢复显示（按照下部提示区的提示）→移动光标放到恢复显示的剪力墙线上，光标由"口"字形变为"回"字形、并单击剪力墙的单条线、变蓝→再单击此墙的另一条线→右键确认。（在【识别剪力墙表】页面下部）【自动识别】→提示：识别墙之前请先绘好柱，这样识别的墙端会自动延伸到柱内，是否继续识别→是。提示：无错误墙图元信息。（如果弹出"校核墙图元"页面：有错误信息……按照5.2节的方法纠错，可以先关闭校核表。）平面图上剪力墙双线已填充成为实体，生成墙构件图元，光标放到识别产生的剪力墙图元上呈"回"形，可显示墙名称，如个别与平面图上原有的墙构件名称不同，单击此墙图元、变蓝色→右键（下拉众多菜单）→【属性】，在显示的【属性列表】页面：单击【名称】栏，在行尾部显示▼→▼，可显示在平面图上已识别产生的各个墙名称→选择与平面图上应该是的墙名称，弹出"提示"对话框，如图5-1-6。

图 5-1-6　在平面图上修改墙的名称、属性

在弹出的"提示"对话框：构件【某某（两排）】已经存在，是否修改当前图元的构件名称为【某某构件（两排）】？→是，平面图上的构件图元名称、属性已更正。

在构件的【属性列表】页面："内/外墙标志"行单击显示▼→▼，可以选择内或外墙，并勾选其尾部的空格，可在其【构件列表】页面的构件名称尾部联动显示为内墙或外墙，但光标放到平面图产生的此构件图元上，其构件名称尾部不能显示内或外墙标志，不利于检查、区分平面图上内、外墙是否画混，如果内、外墙画混，会影响后续计算内、外墙装修面积。

纠正内、外墙画混的操作方法：在【属性列表】页面的构件名称栏，在构件名称尾部输入"内墙"或"外墙"→回车→光标放到平面图中识别产生的构件图元上，光标呈"回"形，可在显示的构件名称尾部显示内墙或外墙标志，用于区分内、外墙是否画混、画错。

如果内墙画错显示为外墙，可以左键单击平面图中的内墙图元、整条内墙图元变蓝，可多次单击选择不同厚度的内墙构件图元、变为蓝色（注意不要移动、改变墙图元的位置）→右键（下拉众多菜单）→【属性】（有显示、隐藏【属性列表】功能，如果没有显示【属性列表】页面，可以再次右键→【属性】），在显示的【属性列表】页面：【内/外墙】栏显示"?"。把"?"号选择为【内墙】；如果在属性页面的构件名称栏：显示的是【外墙】，在此单击显示▼→选择为【内墙】→回车，提示：构件某某已存在，是否修改当前图元的构件名称为内墙→是（还可以在【属性列表】页面的构件名称尾部加上【内墙】标志）→【Esc】退出，蓝色墙图元恢复为原有颜色。光标再放到此类墙图元上、光标显示为"回"形，构件名称已更正为内墙。此方法还可以应用于纠正砌体墙内外墙画混。

在主屏幕右上角有【墙体拉通】功能窗口：可以把直形墙或者斜形墙拉通平齐→分别选择并单击

平面图中已有的两个不同的墙图元即可拉通，成为一条整体墙图元。此功能还可以使用于剪力墙、砌体墙、保温墙、幕墙。

在主屏幕右上角→【判断内外墙】功能窗口，在弹出的"判断内外墙"页面有【当前楼层】和【选择楼层】两种功能→【选择楼层】，下图5-1-7。

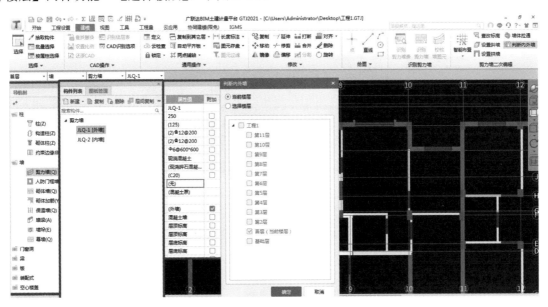

图5-1-7　使用【判断内外墙】功能检查各个楼层的内、外墙是否画错

在上述页面可以选择多个楼层→确定，弹出提示：判断内外墙完成，此提示可以自动消失。此功能同样可适用于剪力墙、砌体墙。

单击【动态观察】→转动光标，识别产成的剪力墙三维立体图如图5-1-8。

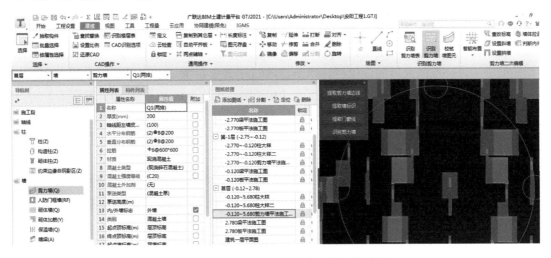

图5-1-8　识别产生的剪力墙三维立体图形

剪力墙识别完毕，可以把识别产生的全部构件图元原位复制到其他楼层，此功能可以用于首层，操作方法如下：在主屏幕左上角的选择楼层窗口，先选择、进入需要复制到的其他楼层又称目标楼层→（在主屏幕最上部）【复制到其他层】▼→【从其他层复制】，在弹出的"从其他层复制图元"页面：在左边"源楼层"下的【第n层】，选择需要复制的来源楼层数→选择需要复制的构件：可以选择轴网、墙、柱等全部构件→在右边"目标楼层选择"栏→选择需要复制的目标楼层→确定，在弹出的"复制图元冲突处理方式"页面选择处理方式后→确定，（复制运行）提示：图元复制成功→确定。

检查复制效果，在主屏幕最右边→单击 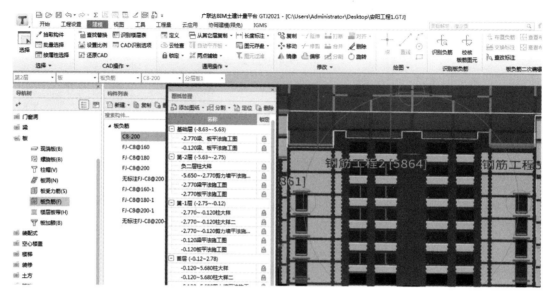：【动态观察】窗口最下部的1个窗口：单击 ，在弹出的"显示设置"页面→【图元显示】，在【图元显示】栏可勾选【所有构件】，也可根据需要选择→在【楼层显示】栏：可以选择需要显示的楼层，关闭此页面→ ：【动态观察】→转动光标可查看所选楼层、已经复制的全部构件图元，如图5-1-9。

图 5-1-9　【从其他层复制】的构件图元三维立体图

可用于检查绘制构件图元的效果、完整程度，如有缺陷可修改完善。

在构件的【属性列表】页面："搭接设置"行尾部单击显示⋯→⋯有接头形式、钢筋长度定尺功能）。

自动判别小墙肢，短肢剪力墙（在左上角）→【工程设置】→【计算设置】，在弹出的"计算设置"页面，在选择【清单】或【定额】界面的下部左边→【剪力墙或砌体墙】→在序号16：混凝土墙是否判断短肢剪力墙→双击此行的设置栏，单击选项行尾部显示▼→▼→选择【判断（2013清单）】，可选择判断或不判断→在上部选择【定额】界面（新老版本操作方法基本相同）。如图5-1-10。

图 5-1-10　判别短肢剪力墙

## 5.2　识别剪力墙后纠错

在"校核墙图元"页面，错项提示如：墙边线 n、第 n 层、未使用的墙边线……双击此错项提示信息，此墙构件名称会呈蓝色自动放大显示在平面图中，如果此处没有产生墙构件图元，可以用补画墙的方法画上，如果此处已经有墙构件图元并且位置、长度相同，无须纠错。

在"校核墙图元"页面：勾选【未使用的墙标识】，此页面下部如显示错项信息 Q1，未使用的墙标识，则双击此错项信息，识别产生的墙图元构件名称。Q1 自动放大呈蓝色显示，经检查是此墙的构件名称距离墙边线较远造成的，如果此处已经产生剪力墙构件图元，并且位置、长度不错，则把光标放到此墙构件图元上，显示的构件名称与平面图中原有的构件名称相同，无须纠错。

还可以参照本书 4.3 节图 4-3-2 下讲解的方法处理，操作方法如下：可按照本书 20.2 讲解的方法整体删除平面图上已经识别产生的全部墙构件图元（可以不在【构件列表】页面：删除已经识别成功的墙构件）→使用【还原 CAD】功能还原 CAD 图纸后，在【图纸管理】页面下部：从"未对应图纸"中双击"总结构图纸"文件名称首部→找到当前操作的图纸→【手动分割】并使此图纸重新显示在主屏幕，在主屏幕左上角→【CAD 操作】▼→【补画 CAD 线】，补画 CAD 线的众多功能菜单显示在主屏幕左上角，如本书图 4-3-2 所示，单击左上角众多菜单中的【剪力墙边线】→光标放到平面图中此墙边线上可显示"十"字交点并单击→移动光标单击左上角众多菜单中的【墙标志】→移动光标放到图中此墙的构件名称如 Q1 上，可显示"十"字标志并单击，此墙边线已经与构件名称用线条连接→右键确认……使用此方法把图中全部墙边线与构件名称用 CAD 线连接后再重新识别，可大量减少"未使用的墙标识"错项信息发生。

如果位置、长度相同，只是显示的构件名称与图中原有构件名称不同，单击此构件图元变蓝→在显示的众多菜单中→【修改图元名称】。如何修改在本书图 4-3-1 已经有讲解，在此不再重复。

① 提示 1。剪力墙表识别成功后或剪力墙构件名称、属性建立后，提取墙边线或画墙画不上，提示不能与某某重叠，需记住此位置的下层构件名称，在其属性页面修改起、终点顶标高或修改当前层所画墙的起、终点底标高后，即可画上。柱遇有此情况时也参考此法操作。

② 提示 2。有时剪力墙识别成功后（双墙线已填充），还有个别墙段为双线没识别成功，可按初次识别方法重新识别（从提取混凝土墙线开始）这些双线的墙段，左键选择单击这部分墙线，会使全部平面图上的墙线全部变蓝，不影响识别效果。（备忘：在其他平面图上只要有剪力墙线如框筒的混凝土墙，有混凝土墙线无墙名、无配筋信息也可识别）或者手工绘制这部分剪力墙构件图元。）

方法 1：当剪力墙内外侧配筋直径、间距不同时，需在其属性编辑页面，水平或垂直分布筋栏，左侧及外侧在前如（1）C10@200＋（1）C12@150（右侧及内侧在后，按顺时针方向画墙），如图 5-2-1 示。

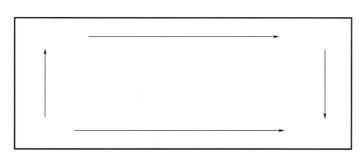

图 5-2-1　特殊情况绘制剪力墙方向、顺序

可以直接单击键盘左上角的（无需按【shift】键）【~】：可在墙体中间显示绘制方向小箭头，是墙体绘制方向的快捷键，如没有按照顺时针方向绘制，可以选中此墙体→右键→【调整方向】进行纠正，墙体上显示的绘制方向箭头已改变。内外侧钢筋画错，会影响钢筋计量结果。

方法2：有暗柱时，对于一字型暗柱，墙画到暗柱外边缘也称墙覆盖柱；遇"┐"形暗柱，剪力墙应满画全覆盖，遇"＋"字或"T"字形暗柱，需按轴线交点画到暗柱外边缘覆盖暗柱（暗柱不是柱，暗梁、连梁不是梁，剪力墙遇暗柱、暗梁、连梁应覆盖满画到轴线交点）。

在大写状态：单击【Q】是隐藏、显示剪力墙、砌体墙的快捷键；单击【Z】是隐藏、显暗柱、框架柱、构造柱的快捷键。

在"常用构件类型"栏下的剪力墙、砌体墙、梁、圈梁等线性构件界面：需要新建1个构件，在主屏幕上部→【直线】，在主屏幕上邻行有【点加长度】菜单，用【点加长度】菜单可以绘制超出节点以外任意长度的墙、梁等线性构件，还有设置偏心功能，绘制方法：在【建模】界面→【直线】→主屏幕上邻行【点加长度】→画墙或梁的起点→移动光标指引方向到下一轴线节点，单点左键→输入超出此第二个节点的尺寸→右键结束。

批量修改构件名称、属性，用于纠正内外墙画混，在第一层内、外墙画混无法布置散水，在其他层内、外墙画混影响房间内、外墙面装修。

方法1：（在【建模】界面电脑桌面左上角）【批量选择】（其右侧还有【按属性选择】）→弹出"批量选择"页面：选择楼层、勾选构件→确定。如选择的是当前楼层，在当前层平面图上所选择的构件图元格外发蓝→切换到【属性列表】界面：因此时属性页面显示的构件名称、属性各参数是所选择多个构件的共有属性，所以有多个属性参数显示为"?"号，根据需要修改或不改，在【内/外墙】标志栏单击，可选择内墙、外墙，在此选择的内或外墙是批量修改，其他行的"?"号可不修改，表示保留各构件的原有属性，下部还有钢筋、土建业务属性，修改完毕→（返回【建模】界面）【定义】→在【定义】页面的"构件列表"下，批量选择的构件名称尾部已带有内或者外墙标志。

方法2：在主屏幕显示的墙柱平面图上，并在已生成墙柱构件图元情况下，光标放到墙图元上光标由箭头变为"回"形，单击变蓝，可根据需要多次单击，图元变蓝→右键（下拉菜单）→【属性】（P）在显示的【属性列表】页面的【内/外墙】标志栏单点选择内墙或外墙，操作同方法上述。

剪力墙识别纠错后，下一步需要选择清单、定额做法，如图5-2-2所示。

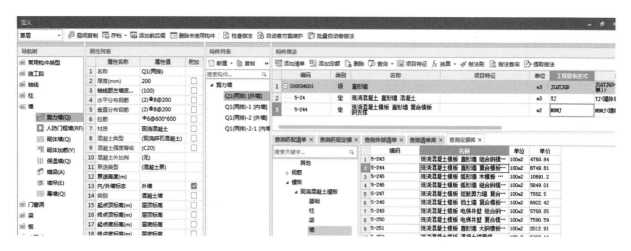

图5-2-2　剪力墙选择清单、定额做法

在"常用构件类型"栏：下部展开【墙】→【剪力墙】（Q）→（在主屏幕上部）【定义】→在【构件列表】页面：显示已建立或识别的剪力墙构件→选择一个已建立的墙构件→在其右邻【构件做

法】界面→【添加清单】→【查询匹配清单】→默认【按构件类型过滤】→【查询清单库】，在下部显示的清单中找到对应的清单并双击此清单已进入上部主栏内，并且其"工程量表达式"栏自动带有工程量代码，还可以在【查询清单库】界面，按分部分项查找、选择需要的清单（还有【查询外部清单】、【导入 EXCEL 文件】功能）。

【添加定额】→【查询定额库】，可按下部显示的分部分项找到并双击所需定额子目，此定额子目已进入上部主栏内（还可选择剪力墙模板子目），分别双击已选择定额子目的"工程量表达栏"显示▼，并单击▼选择对应的体积，选择"更多"进入工程量代码选择页面：已选代码已显示在此页面上部，再选择一个代码→【追加】与前边所选代码用"＋"号组合，在此可编辑简单的计算式→【确定】，所选工程量代码已进入已选择定额子目行的工程量表达式栏。在此只讲操作方法，需要选择什么清单、定额，应按设计、工况、施工方案、各地规定。

清单、定额和定额子目的工程量代码选择完毕→【工程量】→【汇总选中图元】→单击平面图上需要计算工程量的构件图元→右键（计算运行），提示：计算成功→确定。

【查看工程量】→左键单击已选择了清单、定额子目的并且已经计算过的构件图元或框选全平面图的构件图元，弹出"查看构件图元工程量"页面→【做法工程量】，如图 5-2-3。

图 5-2-3　剪力墙的清单、定额子目工程量

还有【查看钢筋量】功能，操作方法相同，如果需要单独列出此部分工程量，有【导出到 Excel】功能。下一步可以按照本书 20.6 节【做法刷】讲解的方法，把所选择的清单、定额子目添加、复制到其他剪力墙构件上。

## 5.3　计算装配式建筑预制剪力墙的工程量

在【图纸管理】页面：找到并双击结构专业的墙柱平面图图纸文件名称首部→只有一个墙柱平面图显示在主屏幕，还需要检查此图纸轴网左下角的"×"形定位标志的位置是否正确。

左上角的楼层数可自动切换到主屏幕上图纸应该是的楼层数。

在"常用构件类型"栏下部→展开【装配式】→【预制墙】（Q）→在【构件列表】页面→【新建】▼→【新建参数化预制墙】（另有【新建矩形预制墙】功能）→在弹出的"选择参数化图形"页面上部→单击【参数化截面类型】▼→▼，程序提供有【普通墙板】、【夹心保温墙】、【PCF 板】三种墙板供选择，如果按照设计需要选择【夹心保温板】，见图 5-3-1。

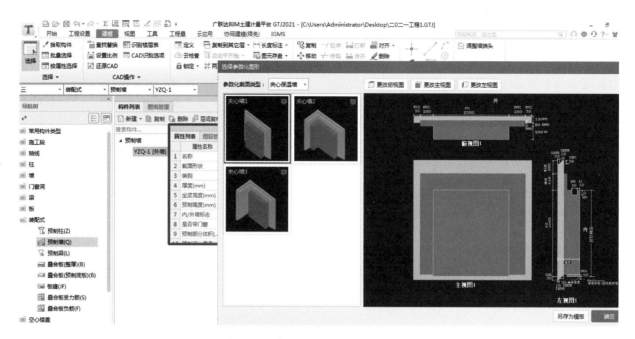

图 5-3-1　建立装配式预制夹心保温板

在上部表头→单击【更改主示图】→可以在显示的主视图画面→双击主示图→在显示的"预制夹心保温板"页面左上角显示三种类型的预制夹心墙，如图 5-3-2。

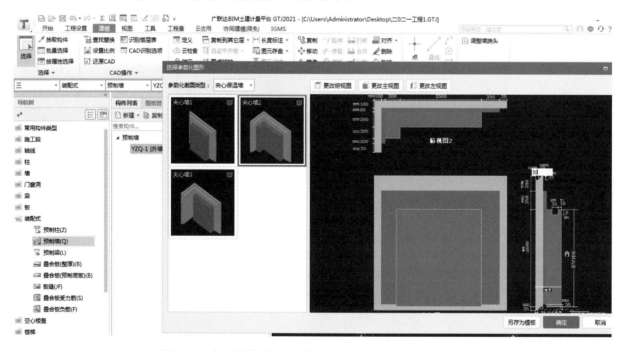

图 5-3-2　在三种类型的夹心墙中选择、修改截面尺寸、参数

根据设计需要在右上角单击，选择一种夹心墙，所选择的图形已经被蓝色粗线条框住，在左边主栏上部显示的是此夹心墙的平面布置图，对应的下部是此墙的立面正视图，右边是剖面图，并且有"外墙"或"内墙"文字标志，可以根据需要修改。单击图中绿色尺寸、数字，可在显示的小白框内：修改→左键→再用同样方法修改下一个绿色尺寸、数字，平面、立面、剖面绿色尺寸、数字修改完毕→确定。

在【构件列表】页面产生一个 YZQ（外墙）：用拼音字母表示的预制夹心墙构件→并在此构件的

【属性列表】页面：联动显示相同名称 YZQ，用拼音字母表示的预制夹心墙构件。在此可把拼音字母修改为：用中文表示的预制保温夹心墙→左键→【构件列表】中的构件名称可联动改变。

在【属性列表】页面的【截面形状】已经显示设置的【夹心墙】，如果需要修改→双击此栏显示 [⋯]→[⋯]，可以返回"选择参数化图形"页面，如图 5-3-1。

在此可显示已设置的【夹心保温墙】、【厚度】为灰色、不能修改；可以按照设计要求输入【坐浆高度】：mm；在"选择参数化图形"页面，已经设置的【预制高度】：显示为灰色，不能修改；在【内/外墙标志栏】：可以选择内墙或外墙→选择【是否带门窗】；需要手工计算、分别在【预制部分体积】、【预制部分重量】栏：输入应该有的数值（手工计算出体积，可以参照《建筑结构荷载规范》（GB 50009—2012）附录 A：常用材料和构件自重，计算出材料的重量）；在【预制钢筋】栏→单击显示 [⋯]→[⋯]，在弹出的"编辑预制钢筋"页面→输入【筋号】；在【规格】栏：输入钢筋的规格，格式如：C12→双击此行的【图号】栏：显示 [⋯]→[⋯]，在弹出的"选择钢筋图形"页面，有多种钢筋图形供选择，如图 5-3-3。

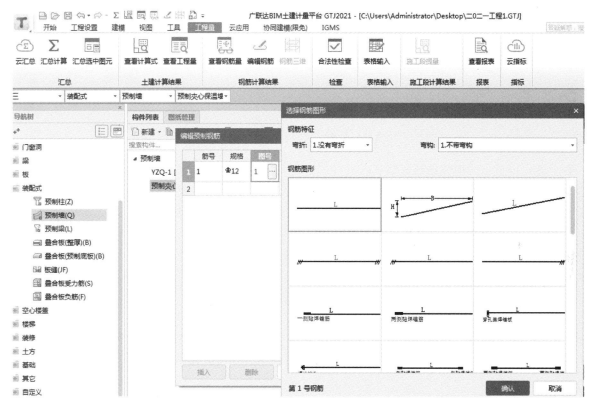

图 5-3-3  选择钢筋图形、编辑预制剪力墙钢筋

在上述页面按照图纸设计要求选择一种钢筋图形→所选择的钢筋图形可自动显示在"编辑预制钢筋"页面的【钢筋图形】栏，在此双击红色的长度尺寸数字 0，输入应该有的尺寸数字 mm→单击【计算表达式】栏：需要手工计算、输入【根数】。如果需要增加钢筋：在左下角→【插入】，在增加的一行内按照上述方法输入下一种钢筋→确定。选择的钢筋品种数已经显示在【属性列表】页面的【预制钢筋】栏→单击【套筒及预埋件】栏：显示 [⋯]→[⋯]，在弹出的"编辑套筒及预埋件信息"页面→双击行尾部的【埋件分类】栏：显示▼→▼，可选择【灌浆套筒】或者【普通埋件】，还可以用【复制】、【粘贴】功能把在此选择的构件名称复制到同一行的【名称】栏内；在【数量】栏：输入根数→在【规格】栏：输入根数、钢筋强度等级、直径，格式如：4C12；在【纵筋直径】栏：只需要输入钢筋的强度级别、直径如：C12→确定。还需要在属性页面选择【预制混凝土强度等级】如：C30→选择【后浇混凝土材质】、【后浇混凝土类型】、【后浇混凝土强度】、【外加剂】、【泵送类型】、输入【泵送高度】

（在此设置的参数在后续导入计价软件时都有用）；双击【计算设置】栏可进入"计算参数设置"界面→选择、设置计算参数→单击属性页面的【节点设置】栏：显示 ⋯ → ⋯ ，在弹出的"节点设置"页面，如图 5-3-4。

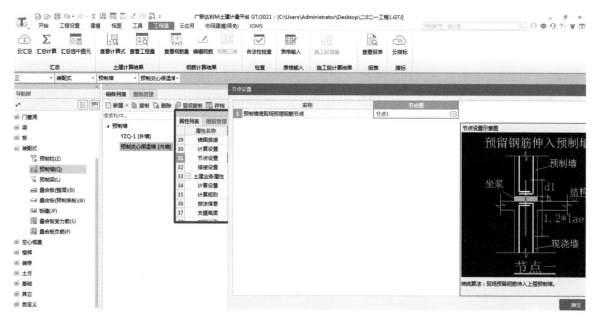

图 5-3-4　选择、修改预制墙根部预埋钢筋的节点形式

　　在上述页面显示的预留钢筋根部节点大样图中，凡绿色尺寸、参数、单击，可在显示的小白框内修改，如果无特别要求可以按照程序默认值、无需修改→确定。下一步还需要在属性页面→单击【搭接设置】栏：显示 ⋯ → ⋯ ，在弹出的"搭接设置"页面：根据图纸设计的钢筋品种、直径范围，分别单击【墙水平筋】、【墙垂直筋】栏：显示 ▼ → ▼ ，可以根据设计需要选择绑扎、单面焊、双面焊、电渣压力焊、锥螺纹连接、直螺纹连接、对焊、套管挤压、锥螺纹（可调型）、气压焊共 10 种钢筋接头形式可以选择，还需要选择【墙柱垂直筋定尺】尺寸、【其余钢筋定尺】的尺寸，在此选择完毕→确定，在属性页面的【搭接设置】栏显示："按设定搭接设置"。

　　还需要在属性页面展开【土建业务属性】：分别单击【计算设置】方法同下。单击【计算规则】栏显示 ⋯ → ⋯ ，在弹出的"计算规则"选择页面→选择【清单规则】、选择【定额规则】、选择【扣减关系】，在此选择、设置完毕后→确定。自动返回属性页面：选择【支撑类型】、选择【模板类型】，如果有些属性、参数在打开软件建立工程时已经设置，程序会按照已经设置的参数显示，有些属性参数如果无特殊要求、可以按照默认值无需设置。在【属性列表】页面把各行显示的属性、参数设置完毕→【定义】，进入【定义】界面→【构件做法】→【添加清单】，如果在主栏下部的【查询匹配清单】界面无匹配清单→【查询清单库】，在主栏下部左侧下拉滚动条（以河南定额为例，其他地区也需要参照下述方法操作）→展开"豫建科〔2019〕135 号"→光标放到清单编号的序号前，也就是分部分项与清单编号之间的双分界线位置，光标变为水平双分箭头→向右拖动可以显示左边完整的文件内容→选择"装配式混凝土工程预制构件（Y010515）"→在右边找到序号 4：预制混凝土夹芯保温剪力墙外墙板并双击，使其显示在上部主栏内→双击此清单的"工程量表达式"栏：显示 ▼ → ▼ ，选择【总体积】→【添加定额】→【查询定额库】→在左下部→展开【混凝土及钢筋混凝土工程】→展开【混凝土构件运输及安装】→【装配式建筑构件安装】→光标放到右侧各定额子目的【单位】与定额【名称】内容的竖向分界线上，光标变为水平双分箭头并向右拖动可以展开、显示定额子目的完整内容→双击 5-364：装配式建筑构件安装，预制叠合外墙板安装，使其显示在上部主栏，如图 5-3-5。

图 5-3-5　选择装配式建筑预制夹芯保温墙定额子目的工程量代码

在此只讲操作方法，具体需要选择什么定额，须按照图纸设计、各地规定、经批准的施工方案、当时工况确定。在此定额子目的"工程量表达式"栏：双击显示▼→▼，选择【预制部分混凝土体积】；在左边→展开【保温、隔热、防腐工程】→【墙柱面】→在右边主栏找到定额编号 10-89：随混凝土浇注，挤塑聚苯板厚度 50mm，并双击使其显示在上部主栏内→在此定额子目的"工程量表达式"栏：双击显示▼→▼，选择【垂直投影面积】，如图 5-3-6。

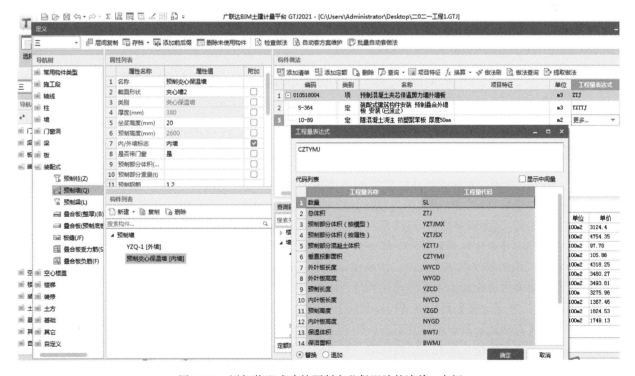

图 5-3-6　添加装配式建筑预制夹芯保温墙的清单、定额

在最下部底行的定额【专业】栏把当前的建筑专业选择为【装饰工程】→在左边展开【墙柱面装饰与隔断、幕墙】→展开【一般抹灰】→在右边主栏找到【12-7 墙面抹灰、轻质墙】并双击使其显示在上部主栏内→在此定额的"工程量表达式"栏：双击显示▼→选择【垂直投影面积】。装配式建筑预制夹芯保温墙的全部清单、定额子目、工程量代码选择完毕→关闭【定义】页面。

因为在上述的操作过程中已经设置了此墙的长度、高度，所以只能使用主屏幕上部的【点】功能→在电子版平面图中按照设计的应有位置绘制夹芯保温剪力墙，如果方向不对，可以用【镜像】、【旋转】、【移动】功能纠正。

在主屏幕最上部→【工程量】→【汇总选中图元】→单击平面图中已经绘制的墙图元→右键确认（计算运行）→确定→【查看钢筋量】→单击平面图中已经计算过的墙构件图元，在弹出的"查看钢筋量"页面，可显示计算出的预制保温夹芯剪力墙的各种规格钢筋用量，如图 5-3-7。

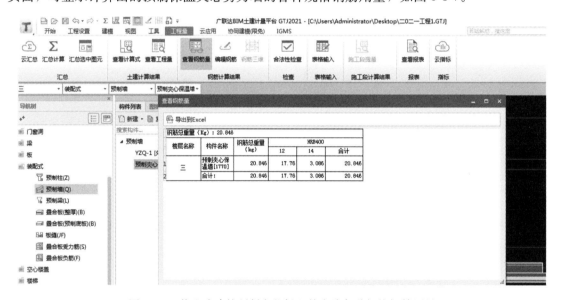

图 5-3-7　装配式建筑预制夹芯保温剪力墙各种规格钢筋用量

同样方法还可以查看在此预制夹芯保温墙上已经添加的清单、定额的工程量。

## 5.4　计算装配式建筑预制剪力墙与后浇柱的工程量

对于装配式建筑，需要在主屏幕上只有一个结构墙柱平面图时，并且是在（暗）柱、剪力墙构件图元已经布置完成后进行。

在"常用构件类型"下→展开【墙】→【剪力墙】（Q）。以两道剪力墙相交的阳角或者阴角处布置的"L"形暗柱为例：光标放到此转角处的一道剪力墙图元上，光标呈"回"形可显示其墙构件名称→在【构件列表】页面：找到此剪力墙，JLQ 构件名称并单击，变黑色，使其成为当前操作构件。设置此预制墙端伸入后浇暗柱的（图纸显示为红色）附加补强钢筋。

在此墙构件的【属性列表】页面下部→展开【钢筋业务属性】→单击【其他钢筋】栏，显示⋯→⋯，在弹出的"编辑其他钢筋"页面：按照国家建筑标准设计图集 15G310-2 第 34、35、36 页节点图所示，设置预制剪力墙端部伸入后浇暗柱的红色附加补强钢筋，操作方法参见本书 3.2 节图 3-2-6 部分所述→【定义】，在【定义】页面→【构件做法】→【添加清单】（按照此墙在平面图中的布置形态为直形）→找到【直形墙】清单编号并双击，使其显示在上部主栏内，在此清单的"工程量表达式"栏内可自动显示其【工程量代码】：JLQTJQD（剪力墙体积）→【添加定额】→【查询定额库】，在下部左边→展开【混凝土及钢筋混凝土工程】→展开【混凝土构件运输安装】→【装配式建筑构件安装】，在右边主栏（以河南地区定额为例，全国各地均可参照本法操作）找到 5-365 装配式建筑外墙板安装并双击，使其显示在上部主栏内→双击此定额子目的"工程量表达式"栏，显示▼→▼，选择【墙体积】。（转角处另一边的预制墙也按照上述方法操作）在此定额子目、工程量代码选择完毕，关闭【定义】页面。

在"常用构件类型"下部：展开【柱】→【柱】（Z）→光标放到平面图中已经选择的两道剪力墙交点处的（暗）柱图元上，光标变为"回"形并可显示此柱的构件名称，记住此柱名称→在【构件列表】页面：找到并单击此构件名称、变为黑色，成为当前操作构件→【定义】，在【定义】页面→【构件做法】→【添加清单】。

如果【构件列表】页面的构件很多，不易找到此构件名，可以使用【拾取构件】功能快速查找使其成为当前操作构件，操作方法为：（在【建模】界面主屏幕的左上角）【拾取构件】→光标放到平面图中两道剪力墙相交节点的后浇柱上，光标由"口"字形变为"回"形为有效，并可显示此柱的构件名称→单击此柱图元→在【构件列表】页面联动显示此构件名称已变为黑色，成为当前操作构件→右键确认→【定义】，在【定义】页面→【构件做法】→【添加清单】。

单击【查询清单库】，在左下角展开【混凝土及钢筋混凝土工程】→【现浇混凝土柱】（按照预算定额计算规则"L""T""＋"形截面柱为异形柱）→找到【异形柱】清单并双击，使其显示在上部主栏内，此清单可自动显示其工程量代码：TJ（柱体积）→【添加定额】→【查询定额库】→在左下角展开【混凝土及钢筋混凝土工程】→展开【混凝土】→展开【现浇混凝土】→【柱】，在右边主栏找到5-13现浇混凝土异形柱并双击使其显示在上部主栏内→双击5-13定额子目的"工程量表达式"栏，显示▼→▼，选择【柱体积】→在下部主栏左下角展开【模板】→展开【现浇混凝土模板】→【柱】→在右边主栏找到5－224现浇混凝土异形柱复合模板定额子目并双击，使其显示在上部主栏内，下一步需要计算柱的模板面积，如果记不清楚柱的截面尺寸→（在【构件做法】窗口左边）【截面编辑】：可以查看此柱的截面大样详图及尺寸，如图5-4-1。

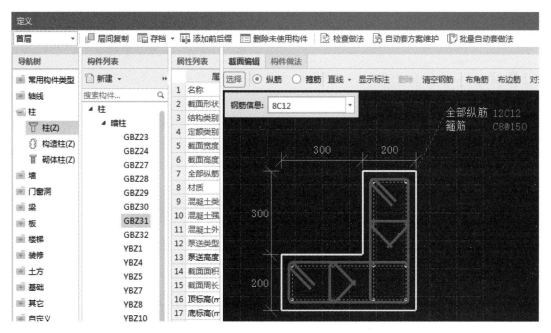

图 5-4-1　查看柱的截面尺寸

在此只需要记住暗柱两端的截面厚度尺寸即可，软件有柱截面周长代码，可以提供周长尺寸→关闭此页面。双击5-224定额的"工程量表达式"栏显示▼→▼→【更多】，在弹出的"工程量表达式"选择页面→双击【柱周长】：ZC，使其显示在此页面上部→在此编辑为（ZC－0.2×2）×2.9［意思是（柱周长－两端柱的截面厚度）×层高，单位m，因为此柱两端有预制剪力墙，计取此部分模板属于重复计算］，如图5-4-2。

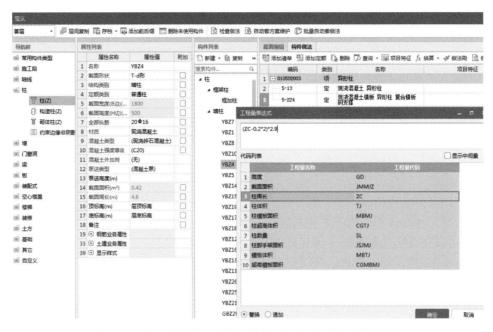

图 5-4-2　在工程量表达式页面编辑后浇柱模板的工程量代码

确定。在此编辑的工程量代码已经显示在上部主栏 5-224 定额子目的"工程量表达式"栏，后浇柱的模板定额、工程量代码选择完毕→（在【查询定额库】的上邻行）向右拖动滚动条→单击其【措施项目】栏的小方格，在弹出的"查询措施"页面：双击序号 1.8，在上部主栏定额子目 5-224 的【措施项目】栏的小方格内已打勾，作用是在后续导入计价软件时，此定额子目可以自动导入计价软件的【措施项目】界面，凡属于措施项目的定额均应如此操作。所需要的定额子目全部选齐后→关闭【定义】页面。

单击平面图上此构件图元、变蓝色→右键（下拉众多菜单）→【汇总选中图元】（计算运行）→【工程量】→【查看工程量】，在弹出的"查看构件图元工程量"页面的【构件工程量】界面，显示构件名称、周长等 7 种参数，如图 5-4-3。

图 5-4-3　后浇异形截面柱的构件体积、模板面积

在此页面的右侧→单击【做法工程量】，还可以显示两道预制剪力墙交点处暗柱的清单、定额子目的工程量，经手工验算，其模板面积软件计算与手工计算的数量相同。

# 6  识别梁

## 6.1  识别 LL：连梁

在"常用构件类型"栏下展开【梁】→【连梁】（G）→（在主屏幕上部）有【识别连梁表】功能窗口，如图 6-1-1。

图 6-1-1  识别连梁表

（混凝土）柱，剪力墙识别后→识别连梁表（无需先画剪力墙上的洞口）。

如果连梁表不与剪力墙柱平面图在同一张图上，需要切换到【图纸管理】页面→双击总结构图纸文件名首部，可在主屏幕上显示有多页电子版图纸状态，找到对应的剪力墙"连梁表"，直接框选识别连梁表。

单击主屏幕上部的【识别连梁表】→在平面图上左键单击、松开左键，框选连梁表→左键、连梁表变蓝色→右键→弹出"识别连梁表"页面：如此表头下有空白行→左键单击左边行首全行发黑→【删除行】→提示：是否删除所选行→是→此行已删除（2021 版无须删除表头下的空白行，不需要删除重复的表头），只需要删除【侧面纵筋】竖列。并按此连梁表下部提示，从左向右逐个单击表头上部的每个空格、整列发黑用来对应竖列关系。因连梁腰部的构造筋又称【侧面纵筋】是剪力墙的水平分布筋，在剪力墙识别时已计入此筋，如在此再识别是重复计算，所以在单击表头上部空格对应到【连梁腰筋】时，此列发黑成为当前列→【删除列】→是→此列已删除，对应到【所属楼层】列时，需要分别双击各连梁的【所属楼层】栏：显示 ⬚ → ⬚ ，在弹出的"所属楼层"页面：勾选此连梁所属的楼层→确定。分别把连梁表的连梁构件对应、选择到应该属于的楼层后→确定（在此页面下部）→【识别】（提示：构件识别完成，共有多少个构件被识别）→确定。LL 表识别成功后返回上部图形输入部分，检查识别效果，在"常用构件类型"下部：展开【梁】→【连梁】（G）→在【构件列表】页面：已识别的连梁构件名称已显示，逐个单击选择 LL 构件名，Ctrl＋左键可多选→在其【属性列表】页面需要展开【钢筋业务属性】：选择是否顶层，各 LL 属性参数检查、修改、更正后→【连梁】→用主屏幕上部的【直线】功能在剪力墙洞上画，连梁钢筋量是按照门窗洞口宽度计算的，只要洞口宽度相同，从门窗洞口两边画连梁与在洞口两侧延伸到轴线"＋"字交点画 LL，所计算出的钢筋工程量相同、已经复核、验证不错。

生成连梁构件后，还需要在【定义】界面的【构件做法】下部：添加清单、添加定额，因连梁无专门定额，可以选择过梁的定额子目→选择连梁体积、连梁模板的工程量代码。再用 20.6 节做法刷的方法复制到全部连梁上，可参照有关章节的方法操作。

有时在识别连梁时，会弹出提示：代号为 LL 的梁侧面纵筋含有【G】或者【N】，是否继续识别"?"→点击【是】，识别为连梁，过滤掉【G】和【N】→点击【否】，识别为框架梁→点击【取消】，退出命令。可以在【CAD 识别选项】中设置梁的代号。解决方法：因为连梁集中标注中侧面钢筋信息中含有【G】或者【N】，软件中连梁侧面钢筋是不分抗扭钢筋和构造钢筋的，可以点击【是】，识别为连梁（反之点击【否】识别为框架梁），但是连梁侧面纵筋中没有【G】或者【N】，可以在汇总计算后→在【编辑钢筋】中，按照有关图集修改连梁侧面纵筋信息：锚固长度或搭接长度即可。

## 6.2　识别梁

有的梁平面图梁构件很多、布置很密，为了图面清晰，一张梁图分成 X 向、Y 向两张图绘制，如果分开识别，主次梁的支座关系就会错乱，需要把两张图拼接为一张图，操作方法：在 X 向梁的平面图中→【添加图纸】▼→【插入图纸】→框选 Y 向梁平面图→右键→移动→选择 Y 向梁平面图的定位点，拖动到 X 向梁平面图的同一个定位点，使其完全重合→【定位】，才能进行识别梁的操作。

经验：框架结构如有砌体墙，宜先识别 KL 后再识别砌体墙，避免砌体墙图元生成后，影响识别梁，必须在识别柱、识别（混凝土）墙后才能识别梁。也可在大写状态下使用键盘的 Q、L 快捷键隐藏或显示墙、梁构件图元。

在【图纸管理】页面：双击某层"梁平面图"图纸文件名行首部→此一个梁平面图显示在主屏幕。

在"常用构件类型"栏下：展开【梁】→【梁】（L）（在主屏幕上部【识别梁】光标放在此功能窗口上有小视频但很快，需要反复看，还需作笔记，不如参照本书方便）。

主屏幕左上角的【楼层数】可自动切换到主屏幕图纸应该是的【楼层数】（凡有轴网的都要检查轴网左下角的"×"形定位标志是否正确）→单击（主屏幕上部的）【识别梁】功能窗口，识别梁的下级识别菜单显示在主屏幕左上角，如被【图纸管理】、【构件列表】等页面覆盖可拖动移开。如图 6-2-1 所示。

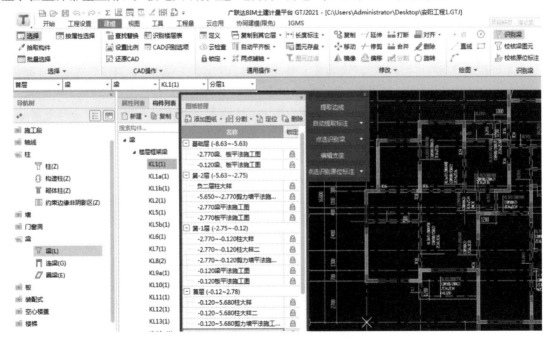

图 6-2-1　识别梁

【提取边线】→单击边梁外侧边线为细实线、单击边梁内侧梁线为虚线，全部梁线变为蓝色→右键，变蓝的图层消失。

单击【自动提取标注】▼后的小三角（有【自动提取标注】、【提取集中标注】、【提取原位标注】数个菜单）→选择【提取集中标注】→单击梁名称、梁名引出线，梁名称、引出线下的集中标注，全部变为蓝色（如果梁的原位标注、含括号内梁的高差值同时变为蓝色，说明梁的集中标注与原位标注在同一图层，继续识别会识别失败→【Esc】：取消识别，按照下部提示），右键确认，变蓝的消失。

提示：如果单击梁名称、梁名引出线，梁名称下的集中标注连同梁原位标注全部变为蓝色，说明梁的集中标注与原位标注在同一图层，继续识别会造成识别失败，不要单击右键→【Esc】退出，出现此种情况需要选择【自动提取标注】（适用于梁的集中标注与原位标注在同一图层的情形）：分别单击梁的集中标注、再单击原位标注，梁的集中标注、原位标注全部变为蓝色→右键，变蓝色的图层消失（识别运行），提示：标注提取完成。

如果按照上述选择【提取集中标注】，只有全部梁名称、集中标注变为蓝色→右键，变蓝的图层消失；下一步还需要单击【自动提取标注】▼→【提取原位标注】→单击梁的原位标注，图上原位标注全部变为蓝色→右键，变蓝的消失。

单击【点选识别梁】▼后的小三角→（优先选择）【自动识别梁】（运行）→在弹出的"识别梁选项"页面：可依次单击表头上的【全部】，在下部主栏显示已识别的全部梁信息，一般不会错，可核对如有错误可修改；单击表头上的【缺少箍筋信息】，在下边主栏显示缺少箍筋信息的梁名称→移动"识别梁选项"页面，找到并按照平面图上此梁的箍筋信息手动补充输入缺少的箍筋信息，同时还可以修改错误的箍筋信息，如果主栏为空白，说明无错误信息；单击【缺少截面】，在下边主栏显示缺少梁截面尺寸的梁名称。可以拖住移开"识别梁选项"页面，在平面图上找到所需的梁构件，分别补充输入各自缺少的信息或者修改显示为错误的信息，在此页面左上角勾选【全部】的情况下→（在此页面右下角）【继续】（有的版本是【刷新】）（识别运行），平面图上的梁线已经识别成功，双线变为一条红色填充实体，没有提取梁跨。消失的梁名称、梁标注信息已恢复。弹出提示：校核完成，没有错误图元信息→确定（如有错误信息，弹出"校核梁图元"页面，可先关闭此页面）（特殊情况如果识别失败，上述图层消失，可以在【图层管理】页面：勾选【CAD原始图层】并勾选【已提取的CAD图层】，消失的信息可恢复显示，按照上述方法重新识别，仍然可以识别成功）。

无论有无梁原位标注→单击（左上角最下边的识别菜单）【点选识别原位标注】▼→▼，（优选）【自动识别原位标注】（可以代替批量【重提梁跨】功能、识别运行）提示：有几道梁跨数与属性不符，是否继续识别原位标注？（此问题可在以后处理）→是（识别运行），提示：原位标注识别完毕，未识别的CAD标注粉红色显示，请进行检查→确定。当没有错误信息时会弹出：校核通过、可自动消失）。梁图元由红色变为绿色表示已提取梁跨，提示：原位标注识别完毕→确定。如有错误信息，在弹出的"校核原位标注"页面：可按照6.5节"梁原位标注纠错的方法处理"（自动识别不成功的可以单击【自动识别原位标注】▼，另有【点选识别原位标注】、【单构件识别原位标注】功能，一次只能识别一个原位标注，识别准确，但效率低，可用于辅助识别。无原位标注时此步可忽略不操作）。

单击主屏幕上部的【校核原位标注】，如个别梁图元又变为红色，原因是识别产生的梁跨数与【属性列表】页面标注的跨数不一致，可以按照6.3节梁跨纠错的方法纠错。

还有一种情况：如果有个别梁图元没有变为绿色（仍然是红色），经检查这些梁有点短，有一端没有搭到梁支座上→（放大此梁图元）光标放到红色梁图元上，光标由"十"字形变为"回"形并单击，梁图元变为蓝色→右键（下拉众多菜单）→【延伸】→左键单击需要延伸的红色梁图元，不要点到轴线上→右键确认→移动光标放到可以作为梁支座的构件图元上、显示梁的黄色延伸边界线、光标变为"回"形并单击左键→左键单击需要延伸的红色梁图元，此梁已自动延长搭到所选择的梁支座上→可以再次、连续单击下一个没有搭到支座上的红色梁图元，已经延伸、搭到作为支座的构件上。

分别单击红色的梁图元，此梁图元变蓝色→右键→【重提梁跨】，在"梁平法表格"上部→右键确认，梁图元已由红色变为绿色，已提取梁跨。

识别原位标注后→（在主屏幕上部）【校核梁图元】，如有错误信息，按以后各节描述的方法进入纠错操作。

说明：【单构件识别原位标注】一次只能识别一道梁，识别后梁构件显示集中标注与原位标注，可以与平面图上的 CAD 原图进行对比检查，如识别错误，可以直接在下部的【梁平法表格】中修改，比【点选识别原位标注】效率高，识别前梁图元是红色，识别后变成绿色，比【自动识别原位标注】更容易检查。

手工重提梁跨的操作：在主屏幕上部→单击【重提梁跨】▼尾部的小三角→【重提梁跨】→可连续单击红色梁图元（有动感），变蓝，右键→红色梁图元全部变蓝即重提梁跨→【动态观察】有三维立体图。

特殊情况如果平面图上梁构件识别错误或者识别失败→（在主屏幕左上角）【还原 CAD】→框选梁全部平面图，全部梁名称、集中标注、原位标注变蓝色→右键，上述变蓝色的信息消失，只剩余已识别的墙、柱图元→在【图纸管理】页面→双击结构总图纸名称首部，使结构的全部多个图纸显示在主屏幕→找到当前识别失败的梁平面图→再次【手动分割】后，在【图纸管理】页面→找到并双击此梁图纸文件名称行首部，使此时只有 1 个梁平面图显示在主屏幕；在【构件列表】页面的首行右边→【》】→【删除未使用构件】，在弹出的"删除未使用构件"页面：在需要删除构件的楼层下选择须删除的构件→确定→【识别梁】，可按照上述方法重新识别。

梁识别成功→【构件做法】→【添加清单】→【添加定额】（可以参照有关章节的方法操作）后。在主屏幕上部→【工程量】→【汇总计算】毕→【工程量】→【查看报表】→进入报表预览界面：按照 20.5 节的方法，可以查看各种形式的报表；不同截面相交 KL 的支座设置：在主屏幕左上角→【工程设置】（有两个【计算设置】），单击第二个带"钢筋软件"图标的【计算设置】中的【框架梁】的公共部分：序号 3，修改为截面小的梁以截面大的梁为支座，重新识别即可。

# 6.3  梁跨纠错

梁跨纠错前需要把作为梁支座的混凝土墙、柱、梁绘制齐全才能纠错。

单击主屏幕上部的【校核梁图元】功能窗口，在"校核梁图元"页面：勾选【梁跨不匹配】，从下部显示的错项提示中纠错梁跨（按【编辑支座】的方法纠错）→【编辑支座】，如图 6-3-1 所示。

图 6-3-1  梁跨纠错

在"校核梁图元"页面错项提示如：某梁构件，第 n 层，提取跨数与属性跨数不一致（或者某某梁，当前图元跨数为 1A，属性中跨数为 1）→双击校核表中的错项提示→此错项梁图元的构件名称和集中标注会呈白色自动放大显示在主屏幕平面图中，并且在此梁图元的支座（也就是梁与柱、剪力墙，KL 相交的节点上有黄色三角显示，但不齐全或有错位），在校核页面下部→【编辑支座】，左键单击（梁与非框架梁相交不属于梁支座）不应是梁支座上的黄色三角标志，可删除三角，单击应是梁支座而无黄色三角标志的可添加三角图形（梁的支座个数−1＝梁的跨数）→右键确认。如果弹出：图元与当前梁未相交或相交角度太小不能设为支座，请重新选择支座图元→右键（下拉众多菜单）→【延伸】（按提示）：左键单击需要延伸的梁图元→单击可作为梁支座的构件图元显示黄色边界线→再次单击需要延伸的梁图元，此梁已经与选择的支座连接，可再次按上述方法【编辑支座】。

结束此次操作后，如提取（识别）的跨数不错，属于设计、制图者粗心把梁跨数在【属性列表】页面标错→在【属性列表】页面：修改为正确的梁跨→（校核表页面）【刷新】→此错项已从校核表中消失，纠错成功。如果提示：未使用的梁标注，按 6.4 节的方法纠正。

对于梁跨的解释为，悬挑梁：XL 的跨数是 0A，如 XL 在生根的支座和 XL 与边梁交点各有 1 个、共 2 个黄色三角支座标志，应该删除在边梁交点上的三角标志。

【编辑支座】功能窗口位置见图 6-3-2。

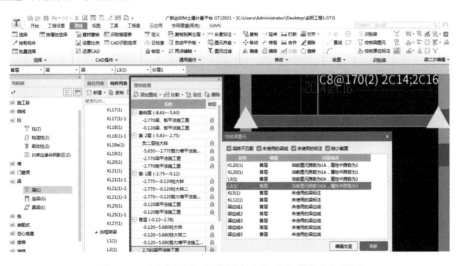

图 6-3-2　梁跨纠错：【编辑支座】功能菜单位置图示

在【编辑支座】的操作过程中，如果出现梁图元某端支座缺少黄色三角标志，左键单击此梁支座应添加一个黄三角，提示：角度太小不能成为支座。退出编辑支座操作（关闭校核表）→动态观察并放大此节点，梁图元有些短没搭在柱、剪力墙、KL 图元支座上→左键光标单击此梁图元变蓝→右键下拉菜单→【延伸】→按提示：左键单点需延伸的梁图元→右键确认，左键选择并单击需延伸到的、应该作为梁支座的构件图元上，（无论此处是否有线条只要有作为支座的柱、梁、剪力墙图元）已显示边界线→左键单击需延伸的梁图元→梁已延伸搭上作为支座的柱、墙、梁上→再用校核表上【编辑支座】的功能纠错梁跨→左键单击此支座已添加了黄色三角、梁支座标志→【刷新】→校核表上此错项已消失。

梁跨纠错前提示：剪力墙、柱已识别成功，本楼层梁平面图的梁也识别成功，但作为梁支座的剪力墙（在进入梁平面图时）在梁平面图中立体观察时只有墙、柱截面线，没生成立体、柱图元，无法把墙、柱作为梁的支座纠错梁跨。处理方法：主屏幕保留梁平面图，双击【图纸管理】页面下的此图纸名称行首部→可再次（提取）识别墙（或柱）图元→【提取混凝土墙边线】→点墙边线变蓝或虚线有没变蓝的可再单击变蓝→右键确认→剪力墙由墙双线已填充为实体墙，有立体图，因梁平面图无墙名标识不需要提取墙标识。柱图元也按此方法识别、提取。

梁跨纠错特例如下。

在"校核梁图元"页面，勾选【梁跨不匹配】，在下部主栏显示如：KL9（3），第 n 层，当前图元跨数为 2，属性中跨数为 3→双击此错项提示→识别生成的此错项梁图元自动放大，呈蓝色显示在主屏幕的平面图中。放大观察梁支座上黄色三角标志，发现梁的一端超出了三角标志，有少量向外延伸，是设计者粗心。在绘制此梁时，梁图形超出了作为支座的轴线交点，识别产生的梁构件在其【属性列表】页面显示为 3 跨，无法使用【编辑支座】功能：采取增加、删除支座的方法进行纠错。

只有按照以下特别方法操作。第一步：先把【属性列表】页面错误的跨数 3 修改为正确的 2，如果识别产生的梁构件名称有错，同时还可以修改构件名称。第二步：删除平面图中误识别产生的（此时梁图元仍然为蓝色）梁图元。第三步：使用主屏幕上部的【直线】功能→在平面图中原位置把梁画上，注意绘制时两端一定不要超出支座的轴线交点。第四步：单击此红色的梁图元，变为蓝色→右键（下拉众多菜单）→【重提梁跨】→在显示的【梁平法表格】以外→右键，【梁平法表格】页面消失，此梁已变为绿色→在"校核梁图元"页面，再次双击此错项提示，弹出提示：此问题已不存在，所选的信息将被删除→确定。"校核梁图元"页面的此错项提示信息消失，纠错成功。

"校核梁图元"页面：错项提示，例如 L1（2），n 层，缺少截面尺寸，默认按 300×500 生成→双击此错项，此错项呈蓝色显示在主屏幕的平面图中，如果"校核梁图元"页面覆盖可以拖动移开，找到平面图上错项梁名称，与校核表上相同的截面尺寸数字是白色→在【属性列表】页面：把【截面宽度】、【截面高度】栏的尺寸数字修改为正确数值（在此为蓝色字体，共有属性，只要修改属性参数，平面图上的构件图元属性含义会联动改变）→（在【校核梁图元】页面下部）【刷新】，错项消失，平面图上呈蓝色的梁图元截面尺寸已更正为与【属性列表】页面相同截面尺寸。

在"校核梁图元"页面：勾选【未使用的梁线】，错项提示，n 层，未使用的梁线→双击此错项，错项梁构件双线条自动放大呈蓝色显示在平面图中，如果缺少梁构件名称和集中标注信息→在【图层管理】页面：勾选【CAD 原始图层】，缺少的梁构件名称、集中标注信息可恢复显示，可以按照 6.2 节讲解的方法从【提取梁线】开始，重新识别梁。也可以在【构件列表】页面：找到并单击此构件名称，用【直线】功能绘制后→【重提梁跨】使此梁图元变为绿色→【刷新】，校核梁图元页面的错项消失。如果显示的蓝色线条位置就不应该有梁构件，此种情况无需纠错，否则可按照本书 6.4 节补画梁线操作。

快捷键说明：

SZZ：设置梁支座快捷键，在大写状态：左键单击梁跨中任意位置生成柱，生成梁支座；SZ：删除梁支座快捷键。

Ctrl＋F10：显示、隐藏 CAD 图快捷键。

F10：查看构件图元工程量快捷键。

F11：查看计算式。

双击滚轮：全屏快捷键。

设置拱梁，如在梁端点开始起拱，设置输入拱高后，只需把起拱点选择在梁的中间位置点即可。

梁跨内变截面：光标单点已有的梁图元变蓝→右键（下拉菜单）→打断梁图元→在原位标注中修改梁截面尺寸数字后→合并梁图元。

# 6.4 未使用的梁集中标注（含补画梁边线）纠错

最新版本是在主屏幕上部单击【校核梁图元】功能窗口，在弹出的"校核梁图元"页面：【梁跨不匹配】、【未使用的梁线】、【未使用的标注】【缺少截面】同在一个页面，可选择、分别纠错。校核表中错项提示：缺少截面尺寸，默认按照 300×500 生成，按照 6.3 节讲解的方法处理。

识别梁后在弹出的"校核梁图元"页面，如提示：梁名称，第 n 层，未使用的梁集中标注；或"未使用的梁名称"或"未使用的梁标注"→双击错项提示，此错项构件梁名称呈蓝色自动放大显示在平面图中，在主屏幕左上角上邻行单击【CAD 操作】 ▼ →【补画 CAD 线】，如图 6-4-2 所示：单击主屏幕左边众多菜单中的【梁集中标注】，移动光标到图中此梁名称的截面尺寸数字上可显示小十字交点并单击，移动光标拉出白色线条到此梁边线上可显示小十字交点并单击→右键确认→单击校核页面下部的【刷新】菜单，错项提示信息消失，纠错成功。

如果图中有个别梁没有识别成功：单击主屏幕上部的【识别梁】功能窗口→（在左上角第三个识别菜单）【点选识别梁】，如图6-4-1所示。

图 6-4-1　点选识别梁

在弹出的"点选识别梁"页面：显示梁集中标注信息是空白页面→左键单击平面图上此梁集中标注的梁名称，有读取功能→此梁名称含集中标注信息已显示在此页面（如集中标注信息不全，可手工补充输入）→确定。单击此梁的首跨、单击梁末跨的虚线（如果此梁只有一跨，无需单击末跨），梁双虚线已填充→右键，单击校核页面下部的【刷新】，错项消失。

【识别梁】→【点选识别梁】→点选梁名或集中标注进入梁集中标注信息空白页面→确定→如遇有梁线无梁图元→选择单击梁边线梁图元可绘上→右键，光标单击此梁图元光标变回形点上梁图元变蓝，如此梁缺梁边线误单击了梁的轴线，提示：没有找到与此梁图元匹配的梁线→确定，关闭校核表，退出纠错。用"补画CAD线"功能补画梁线后再用上述方法纠错。如图6-4-2所示。

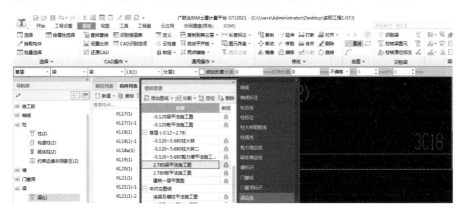

图 6-4-2　用补画CAD线功能补画梁线

单击主屏幕左上角的【CAD操作】▼→【补画CAD线】，补画CAD线的众多功能菜单显示在主屏幕左上角，如被【构件列表】、【图纸管理】、【属性列表】等页面覆盖可拖动移开，有19种图层线→选【梁边线】（按提示区提示）→左键单击需补画梁边线的首点→单击梁线的终点（需全梁各跨补画梁边线）只需补画一侧梁边线即可。补画梁线完毕，再用上述方法纠错。

当出现CAD电子版图上梁线缺失，绘制梁图元后无法与CAD电子版图上的梁线对齐：先在CAD图上补画缺少的梁线→单击【对齐】菜单，选择补画CAD目标线，才能选择要对齐的梁边线，右键确认。

如果梁集中标注无引出线或引出线与集中标注较远无法纠错，也需用上述方法→【补画CAD线】

→选"梁集中标注线"→按提示补画梁集中标注引出线后纠错→单击校核表上的【刷新】，未使用的梁集中标注错项消失。

如此梁引出两个集中标注又称重名，也会纠错不成功。

纠错方法 1→【ESC】，退出纠错→点梁图元可现重名→单击多余的重名→右键下拉菜单→删除（重名）→再重新→识别梁→点选识别梁（按上述方法可纠错成功）。

纠错方法 2：如梁跨校核表、原位标注校核表均无错项提示，光标左键放到梁上由箭头变为"回"形，点击出现两个引出梁名，集中标注→动态观察只有一个梁名称、梁集中标注，属正常，一个是电子版上的梁名，一个是识别成功的梁名→查看钢筋数量只有一个钢筋数量为正常。

纠错总结：在弹出的"校核梁图元"页面，提示"梁跨不匹配"按梁跨纠错的方法处理；"未使用的梁线"按【补画 CAD 线】的方法处理；"未使用的标志"按本章梁集中标志、原位标注纠错的方法处理；"类型不匹配"和"连梁钢筋信息"，双击此错项提示→单击主屏幕左上角的【梁名称】栏→在下拉显示的多个梁名称中找到并单击需要纠错的梁构件名称，【属性列表】同时自动显示此梁的构件名称、属性，对照平面图上此梁集中标注的参数纠错。如"校核梁图元"页面，提示梁名称，标高匹配错误→双击此错项提示→单击主屏幕左上角的【梁构件名称】▼尾部的▼→找到并单击需要纠错的梁构件名称→在自动显示的此梁构件【属性列表】页面，对照主屏幕上此梁集中标注中的标高信息，在【属性列表】页面下部修改起点、终点顶标高后（在校核梁图元页面右下角）→【重新校核】，错项消失。

"校核梁图元"页面错项提示：如 LL1，连梁侧面钢筋中含有 N/G→双击此错项，在平面图上找到此错项构件→在常用构件类型下部单击【连梁】→在主屏幕左上角单击连梁构件名称▼→▼，找到并单击 LL1→在【属性列表】页面自动显示 LL1 的属性、参数，经检查此连梁属性的侧面纵筋的钢筋信息显示为 G18，而平面图中显示为 N18。以平面图上的参数 N 为准→把【属性列表】页面侧面纵筋前的 G 修改为 N→左键确认→（校核梁图元页面右下角）【重新校核】，错项消失。"校核梁图元"页面错项提示：未使用的梁线→双击此错项，如果显示在平面图上的蓝色梁线确实没有识别成功，用主屏幕上部的【直线】功能手工绘制此梁，如果此处只有蓝色线条没有梁构件，忽略，不需操作。

梁一端支座加腋，另一端支座不加腋。在平法表格内应有的【腋长】栏内输入一个长度尺寸 mm；0，在【腋高】栏输入一个腋高尺寸 MM；0，表示一侧加腋另一侧无加腋，加腋数值为 0。

# 6.5 梁原位标注纠错

前提条件：图纸上的梁已识别或者绘制完毕，梁跨已经纠错成功，梁的集中标注也已经纠错完成。

在【图纸管理】页面：双击结构专业梁图纸文件名称的首部，只有此一张电子版图纸显示在主屏幕→左上角的楼层数可自动切换到此图纸应该是的楼层数。还需要检查此图纸轴网左下角的"×"形定位标志位置是否正确。

在"常用构件类型"栏：展开【梁】→【梁】→在主屏幕上部单击【校核原位标注】（校核运行，提示：校核通过，提示可自动消失），如有错误信息会弹出"校核原位标注"页面。

（优选）在"校核原位标注"页面，错项提示如：3C16，第 n 层，未使用的原位标注［（或者：＋0.25）梁顶标高值］→双击此梁原位标注的错项提示（如果已关闭【识别梁】的下级菜单，可再次单击主屏幕上的【识别梁】→单击【识别梁】的下级菜单）→【点选识别原位标注】▼→【框选识别原位标注】（如无原位标注错项此操作可代替批量提取梁跨，按下部提示区的提示）框选全部梁平面图→右键确认，如在弹出的"识别梁选项"页面：显示已识别的全部梁各项信息，在此页面右下角→【继续】，（识别运行），提示：校核通过，可以自动消失。或者弹出提示：原位标注校核完成。梁图元可以全部由红色（没提取梁跨）变为绿色（已全部提取梁跨，并且梁原位标注校核表中错项已消失）。

如"原位标注校核"表中仍有少量错项，包括图中写在括号内梁的高差值；梁侧面钢筋如：N4B14，有纠错不成功的，可手动纠错。方法如下：双击校核表中的原位标注错项如 3C16（或梁的高差值或侧面钢筋如：N4B14）→错项 3C16（或高差数值或侧面钢筋 N4B14）自动显示在主屏幕平面图中为蓝色→（在校核表【刷新】的下邻行）单击【手动识别】，在主屏幕下部显示梁的平法表格→（按提示）左键单击梁图元→梁图元变蓝并在待纠错的 3C16 处显示原位标注小白框→左键单击需纠错的原位标注如：3C16（包括平面图中括号内梁的高差值也按照此方法操作）变红，（Ctrl＋左键可再次单击多选）→右键确认，3C16（包括梁的高差值数字已经变为白色），并且可以按照应有实际工况，显示在主屏幕下部，"梁平法表格"中某跨的"左支座钢筋"或"右支座钢筋"或"侧面钢筋"栏中，在校核页面下部→【刷新】→此错项在校核表中已消失，纠错成功→按上述方法继续纠错校核表中下个错项。

如果某个梁图元显示为红色，是此梁有点短，没有连接到梁支座上，单击此梁图元、变蓝→右键（下拉众多菜单）→【延伸】（按照提示区提示）：单击需要延伸的红色梁图元、右键→单击可以作为支座的构件图元，显示黄色边界线→再次单击此红色梁图元，此梁已经延伸、连接到支座上，按照【重提梁跨】的方法操作使其变为绿色后，再次按照上述方法【手动识别】原位标注。校核表中错项全部纠错完成→【刷新】，提示：校核通过。

梁未提取梁跨等于没识别梁支座，不提取梁跨与提取梁跨前后计算出的钢筋数量大不一样。把多余的梁图元（如不应有的外伸悬挑段）打断删除的方法：在"常用构件类型"栏下，展开【梁】→【梁】→光标左键单点需打断的梁图元，不要选择梁轴线，整条梁变蓝→右键（下拉众多菜单）→【打断】→移动光标左键单击打断点→选上打断点时光标由箭头变为＊字→单击打断点→此打断点显示×形标记→右键确认→右键→提示：是否在指定位置打断→是→单击多余梁图元→只有多余段梁图元变蓝→右键→【删除】→多余段梁图元已删除。

绘制弧形梁：在主屏幕上部绘制【圆】功能窗口的上部→【三点弧】→单击弧形的起点→单击弧形的垂直平分线的顶点→单击弧线的终点，弧形梁已绘制成功为红色没有提取梁跨→单击红色梁图元变蓝色→右键（下拉众多菜单）→【重提梁跨】→右键，梁图元变为绿色，已提取梁跨。

## 6.6　提取主次梁相交处增加的箍筋、吊筋

在【图纸管理】页面→双击某层已识别、纠错成功的梁平面图的图纸文件名称首部，使此单独一张梁平面图显示在主屏幕。需要在主次梁已提取梁跨，梁图元为绿色时进行。

在"常用构件类型"栏下部→【梁】→在主屏幕右上角【梁二次编辑】功能菜单的上邻行、【生成架立筋】的右邻是【生成吊筋】（DJ），如图 6-6-1。

如右图 6-6-1。单击【生成吊筋】功能菜单，在弹出的"生成吊筋"页面：在吊筋栏输入吊筋信息如 3C16，无吊筋的此栏不需输入。在【次梁加（箍）筋】栏：输入主次梁相交处每个相交节点增加箍筋的总根数 6→勾选主梁与次梁相交，并阅读此页面下部说明：当主、次梁相交的位置下部有柱时不需要设置吊筋，不需要增加箍筋。如果是【选择图元】→确定→按提示→左键单击两个相交的梁图元，也可框选全部梁平面图→框选到的全部梁图元变蓝→右键确认→提示：生成吊筋（含主次梁节点增加的箍筋）完成→确定→主次梁相交在次梁两侧的主梁上增加的吊筋、箍筋已生成。

图 6-6-1　生成吊筋功能窗口位置示意图

说明：选择图元→框选平面图，本次操作只对当前楼层有效。

备注：上述的【选择图元】，也可以单击主梁图元→单击与之相交的次梁图元→右键，提示：生成吊筋（包括增加的箍筋）完成→关闭提示。如果没有生成吊筋、箍筋，是不符合生成条件，可查看【生成吊筋】页面下部的说明。对于没生成箍筋、吊筋的主次梁节点，如果是施工单位应该按图施工、

计算，也可用"手动表格"的方法补充输入主次梁相交增加的箍筋、吊筋。

方法1：如图6-6-2所示。

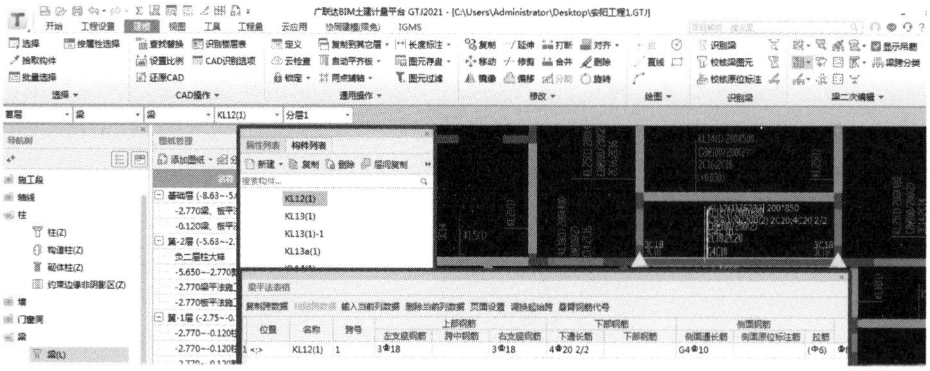

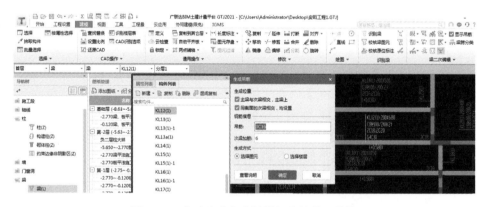

图6-6-2 在梁平法表格中补充输入主次梁相交处增加的箍筋、吊筋

在主屏幕右上角，从右向左数第5列中部是【平法表格】功能窗口，与【原位标注】窗口可在原位置切换→单击【原位标注】▼→【平法表格】，在主屏幕下部显示此梁各跨的平法表格→左键单击图中梁图元的某跨，变蓝，下部表格中显示此跨梁的各种配筋参数（表格的第n行＝梁的n跨）→在表格此行中找到【跨数】并单击，主屏幕平面图上此跨梁图元变为黄色→在表格下部向右拖动滚动条，找到并单击此表格行的"次梁加（箍）筋"栏：此栏内已显示0/0/0的格式，0的个数即此跨梁主次梁相交的节点个数，并显示⋯→⋯→在弹出的"钢筋输入助手"页面→输入增加箍筋的个数如：6，输入n个6（6表示每个主、次梁交点共增加6个箍筋，规格尺寸与主梁箍筋相同，此页面下部有增加配筋值的格式示例）并用斜线隔开→确定，在此输入的箍筋个数已经显示在"梁平法表格"页面的【次梁加筋】栏→在吊筋栏：单点显示⋯→⋯，在弹出的"钢筋输入助手"页面：输入吊筋的个数、级别、直径用"/"线隔开。软件可根据自动识别的次梁宽度，标准构造做法及所输入的吊筋钢筋级别、直径计出吊筋的质量，根据输入增加箍筋的个数，按主梁相同的箍筋计出钢筋质量。

方法2：如图6-6-3所示。

图6-6-3 自动生成主次梁增加的吊筋、箍筋

单击【生成吊筋】→在"生成吊筋"页面：按设计要求输入吊筋或箍筋，每个主次梁增加箍筋的总个数如6→确定→左键单击绿色主梁变蓝→单击与主梁相交的绿色次梁，可多次单击→右键→提示：自动生成吊筋（箍筋）成功→确定，主次梁相交的主梁上已经生成吊筋或箍筋为红色，增加的箍筋、吊筋可在主次梁相交的同一个节点生成。

会遇到个别情况：已识别的梁为双线无梁填充图形→在"常用构件类型"栏下部：展开【梁】→【梁】（L）（"梁双线已填充"可变为"梁图元已恢复"），在主屏幕右上角单击【生成吊筋】功能窗口，弹出"生成吊筋"页面，如图6-6-4。

图 6-6-4　增加主次梁交点处箍筋、吊筋

勾选增加箍筋生成位置，输入主次梁相交节点共增加箍筋个数，输入吊筋信息：个数、级别、直径→"选择楼层"→确定→提示：生成完成→关闭此页面，平面图上主次梁相交节点位置已按照要求生成箍筋、吊筋。

主次梁加筋方法有以下四种。

方法 1。在平法表格对应的梁跨数【次梁加筋】栏只需输入总根数→回车。

方法 2。在图形输入梁界面→【生成吊筋】→在显示的生成吊筋页面选择生成条件，输入吊筋信息或增加箍筋总个数→确定。

方法 3。如果吊筋、次梁增加，箍筋绘制错误，可一次性批量删除一层楼的全部吊筋或次梁增加的箍筋：在图形输入梁界面→【梁二次编辑】，【显示吊筋】，【删除吊筋】，可一次删除一层楼的吊筋或次梁增加的箍筋。

方法 4。统一修改、设置梁的拉筋间距：【工程设置】→【计算（有两根短钢筋"＋"字形相交的图形）设置】→【计算规则】→【框架梁】→展开【箍筋/拉筋】→【拉筋配置】（默认按规范计算）→在拉筋信息栏设置。设置单根梁拉筋间距：单点梁图元变蓝→右键→构件属性编辑器→在属性编辑页面修改。

快捷键说明。CM：生成梁侧面钢筋快捷键；GD：查改吊筋快捷键；DJ：生成吊筋快捷键。

## 6.7　绘制装配式建筑预制梁

在【图纸管理】页面：找到某层结构专业梁平面图的图纸名称，并双击图纸文件名称行首部，使此单独一个电子版图纸显示在主屏幕→还需要检查图纸轴网左下角的"×"形定位标志的位置是否正确，如果位置有误，可以使用2.3节手动定位纠错设置轴网定位原点，描述的方法纠正。

左上角的楼层数可以自动切换到主屏幕图纸应该是的楼层数。

在"常用构件类型"栏：展开【装配式】→【预制梁】（L）：

在【构件列表】页面：【新建】▼→【新建矩形预制梁】→在【构件列表】页面的【楼层框架梁】下产生一个 PCL：（用拼音字母表示的）预制楼层框架梁构件，同时在【属性列表】页面：联动产生一个 PCL 构件名称→把 PCL 修改为用中文表示的：预制框架梁→左键→连同【构件列表】页面的此构件名称自动显示为同名。

在此构件的【属性列表】页面：按照各行显示的内容设置、修改属性、参数。在【结构类型】栏：单击显示▼→可选择【楼层框架梁】或【非框架梁】，在【构件列表】页面的构件名称可同时改变。

可在平面图中找到并参照所建立梁的构件名称、标注信息→分别输入【截面宽度】、【截面高度】、【轴线距梁左边线距离】→选择【预制混凝土强度等级】→（手工计算）分别输入【预制部分体积】、【预制部分重量】（根据《建筑结构荷载规范》（GB 50009—2012）预制钢筋混凝土是 $25kN/m^3$）；在

【预制钢筋】栏：单击显示⊡→⊡，在弹出的"编辑预制钢筋"页面，如图 6-7-1。

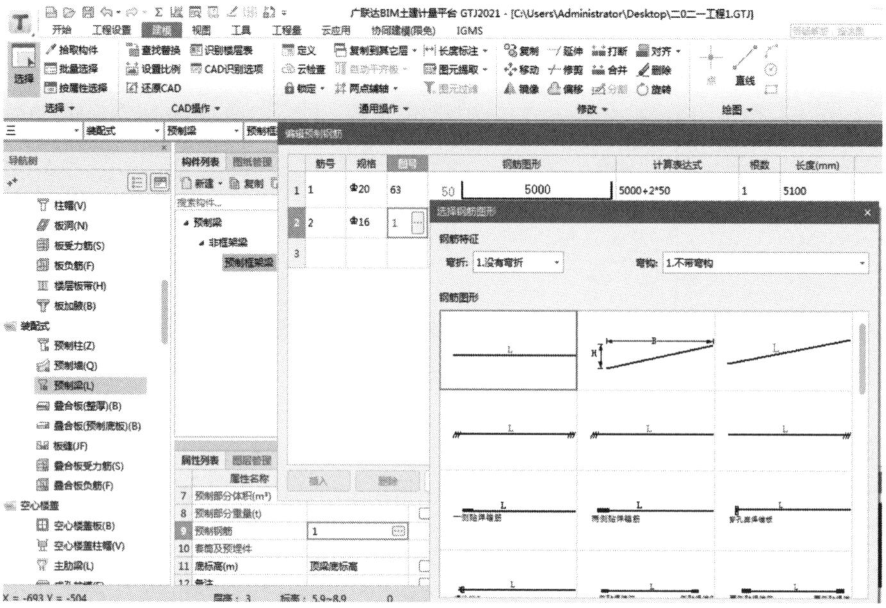

图 6-7-1　选择钢筋图形、编辑预制梁的钢筋

上述页面如果覆盖平面图中梁构件图形可拖动移开→找到并参照平面图中梁构件图形→输入【筋号】→输入预制梁的钢筋【规格】，格式如：C18→在此行的【图号】栏：双击显示⊡→⊡，在弹出的"选择钢筋图形"页面上部→【钢筋特征】，软件有：1 没有弯折；2 圆与圆弧；3 箍筋；4 一个弯折；5 两个弯折等 10 种钢筋图形供选择，还可以在此页面的右上部配合选择【弯钩】有更多钢筋图形。根据图纸设计要求选择所需钢筋图形→确定→在【钢筋图形】栏：输入钢筋各部位尺寸→单击此行的【计算表达式】栏：可自动显示此钢筋各部位尺寸组成的计算式→并计算出单根钢筋的总长度→需要手工计算输入【根数】；按照上述方法编辑此梁的下一种钢筋→确定。

如果需要设置梁的套筒与预埋件，在【属性列表】页面：单击【套筒及预埋件】栏，可在弹出的"编辑套筒及预埋件信息"页面，编辑预制梁的套筒和预埋件，操作方法同 5.3 节。

在【属性列表】页面的【底标高】栏：选择梁的底标高，如果是新手可以在纸上按照软件提供的梁底标高名词分别画示意图，理解后选择梁底标高。

在【属性列表】页面展开【钢筋业务属性】→单击【计算设置】栏显示⊡→⊡，在弹出的"计算参数设置"页面：可以根据梁所处的位置选择扣减关系；按照设计要求选择箍筋是否存在"开口""闭口"形式的箍筋。属性页面的各行属性、参数多是蓝色字体、共有属性，只要修改属性、参数含义，平面图上已经绘制的构件图元属性、参数会联动改变。【属性列表】页面各行的属性、参数设置完毕→在【构件列表】页面：产生的构件名称为当前构件时，显示为蓝色→（单击此页面上部的）【复制】，产生一个同名称构件 n→在联动产生的此构件【属性列表】页面：只需要修改与源构件不同的属性、参数即可。

在【属性列表】页面：把梁的属性、参数设置完毕，在【构件列表】页面选择一个构件为当前构件，显示为蓝色→【定义】，在【定义】界面→【构件做法】→【添加清单】（以河南地区定额为例，其他地区也需要参照下述方法操作）→【查询匹配清单】，如果没有匹配清单→【查询清单库】：在左下边展开【混凝土及钢筋混凝土工程】→【预制混凝土梁】→在右侧主栏找到"矩形梁"清单并双击使其显示在上部主栏内→双击此清单的"工程量表达式"栏：显示▼→【更多】，在弹出的"工程量表达式"页面→双击【截面宽度】使其显示在此页面上部→单击【截面高度】（在此页面底部）→【追加】→双击【截面高度】，使其显示在此页面上部→单击【梁长】→【追加】→双击【梁长】使其显示在此页面上部，并且把此处显示的：KD（截面宽度）＋GD（截面高度）＋LJC（梁长），计算式中的两个"＋"号修改为"×"号，如图 6-7-2。

图 6-7-2　把所选择清单的数个工程量代码组成计算式

【确定】，工程量代码组成的计算式已经显示在清单编号行的"工程量表达式"栏，并在其后边的"表达式说明"栏有中文文字说明，方便理解。

单击【添加定额】→【查询定额库】，在左下部→展开【混凝土及钢筋混凝土工程】→展开【混凝土构件运输及安装】→【装配式建筑构件安装】→在右边主栏内找到定额编号 5－357 装配式建筑构件安装，矩形、异形梁安装，并双击使其显示在上部主栏内→双击此定额子目的"工程量表达式"栏：显示▼→【更多】，在弹出的"工程量表达式"页面：可以选择与之有关联的工程量代码数个，并根据实际需要修改使其组成加、减、乘、除计算式，方法同上边所述选择清单编号的"工程量代码计算式"。在这里只讲操作方法，具体选择什么清单、定额，需要根据图纸设计、当地规定、经过批准的施工组织设计、施工方案确定。

清单、定额子目、工程量代码选择完毕→关闭【定义】页面，使用主屏幕上部的【直线】功能在平面图中描绘梁构件图元→【动态观察】，绘制的梁三维立体动态图形如图 6-7-3 所示。

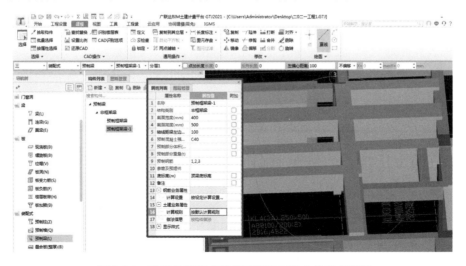

图 6-7-3　绘制的装配式建筑预制梁三维立体动态图形

在主屏幕顶部→【工程量】→【汇总计算】后→【查看工程量】→在平面图上单击需要查看工程量的构件图元，在弹出的"查看构件图元工程量"页面→【做法工程量】，如图 6-7-4。

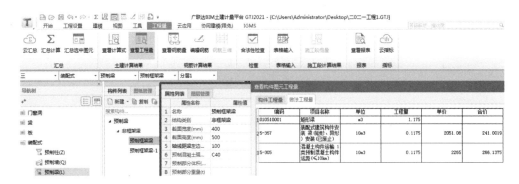

图 6-7-4  装配式建筑预制梁的清单、定额子目工程量

【工程量】→【汇总选中图元】→分别单击需要计算的梁构件图元→右键（计算运行）→确定→
【查看钢筋量】→分别单击需要查看钢筋量的梁构件图元，如图 6-7-5 所示。

图 6-7-5  装配式建筑预制梁的各种规格钢筋用量

## 6.8  智能布置主肋梁

在"常用构件类型"栏下部：展开【空心楼盖】→【主肋梁】（L）。

在【构件列表】页面→【新建】▼→有【新建矩形主肋梁】、【新建异形主肋梁】→【新建参数化
主肋梁】，在弹出的"选择参数化图形"页面，有八种截面形状的主肋梁图形供选择，如图 6-8-1。

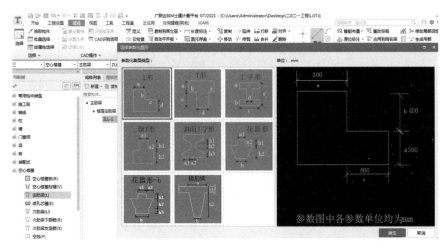

图 6-8-1  在"选择参数化图形"页面：选择主肋梁的截面形状

在"选择参数化图形"页面：按照已经导入的电子版平面图中主肋梁信息，选择与之对应的截面图形，在右边显示的截面图形中→单击绿色尺寸数字，可在显示的小白点中修改→确定。

在【构件列表】页面：产生一个用拼音字母表示的 ZLL——主肋梁构件。下一步对照主屏幕已经导入的电子版平面图中的主肋梁构件信息，在此构件的【属性列表】页面中选择、输入各行属性、参数。

在此构件的【属性列表】页面：为便于区别，可以把【名称】行的拼音字母 ZLL 修改为用中文文字表示的主肋梁→左键，【构件列表】页面的拼音字母可联动改变为同名称构件。

在【结构类别】行：单击显示▼→▼，可以选择楼层主肋梁或屋面主肋梁。

在【跨数量】行：按照平面图中的跨数信息输入跨数。

在【截面形状】行：可显示在参数化图形页面已经选择的截面形状，如果需要修改，双击此行显示⋯⋯→⋯⋯，可以返回"选择参数化图形"页面重新选择。

在【截面宽度】、【截面高度】行：均显示已经设置的截面尺寸数字。

在【轴线距梁左边线距离】行：根据需要输入轴线偏心距离 mm。

在【箍筋】行：单击显示⋯⋯→⋯⋯，可以在弹出的"钢筋输入小助手"页面，输入箍筋的配筋值，如图 6-8-2。

图 6-8-2　在"钢筋输入小助手"页面输入箍筋信息

在此页面的【钢筋信息】栏：按照电子版图上的构件信息，输入主肋梁的箍筋配筋值，格式如：C8－100/200（2），表示加密区箍筋/非加密区箍筋，括号内的数字表示箍筋肢数→确定。

分别在【上部通长筋】、【下部通长筋】、【侧面构造筋或受扭筋】（两侧总配筋值）栏：单击显示⋯⋯→⋯⋯，可以分别进入各自的"钢筋输入小助手"页面，输入各自的配筋值，注意：构造筋首部用 G 表示；抗扭筋首部用 N 表示。也可以在属性页面的各行直接输入配筋值。

在【定额类别】栏：单击显示▼→▼，可选择单梁、板底梁、叠合梁、肋梁。

在【材质】栏：单击显示▼→▼，可选择现浇混凝土或预制混凝土。

在【混凝土类型】栏：单击有现浇碎石混凝土、现浇砾石混凝土、预制碎石混凝土、预制砾混凝土、泵送碎石混凝土、泵送砾石混凝土、水下混凝土、商品碎石混凝土、商品砾石混凝土、商品碎石泵送混凝土、商品砾石泵送混凝土可以选择，对于后续导入计价软件统计材料都有用，需要认真选择。

在【混凝土强度等级】栏：单击可以选择混凝土的强度等级、格式如：C35。

在【混凝土外加剂】栏：单击显示▼→▼，有减水剂、早强剂、防冻剂、缓凝剂，没有添加剂选无。

在【泵送类型】栏：单击显示▼→▼，有混凝土泵、汽车泵，非泵送选择无。

在【泵送高度】栏：可以参照左下角显示的当前层高、层底标高到层顶标高，直接手工输入高度数值，单位：m。

程序可以按照在上述"参数化图形"页面选择的截面类型、尺寸，自动显示【截面周长】、【截面面积】。

在【顶标高】栏：可以按照当前平面图上构件的设计工况选择层底标高、层顶标高、空心楼盖板顶标高或空心楼板板底标高加梁高。

展开【钢筋业务属性】→在【其他钢筋】栏：单击显示⸬→⸬，可以在弹出的"编辑其他钢筋"页面：编辑其他钢筋、方法同有关章节。

在【其他箍筋】栏：（如有时）单击显示⸬→⸬，在弹出的"编辑其他箍筋"页面：设置其他箍筋。

在【节点设置】栏：单击显示⸬→⸬，在弹出的"节点设置"页面：需要逐行单击显示▼→▼，选择对应的肋梁节点，如图 6-8-3。

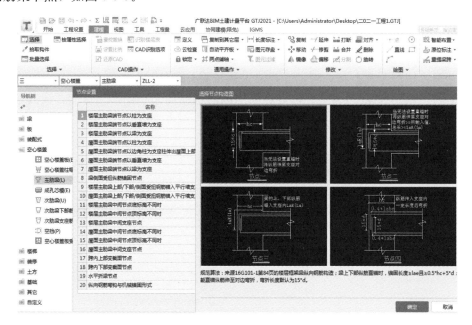

图 6-8-3　选择肋梁的梁柱节点形式、设置钢筋锚固长度

展开【土建业务属性】→在【超高底面标高】栏：可以按照左下角显示的"层高、顶标高到底标高，单位：m，手工输入。各行的属性、参数设置完毕。

在【构件列表】页面：选择一个构件并单击，变为蓝色→【复制】，产生一个同名称构件——N，在新产生构件的【属性列表】页面：对照电子版平面图中需要建立的下一个主肋梁构件信息，按照上述方法，只需要修改有差别的属性、参数即可。

使用主屏幕上部的【智能布置】▼→【墙中心线】→框选平面图上的墙构件图元、墙图元变为蓝色→右键，提示：智能布置成功，如图 6-8-4。

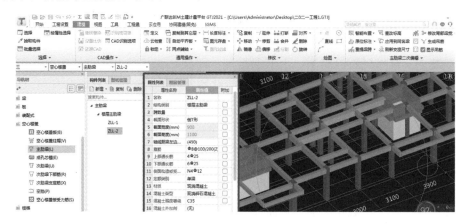

图 6-8-4　智能布置到墙上的主肋梁三维动态图形

墙上红色的是智能布置成功的主肋梁三维立体图形。

次肋梁的布置方法相同，在此不再重复讲解。设置梁构件的其他功能请参照本书第 6 章各节的方法操作。

## 6.9 梁加腋

平面图上梁构件图元识别或者绘制成功后，当梁的中线在支座柱上偏移大于等于 1/4 柱轴线间距时，需要在柱与梁连接的节点位置设置梁水平加腋，操作方法如下：

在主屏幕右上角，在【梁二次编辑】上部隔一个菜单有【生成梁加腋】▼，与【查看梁加腋】、【删除梁加腋】菜单可在原位置切换→单击【生成梁加腋】，如图 6-9-2。

图 6-9-1　生成梁加腋菜单的位置示意图

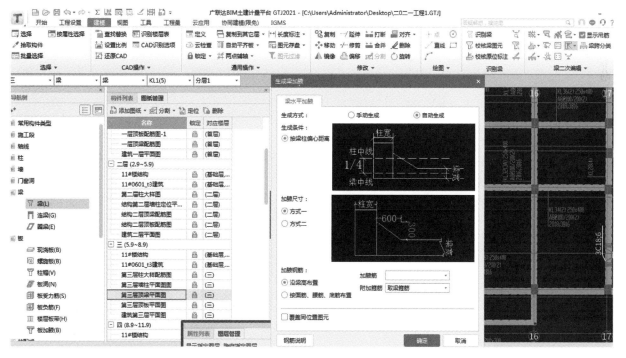

图 6-9-2　新版本增加的【生成梁加腋】功能

在【生成梁加腋】页面：左上角的图形是生成梁加腋的条件，有【手动生成】、【自动生成】两种功能→【自动生成】在此页面下部的【加腋钢筋】主栏→【沿梁高布置】→在【加腋筋】栏：输入钢筋的根数、强度级别、直径如：3C18；在【附加箍筋】栏：自动显示为取梁箍筋。

如果选择"按面筋、腰筋、底筋布置"→在右侧的【面筋】栏：自动显示为"取梁上部钢筋"；在【腰筋】栏：自动显示"取梁腰筋"；在【底筋】栏：自动显示"取梁下部筋"；在【附加箍筋】栏：自动显示"取梁箍筋"；在此页面上部显示的梁柱节点详图中→单击绿色梁的腋长、腋高尺寸数字，可以在显示的小白框内修改。如有疑问→在页面下部单击【钢筋说明】，可查看梁加腋的钢筋布置说明。还有【覆盖同位置图元】功能。上述信息输入完毕→确定。

在平面图中→单击需要生成梁加腋的绿色梁图元→单击与此梁连接的柱图元，也可以直接框选全部梁平面图、选上的梁变蓝色→右键确认，提示：生成完成。已经生成的梁水平加腋如图 6-9-3。

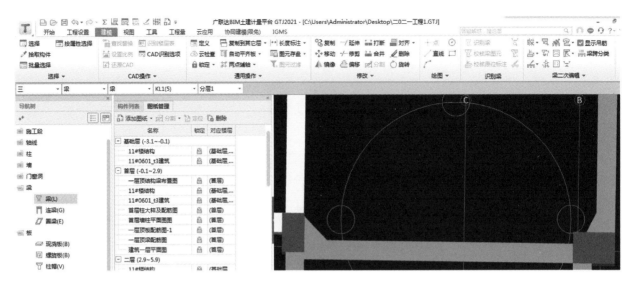

图 6-9-3　在平面图上生成的梁水平加腋

如果有的梁柱节点上没有生成梁加腋，是不符合生成梁加腋的条件。

# 7 识别砌体墙

## 7.1 识别砌体墙、设置砌体墙接缝钢丝网片

在【图纸管理】页面：双击已对应到 n 层的建筑平面图纸名称首部，只有此一个建筑平面图显示在主屏幕，还需要检查此图左下角轴线交点上的"×"形定位标志是否正确，如果有误可按 2.3 节讲解的方法纠正。

左上角的【楼层数】可以自动切换到主屏幕上图纸应有的楼层数。

在"常用构件类型"下部，展开【墙】→【砌体墙】（Q）→主屏幕平面图中已识别的梁图元隐去，有识别的剪力墙图元为粗实体线→【动态观察】→可查看已识别成功混凝土结构的剪力墙、柱，三维立体图，没识别的砌体墙为双线。在主屏幕上部→【识别砌体墙】→【识别砌体墙】的下级功能菜单显示在主屏幕左上角，如被【图纸管理】、【构件列表】等页面覆盖可拖动移开。

【提取砌体墙边线】→光标选择并单击砌体墙的单边线，全部砌体墙边线变蓝，检查有砌体墙边线没变蓝的可再单击使其变蓝→右键确认，变蓝的图层消失，凡消失的图层均已保存在【图层管理】页面的【已提取 CAD 图层】内。（提示：有些版本有【提取墙标识】菜单，如果砌体墙平面图中无墙名称，此步可忽略不操作。）

【提取门窗线】→左键单击门的弧形线，全部门的弧形线、包括窗洞玻璃的四条线变蓝→右键，变蓝的图层消失。

【识别砌体墙】→弹出"识别砌体墙"页面：在此页面上部"选择构件"栏，单击【剪力墙】▼→选择【砌体墙】（有的版本无此菜单可不操作这一步），与平面图中正在识别的所有砌体墙信息核对、可修改。提示：1. 在此分别双击"墙名称"，平面图中此类墙线显示为红色，可用以检查识别的墙线是否正确→【Esc】退出，图中红色墙线恢复为原有颜色，如果"识别砌体墙"页面消失，可在左上角再次单击【识别砌体墙】菜单，此页面可恢复显示；2. 在此页面需要分别双击各砌体墙：QTQ 的【材质】栏，显示▼→▼，按照图纸设计选择应有的墙材质及（如有时）配筋信息→【读取墙厚】，按照下部提示区的提示→左键单击砌体墙的一条线，变蓝→单击与此墙平行的另一条线，变蓝→右键……→【自动识别】→【提示：建议识别墙前先画柱……是否继续】→是，（识别运行）提示：没有错误图元信息或者弹出"校核墙图元"页面，可先关闭此页面，砌体墙双线已填充生成墙图元为黄色→【动态观察】可查看已识别全部构件的三维立体图如图 7-1-1。

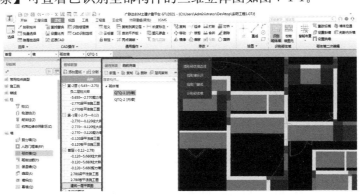

图 7-1-1 识别成功的砌体墙三维立体图

砌体墙识别成功,图中黄色墙体是识别成功的砌体墙。如果图中内、外砌体墙构件图元画混,可以按照 5.1 节的方法纠正。砌体墙识别成功后,在【构件列表】页面:有"砌体墙:QTQ 构件"产生。"1 砌体墙、2 框架间墙、3 填充墙",属性不同,扣减优先顺序为 1 大于 2 大于 3,需要在属性页面认真核查不能搞错。

下一步,在【构件列表】页面:选择一个砌体墙构件。在【定义】界面:按照本书有关章节讲解的方法→添加清单,添加定额。还需要按照本书"20.6 中做法刷"一节把砌体墙构件的清单、定额都添加上,在此不再重复。

在大写状态→【Z】是【隐藏】、【显示】暗柱、框架柱、构造柱的快捷键,用来检查内外墙体连接处有无缺口,是否绘制封闭,在首层与后续绘制散水有关,在其他各层与计算内外墙装修面积有关。

砌体墙钉钢丝网片:按照设计与规范要求,砌体墙与不同材料如混凝土墙、混凝土梁、混凝土柱连接处,需要在抹灰前钉一层钢丝网(带)片,总宽度 300mm,每边各压 150mm,作用是抹砂浆后防止出现裂纹。

砌体墙:QTQ,有内、外墙之分,可在【属性列表】页面:构件名称后加"内墙"或"外墙",方便区别,不要内、外墙画混,如果内外墙画混,光标放到墙段中间呈"回"形,可以分别连续单击各内墙图元(外墙方法同),变蓝→右键(下拉菜单)→【属性】(P),(如果没有显示【属性列表】页面,可再次右键→【属性】)可显示所选择全部构件的共有属性,在显示的各墙共有属性页面:有些参数是"?"号,只需要在【构件属性】页面,把构件名称尾部加上"内"字→回车,再在"内/外墙标志"行单击显示▼→▼,选择为"内墙"即可,其余不需改动,保留各构件原有属性。如此操作结束→【Esc】退出,平面图上的墙图元恢复原有颜色→光标放到平面图中的砌体墙图元上,各墙构件的名称后已经显示内、外墙标志。如果剪力墙内外墙画混,也是如此检查操作、更正。

还可以单击主屏幕右上角的【判断内外墙】,在弹出的"判断内外墙"页面:选择楼层→确定,提示:判断内外墙完成(并且【构件列表】下的构件名称也会联动改变)。下一步进入设置砌体墙钉钢丝网片操作。如图 7-1-2 所示。

图 7-1-2 砌体墙与混凝土墙交接处钉钢丝网片

在"常用构件类型"栏:展开【墙】→【砌体墙】(Q)→【定义】,在显示的【定义】界面的【构件列表】页面:选择一个外砌体墙构件为当前构件→在【构件做法】下部→【添加清单】→【查询清单库】→展开"砌筑工程",需要与下部当前构件的【属性列表】页面的主要参数对照,在【查询匹配清单】下如找不到匹配清单,在左上角"搜索关键字"处,输入汉字:钢丝→回车,在右边主栏显示的是全部带"钢丝"二字的清单,找到对应的清单,并双击使其显示在上部主栏内→双击其"工程量表达式"栏:单点显示的小三角→【更多】,进入"工程量表达式"页面:勾选【显示中间量】,显示更多工程量代码,与已选当前构件对照,找到对应的"外墙外侧钢丝网片总长度":WQWCG-SPZCD,并双击使其显示在此页面的工程量表达式下部;单击选择"外墙内侧钢丝网片总长度"→【追加】→双击"WONCGSPCD"(WQWC……+WQNCGSPZCD)手动输入"×0.3"(表示钢丝网片宽度）→确定，编辑的工程量计算式已显示在所选清单的工程量表达式栏→【添加定额】→【查询定额库】，如找不到钢丝网定额子目，在分部分项栏上部行尾部有"小放大镜图标"的搜索行，输入关键字"钢丝网"→回车，右边所有工作内容中带有"钢丝网"字样的定额子目已显示。以河南定额为例：有 12-10、10-85 等，双击 12-10 墙面一般抹灰挂钢丝网，使其显示在上部主栏内，计量单位与已选择清单的计量单位相同→双击"工程量表达式"栏→单击栏尾部显示的小三角→【更多】，进入"工程量表达式"页面：勾选【显示中间量】有更多工程量代码可选择，找到"外墙外侧钢丝网片总长度"WQWCGSPZCD，并双击使其显示在此页面上部，单击"外墙内侧钢丝网片总长度"→【追加】→双击"外墙内侧钢丝网片总长度"，使其与已经选择的工程量代码用加号相连在一起→单击"外部墙梁钢丝网片总长度"并双击→单击"外部墙柱钢丝网片总长度"并双击→单击"外部墙墙钢丝网片总长度"并双击，所选择的工程量代码已经用加号相连显示在此页面上部，并在此计算式的前、后用括号括住成为"（外墙外侧钢丝网片总长度＋外墙内侧钢丝网片总长度＋外部墙梁钢丝网片总长度＋外部墙柱钢丝网片总长度＋外部墙墙钢丝网片总长度）"，在其尾部手动输入"×0.3"（钢丝网宽度），在此可以编辑工程量代码的计算式→确定。此计算式已显示在定额子目的"工程量表达式"栏。内墙构件也需要参照上述方法操作。

　　主屏幕上部的→【工程量】→【汇总计算】后→【查看工程量】→根据需要单击选择平面图上的砌体墙构件图元，也可框选全部平面图上的砌体墙构件图元→可显示已选择的清单、定额子目的工程量，如图 7-1-3。

图 7-1-3　砌体墙钉钢丝网片的清单、定额子目工程量

　　识别砌体墙后，在主屏幕右上角→单击【判断内外墙】，在弹出的"判断内外墙"页面：选择楼层→确定，提示：判断内外墙完成（提示可自动消失）。

　　全部定额子目、工程量代码选择完毕。下一步进入【做法刷】操作：单击已选择清单左上角空格，所选择清单、清单所属定额子目全部发黑为选上→【做法刷】，按 20.6 节【做法刷】的讲解操作。

　　当不同类型构件图元在相同位置相互覆盖，影响观察。可应用在识别梁、板、砌体墙等方面，解决方法→【视图】→【显示选中图元】有【显示选中图元】，【隐藏选中图元】功能。或在键盘大写英文状态→"Q"是隐藏、显示墙图元的快捷键功能。

　　关于砖胎模：可在"常用构件类型"栏【基础】下部的"砖胎模"界面→直接新建砖胎模构件→用【直线】或者【智能布置】，砖胎模的高度可按照需要设置，软件支持【单边】、【多边】布置→添加清单、定额后，可计算砖胎模的体积、抹灰面积。

## 7.2　识别门窗表、复制门窗构件到其他楼层

　　在【建模】界面→【图纸管理】→双击已经导入的建筑总图纸文件名称首部，可在主屏幕显示有多个建筑专业图纸的情况下识别门窗表。

在"常用构件类型"栏下部→展开【门窗洞】→【门】（M）（或【窗】（C）），在主屏幕上部→单击【识别门窗表】功能窗口→找到有门窗表的图纸→框选平面图上的门窗表（不要框选门窗表外的门窗大样图及门窗表下的文字说明）→右键确认，弹出"识别门窗表"页面：框选的门窗表已显示在此页面，如图 7-2-1 所示。

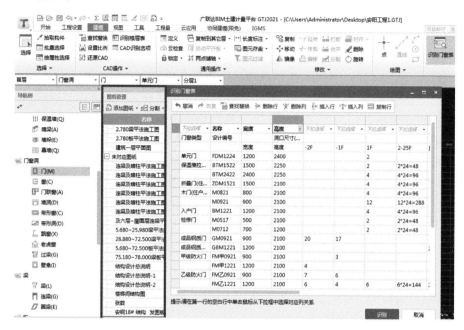

图 7-2-1　识别门窗表

如需要删除表头下部的空白行的操作如下。如果表头的【洞口宽度】、【洞口高度】为空白，在显示的门窗表头分别单点此栏显示的▼→▼，用选择的方法补上，逐个单击表头上部空格全列发黑，对应竖列关系，如果对应到洞口宽×洞口高列时，此列变红，经检查，前边已有洞口宽、洞口高，此列为重复，删除此列→对应到【类型】列：需要检查所属的【门】或【窗】与其同一横行左边的【设计编号】：M（门）或 C（窗）是否相同，如果有误→双击其【类型】栏显示▼→▼，选择门或窗，其余经检查无误后→【识别】→提示：识别完毕，共识别到门构件多少个（应是多少种），窗构件多少个（应是多少种，有时也为门联窗构件多少个）→确定。如果只识别到门构件多少个，还可以在"常用构件类型"栏的【窗】界面：只框选门窗表中的窗部分，按照上述方法单独识别窗，生成窗构件。门窗构件识别后，查看识别效果→在当前层的【构件列表】页面：已显示识别成功的门构件、窗构件，如图 7-2-2 所示。

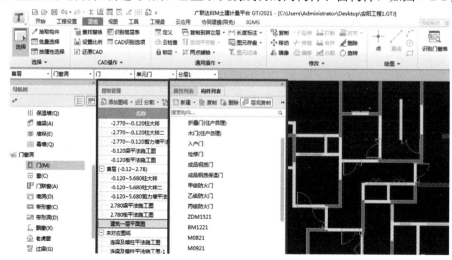

图 7-2-2　已识别成功的门构件

门窗构件种类无误后，下一步，复制全部门窗构件到其他楼层。

在"常用构件类型"栏的门或窗界面，在主屏幕上部→【定义】，在【定义】界面的左上角→【层间复制】，在弹出的"层间复制构件"页面，有【从其他楼层复制构件】和【复制构件到其他楼层】两项功能→选择【复制构件到其他楼层】，如图 7-2-3。

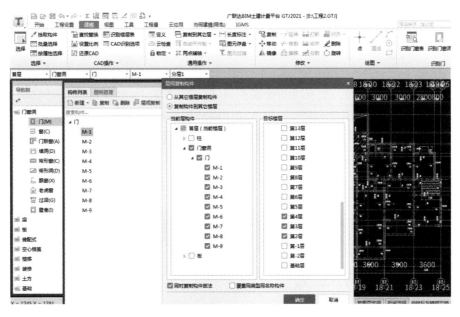

图 7-2-3　复制全部门构件到其他楼层

在上述页面左边是当前层可以复制的全部构件，可选择右边需要复制到的目标楼层，可以选择多个楼层，在此页面下部选择【同时复制构件做法】→确定，提示：层间复制构件完成。在左上角切换到已经复制的目标楼层，可以看到复制成功的构件。

程序可对号入座按平面图上实际有的门窗种类，识别门窗洞，无需删除复制到【构件列表】页面的多余门窗构件。

门窗构件生成后，在"常用构件类型"下部→展开【门窗洞】→【窗】（C）→在【构件列表】页面：选择一个窗构件如 C－1，在【构件列表】右边的【属性列表】页面联动显示此构件名称：C－1；如果缺少窗底"离地高度"，需要在识别门窗表完成后，在【属性列表】页面按照图纸设计修改"离地高度"。

在【定义】界面：可以给整个工程的全部构件添加前后缀，在此页面首行单击【添加前后缀】→弹出"添加前后缀"页面→选择楼层，默认为当前层，可打勾选择→选择构件类型→在最右边选择构件，此页面下部有【添加】、【修改】→在最下行【要添加的前缀】栏输入如：木或钢、铝等→在【构件原名称】栏：勾选需要添加前、后缀的构件→【应用并预览】→在主栏【新名称预览】栏已可看到构件名称已添加了前、后缀，并有【修改】、【删除】、【设置前缀】、【设置后缀】功能→确定，关闭"添加前后缀"页面。在【构件列表】页面已可看到构件名称前或后已添加了前或后缀。可用于操作【做法刷】时的区别，很方便。前后缀加错了，在构件的【属性列表】页面，单击构件名称可修改。

下一步在【定义】界面→【构件做法】→【添加清单】→【添加定额】。在所选择的清单或定额子目行的【项目特征】栏设置区别标志，汇总后相同清单、定额编号的工程量不合并，可单独查阅核对。如选择的是定额，可在每个定额子目行的"项目特征"栏：单击→输入区别标志；如选择的是清单，在清单下面添加了几个定额子目，只能在上部清单编号行的"项目特征"栏单击→输入区别标志，清单以下所属各定额子目各行不能再设置"项目特征"区别标志。

## 7.3　平面图上识别门窗洞，绘制飘窗、转角窗

识别或绘制门、窗、洞的位置上应有墙体，否则绘制或识别不出门、窗、洞。需要在建筑专业的砌体墙平面图上识别门窗洞。

在【图纸管理】页面→双击已对应到 N 层的建筑墙平面图纸文件名称行首部，此单独一图显示在主屏幕；左上角的"楼层数"可以自动切换到应该是的楼层数；还需要检查轴网左下角的"×"形定位标志是否正确。

在"常用构件类型"栏下部，展开【门窗洞】→【门】(M)，此时主屏幕上部显示【识别门窗洞】功能窗口（光标放到此窗口上有小视频）→单击【识别门窗洞】，其三个下级识别菜单显示在主屏幕左上角，如图 7-3-1。如被【构件列表】、【属性列表】和【图纸管理】页面覆盖可拖动移开。

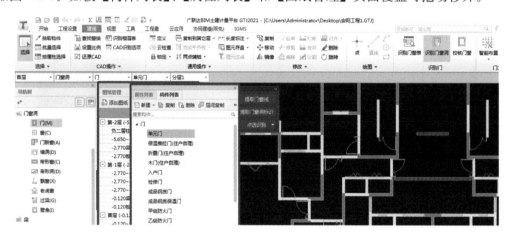

图 7-3-1　在建筑专业的墙平面图上识别门窗洞

此时如遇主屏幕上的图纸图层、信息不全，如果缺少门窗标志或其他图层信息，影响识别，可以在【图层管理】页面，勾选【CAD 原始图层】，主屏幕上缺少的图层信息可恢复显示，还可同时勾选【已提取的 CAD 图层】让图纸上缺少的信息恢复显示后继续识别。

【提取门窗线】→光标放到门弧形线上由"＋"字变成"回"形为有效并单击，全平面图上所有门的弧形线变蓝，有没变蓝的可再单击，变蓝→右键确认，变蓝的图层消失，如果是在勾选了【CAD 原始图层】或【已提取的 CAD 图层】状态下识别，变蓝的图层不消失，恢复为原有颜色，但识别有效（下同）。

【提取门窗洞标识】→光标左键单击平面图上的门窗名称，门窗名称全部变蓝→右键，变蓝的消失。消失的图层已保存在【已提取的 CAD 图层】内。

单击【点选识别】尾部的▼→选择【自动识别】，（识别运行），提示：识别完成，共识别到门窗洞图元多少个→确定。

在弹出的"校核门窗"页面的【门】界面：分别勾选"缺少匹配构件"或勾选"未使用的标注"，在下部主栏分别显示错项信息，如错项提示：有门窗名称（缺少门的尺寸标识），缺少匹配构件，已返建，请核对构件属性并修改→双击此错项，此错项门窗洞构件名称呈蓝色自动放大显示在平面图中→【动态观察】，此处已有门窗洞口→【俯视】，光标放到此蓝色门窗洞图元上光标由"＋"字变为"回"形，并可显示与"校核表"页面相同的错项门窗洞构件名称，但是与平面图上原有的构件名称不符→单击此图元变色，（放大）不要单击图元上的轴线→右键（下拉菜单）→【属性】(P)→显示此图元的【属性列表】页面→在此以平面图上显示的构件名称、尺寸为准，在属性页面与平面图上的构件名称、尺寸对照修改，先修改属性列表中的洞口宽度、高度尺寸，再修改构件名称→单击主屏幕左上

角的【门窗构件】▼，名称栏显示▼→▼，可选择门、窗、洞构件名称，修改后→回车。提示：某某构件已存在，是否修改当前图元的构件名称为某某构件？→是，光标再放到此构件图元上，如显示构件名称已与平面图上的构件名称相同，有时是因为平面图上原有构件名称处缺少墙体构件图元，造成识别产生的门窗洞图元错位，需要先补绘墙体，再单击门窗洞构件图元→右键（下拉众多菜单）→使用【移动】功能纠正，或者删除错位门窗洞图元，用【点】功能原位置绘上→再次双击"校核门窗"页面的此错项信息，弹出提示：此（错项）构件图元已不存在，错误信息将被删除→确定，校核页面错项信息消失，纠错成功。

　　提示：只有在"常用构件类型"栏的门界面，光标放到平面图中的【门】构件图元上→右键，结束主屏幕上部的【点】功能→光标放到图中【门】构件图元上才能显示"回"形，单击构件图元变蓝，才可使用【移动】、【删除】等修改功能，如果在"常用构件类型"的【门】界面：光标放到窗构件图元上，不能显示为"回"形，不能进行上述修改的操作。

　　有时识别产生的门、窗、洞构件图元错位产生在其他地方，可以把不应有的构件图元删除，原因是平面图上原有门、窗、洞构件的位置上缺少墙体构件，需要在此位置上先补充绘制墙体，再原位置绘制门、窗、洞→再在"校核门窗"页面，双击此错项，弹出提示：此构件图元已不存在，错误信息将删除，纠错成功。

　　在"校核门窗"页面错项提示：某某门（或窗）构件名称，未使用的门或窗构件名称，请检查并在对应位置绘制构件图元，也按照上述方法纠错处理。

　　还有一种情况：识别产生的门或者窗构件图元与平面图中的门窗位置不错，光标放到此门、窗洞图元上，光标由"＋"字变为"回"形，但显示的构件图元名称与平面图中原有的构件名称不同，按照上述方法纠错也没有纠错成功→单击此构件图元、变蓝→右键（下拉众多菜单）→【修改图元名称】，在弹出的"修改图元名称"页面：显示已有的全部门、窗构件名称→选择与平面图上相同的构件名称→确定，平面图上的图元与原有构件名称已更正。只要光标放到门窗洞图元上，光标为"回"形时，显示的图元名称与平面图上原有的名称相同、位置也相同，校核表中错项不消失也是纠错成功，不影响计算工程量。少数墙上无门窗洞的，可以手工用主屏幕上部的【点】功能原位绘上。

　　特殊情况下如果错项信息在平面图上已经纠正，但是"校核门窗"页面的此错项提示信息没有消失→在【图纸管理】页面→双击其他图纸文件名称的首部，使此图纸显示在主屏幕→再次双击当前纠错的建筑墙图纸文件名称首部，使当前操作的图纸再次显示在主屏幕上。刷新操作程序，再次单击主屏幕上部的→【校核门窗】功能窗口，提示：校核完成，没有错误图元信息→确定。"校核门窗"页面的此错项提示信息消失→【动态观察】可看到识别成功的门窗洞三维立体图如图7-3-2所示。

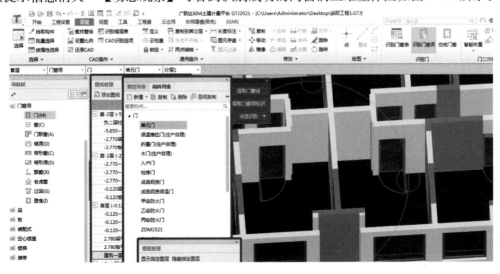

图 7-3-2　识别成功的门窗洞三维立体图

增加设置洞口加强钢筋：展开【门窗洞】→【墙洞】，在【构件列表】页面→【新建墙洞】→在【属性列表】页面→展开【钢筋业务属性】，有洞口每侧斜加强筋设置功能。

建立飘窗，在"常用构件类型"栏：展开【门窗洞】→【飘窗】→【新建】▼→【新建参数化飘窗】，（如图 7-3-3 所示）有多种飘窗图形供选择，在选择参数化图形页面，选择图形，修改平面、立面尺寸→确定。在【属性列表】页面还可以设置，修改配筋信息，计算钢筋量不需选择定额子目。只需添加土建工程量的清单、定额，选择工程量代码。

飘窗顶板端头钢筋弯折长度指定修改为 150mm→在左上角【工程设置】→单击（第二个有钢筋图标的）【计算设置】→在【计算规则】界面→【其他】选项内：在第 46 行的"面筋伸入支座锚固长度"栏：单击显示▼→▼，选择【$h_a-bh_c+15\times d$】即可。

绘制飘窗、转角窗：在"常用构件类型"栏，展开【门窗洞】→【飘窗】（X）→在【构件列表】页面→【新建】▼→【新建参数化飘窗】，在右侧"选择参数化图形"页面下部有矩形，梯形，三角形，弧形，转角一、二、三、四形，共有八种窗图形供选择，选择一种图形，右侧联动有此窗的平面、剖面大样图显示，如图 7-3-3。

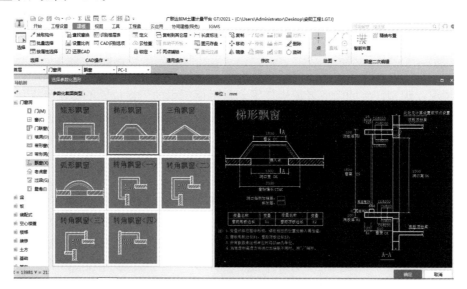

图 7-3-3　建立各种型式的飘窗

此页面凡绿色尺寸、数字，单击可在显示的小白框内修改，窗平面图下部"洞口每侧加强筋并单点显示小白框，输入格式：根数＋级别 A、B、C＋直径，当洞口宽度与高度方向加强筋不同时用/隔开：（宽度）6c14/（高度）6c16，在此各参数设置完毕→确定→在构件列表下产生一个飘（或转角）窗构件，并在左边属性列表下可修改构件名称，设置离地高度，选择建筑面积计算方式如全计、计一半、不计，展开钢筋业务属性，如有在大样图中不能设置的钢筋可在此处的"其他钢筋"的下级页面补充，还有土建业务属性，在此属性各参数设置完毕，在构件列表右侧→【构件做法】→可以参照有关章节讲解的方法→【添加清单】、【添加定额】、工程量代码选择完毕→关闭【定义】页面。

在主屏幕上部（有【点】或【智能布置】），宜选择【精确布置】光标放到上面有小视频→【精确布置】，光标选择布置飘窗附近的参照插入点并单击，在显示的小白框内输入偏移值→回车，飘窗或转角窗已画上。

【动态观察】可查看三维立体图形→【俯视】，如果查看三维立体图形，发现飘窗距本层地面的高度与图纸设计不符，需要修改已经绘制飘窗图元的距地高度，因为属性页面的飘窗【离地高度】是黑色字体、私有属性，需要先单击已经绘制的飘窗图元→再修改属性页面的【离地高度】→回车，已绘制飘窗图元的高度才能够改变。

查看已绘制飘窗的工程量→单击已绘制的飘窗构件图元、变蓝→右键→【汇总选中图元】→【查看工程量】，在弹出的"查看构件图元工程量"页面→【构件工程量】，如图 7-3-4。

图 7-3-4　已绘制飘窗的工程量

根据设置飘窗具有构件的复杂程度，有 10～18 种工程量，可以参考选择工程量清单、定额子目，不要漏项。

# 8 布置过梁、圈梁、构造柱

## 8.1 布置过梁

需要先布置连梁，剪力墙洞口上已有连梁不会再重复布置过梁，需在建筑墙平面图上操作，需砌体墙、门窗洞都绘制或识别成功后进行。软件会自动处理 QL 与 GL 的扣减。没有墙体的需补充画上，否则布置不上门、窗洞，无门、窗洞口布置不上过梁。

（在最后操作此节可以全楼生成）在【图纸管理】页面：双击某层建筑平面图纸文件名首部，只有此一页已识别过门窗洞的平面图显示在主屏幕，主屏幕左上角的楼层数可自动切换到主屏幕图纸应有的楼层。还需要检查轴网左下角的"×"形定位标志位置是否正确。

新版本增加功能：如图纸设计为按不同洞口宽度有几种截面高度，配筋的过梁，无需【新建】数种过梁构件。

在"常用构件类型"下部→展开【门窗洞】→【过梁】，只需要在【构件列表】页面→【新建】1 个过梁构件，并在其【属性列表】页面：输入各行属性、参数→在主屏幕上部→【智能布置】，如图 8-1-1。

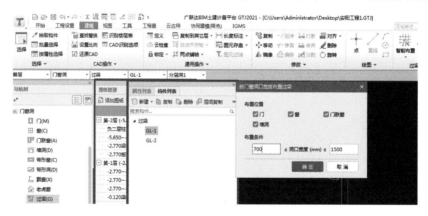

图 8-1-1　智能布置过梁

单击按【门窗洞口宽度】布置→在弹出的"按门窗洞口宽度布置过梁"页面，"布置位置"栏：已自动勾选门、窗、门联窗、墙洞，可修改；在【布置条件】下输入需要设置的过梁条件，如：700≤洞口宽度≤2100→确定，弹出提示：智能布置成功，可自动消失。此时在平面图上附合布置条件的门窗洞口上部，已布置上了蓝色过梁构件图元，光标放到蓝色过梁构件图元上，光标呈"回"形，可显示过梁构件名称→【动态观察】→转动光标可看到门窗洞口上已布置的过梁构件图元。

个别没有布置上过梁的门窗洞，可以使用主屏幕上部的【点】功能→单击门窗洞、过梁，已经布置上。

主屏幕右上角有自动【生成过梁】功能，可区分不同洞口宽度对号入座生成不同截面配筋的过梁（可在最后整楼或按选择的楼层生成，操作前需记住本层或全楼共有几种砌体墙厚度，没记住可返回【砌体墙】在【构件列表】下查看，在此如有没使用的砌体墙构件，光标放在构件列表下部右键→【过滤】→【当前层使用构件】，过滤掉没使用的砌体墙构件）→在"常用构件类型"栏：展开【门窗洞】→【过梁】（G）（无需先建过梁构件），如图 8-1-2。

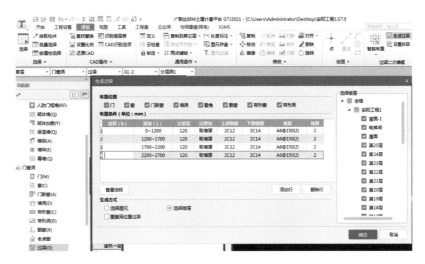

图 8-1-2 按不同洞口宽度生成指定截面高度、配筋的过梁

在主屏幕右上角：单击【生成过梁】；在弹出的"生成过梁"页面上部：勾选布置位置、布置条件→【添加行】→按实有工况输入或选择墙厚→输入设计要求的洞口最小至最大宽度→输入过梁截面高度→截面宽度取墙厚→上、下部钢筋、箍筋信息，肢数，在【生成方式】下部有【选择图元】、【选择楼层】两种功能→【选择楼层】，在弹出的"选择楼层"对话框中：选择须布置过梁的楼层→确定（生成过梁运行），提示：生成完成，共生成多少个过梁，关闭此提示。光标放到门窗洞口上可显示生成的过梁名称→【动态观察】，可以看到各楼层门窗洞口上布置成功的过梁构件图元。并且在【构件列表】页面有过梁构件生成。下一步→【构件做法】：选择清单、选择定额子目，可以参照有关章节操作，在此不再重复讲解。

提示：智能布置，自动生成的过梁，过梁伸出长度超出墙时，程序会自动断开。

## 8.2 布置圈梁

可以在最后【整楼生成】圈梁。在"常用构件类型"栏：展开【梁】→【圈梁】→【新建】▼→【新建矩形（另有新建参数化或异形）圈梁】QL→在【属性列表】页面：输入构件名称，可在名称后输入截面尺寸用以区别，输入各行参数及配筋值、设置轴线是否偏移、输入偏移值。如设计只有一种截面形式的 QL，可优先选择【智能布置】，如图 8-2-1。

图 8-2-1 智能布置圈梁

选择按"墙中心线（或墙轴线）"→选择砌体墙图元或框选全部平面图→右键，弹出提示：布置成功，可自动消失→凡单击选择或框选的黄色砌体墙上均有蓝色填充粗线条"圈梁"显示，砌体墙上已生成 QL 图元，光标放到蓝色圈梁图元上呈"回"形，可显示生成的圈梁构件名称→可动态观察。不需要布置圈梁之处，可单击多余的圈梁图元→右键→【删除】。还可以利用键盘上的【E】圈梁、【Q】剪力墙、砌体墙隐藏、显示快捷键功能检查，不应该布置的圈梁可以删除，混凝土墙不会布置上圈梁。

可最后【整楼生成】圈梁：需在主屏幕上只有一张建筑平面图，并且砌体墙已识别或绘制成功，可不先建立圈梁构件。

在"常用构件类型"下部：展开【梁】→【圈梁】（E），此时平面图中已经有的剪力墙构件图元会自动隐藏、消失，作用是混凝土墙顶部不会布置上圈梁（在主屏幕上部）单击【生成圈梁】，在显示的【生成圈梁】页面：此页面上部有【墙中部圈梁】的布置条件，根据需要也可不选择【墙中圈梁】的布置条件，如图 8-2-2。

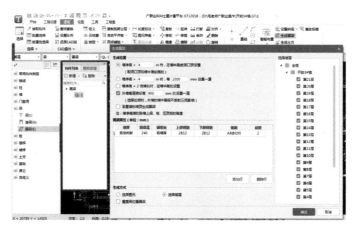

图 8-2-2　自动生成圈梁

选择墙顶 QL 的布置条件；有墙高大于（按设计条件输入尺寸 m）XX（m）时可在墙中部设置圈梁；有承重墙的墙顶生成圈梁，在【生成方式】下部有：【选择图元】、【选择楼层】两种功能→【添加行】建立一个圈梁构件，圈梁宽度自动取墙厚，程序默认上部、下部纵筋 2B12，箍筋配筋值、肢数可以修改，各行参数选择、修改完毕。

如选择【选择图元】→确定，需框选整个平面图→右键，提示：QL 生成完成→关闭提示；如在"生成 QL"页面：勾选【整楼生成】→【选择楼层】→确定，（无需框选平面图）→提示：生成圈梁完成。需要全面检查，如果有多布置的圈梁，可以手工删除。下一步在【构件列表】页面：选择一个 QL 构件，在【定义】页面→【构件做法】→【添加清单】、【添加定额】，如图 8-2-3。按照本书有关章节讲解的方法操作，在此不再重复讲解。

图 8-2-3　生成圈梁后添加清单、定额

# 8.3　布置"一""L""T""十"字形构造柱

构造柱截面形式名词解释，"一"字形：在墙段中部，两对边带马牙差、两对边带砌体拉结筋；"L"字形：在转角墙的角点处设置，垂直两边带马牙差、垂直两边带砌体拉结筋；"T"字形：在"T"字形墙连接节点设置，三边带马牙差、三边带砌体拉结筋；"十"字形：在四边有墙的"十"字节点设置，四边带马牙差、四边带砌体拉结筋。前提是先完成绘制砌体墙图元为黄色，需要在建筑墙平面图上操作。

布置各种截面形式的构造柱，方法如下：在【图纸管理】页面，找到已对应到 N 层的砌体墙平面图的图纸文件名称、并双击此行首部，只有此一张建筑墙平面图显示在主屏幕（需要在已绘制或识别砌体墙、门窗洞并生成此类构件图元的平面图上操作），左上角的"楼层数"可以自动切换到应有的楼层数。

在"常用构件类型"栏下部：展开【柱】→【构造柱】（Z）。有两种布置方法。

方法一：在【构件列表】页面→【新建】▼→【新建参数化构造柱】（需要先各建："一"字形、"十"字形、"L"字形、"T"字形构造柱），在弹出的"选择参数化图形"页面的左上角"截面类型"栏，可以选择切换到"L"形、"一"字形、"T"字形、"十"字形、"Z"字形、"DZ"形、"AZ"形选择界面，如图 8-3-1。

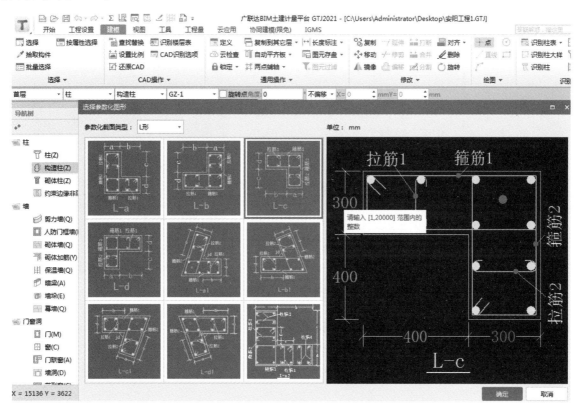

图 8-3-1　用【新建参数化构造柱】功能选择构造柱的截面图形

在"选择参数化图形"页面：左边选择一个截面类型，右边联动显示其截面尺寸放大图，凡红色、绿色截面尺寸→单击可以显示在小白框内，可按照需要的尺寸修改→左键，截面尺寸修改完毕→确定。可在【构件列表】页面显示此构件名称→【属性列表】，在【属性列表】页面的【截面形状】行：单击勾选其尾部"空格"（还可以把产生的截面形状标志复制、粘贴到构件名称尾部）→在【构件列表】页面此构件名称尾部可自动显示其截面形状标志。

在【构件列表】页面：选择一个构造柱构件（构件名后带有形状标志）→【属性列表】，在【属性列表】页面可联动显示此构件的名称、属性参数（→单击【截面形状】行，可在其行尾部显示⬚→⬚，可重新进入"选择参数化图形"页面，选择截面图形，修改截面尺寸），单击【属性列表】页面左下角的【截面编辑】功能窗口，在弹出的构造柱"截面编辑"页面：按照 3.2 节讲解的方法，进行构造柱的截面配筋设置。

如果梁、圈梁图元覆盖砌体墙，看不到黄色砌体墙，在大写状态→单击【L】可以隐藏梁图元→单击【E】可以隐藏圈梁构件图元。

在【构件列表】页面：选择一种构件（在主屏幕上部）→【点】→在平面图中的砌体墙上，按照砌体墙图元连接的节点形式（有"一"字形、"L"字形、"十"字形、"T"字形等）分别按照对应的构造柱截面形状，点画上构造柱，如果方向不对，可以用【旋转】、【镜象】、【移动】功能纠正。

方法二（优选）：可以在最后全楼或单独一个楼层生成，不需要先建立一个 GZ：构造柱构件→【E】：可隐去圈梁构件图元，显示砌体墙图元为黄色。在主屏幕右上角（【构造柱二次编辑】的上邻行）有【生成构造柱】功能窗口→单击【生成构造柱】（此时平面图上如有板图元可隐去），只有剪力墙图元为白色，砌体墙图元（因砌体墙上绘制有圈梁）为蓝色，梁图元为绿色，在大写状态→【L】可隐去梁图元→【E】可以隐藏圈梁构件图元方便观察→弹出"生成构造柱"页面，如图 8-3-2。

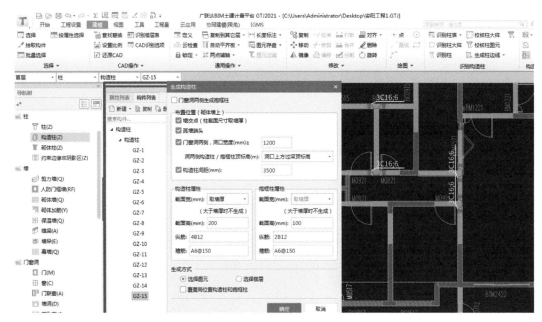

图 8-3-2  用【生成构造柱】功能：布置各种截面图形的构造柱

提示：按照建设行业《多层砖房钢筋混凝土构造柱抗震节点详图》（03G363）和《建筑抗震设计规范》（GB 50011—2010）的规定，多层砖房下部三分之一楼层横墙中构造柱间距应小于等于楼层高度，上部构造柱间距不应大于楼层高度；外纵墙的构造柱间距应小于等于 3.9m，内纵墙的构造柱间距应小于等于 4.2m。

在"生成构造柱"页面：可分别选择【墙交点】，构造柱（柱截面尺寸取墙厚）；【孤墙端头】；【门窗洞两侧】洞口宽度≥1200mm（可按照设计值修改）；输入【构造柱间距】等参数；在下部构造柱的属性界面：【截面宽度】默认取墙厚；【截面高】如 250 可修改；【纵筋】、【箍筋】数值等信息可以修改；按照各行提示信息输入各自属性、参数、配筋信息后，在最下部【选择图元】→确定，关闭"生成构造柱"页面→框选全平面图→右键确认→提示：共生成多少个构造柱→【关闭】。光标放到平面图砌体墙已生成构造柱图元上可显示构造柱的构件名称。并且在【构件列表】页面：已按照在平面图上产生的构造柱种类，自动产生各种类型的构造柱构件名称。

如图 8-3-3，在弹出的【生成构造柱】页面→【选择楼层】→确定。（无需框选平面图，可按选择的楼层生成构造柱图元）提示：共生成多少个构造柱→关闭提示。在【构件列表】页面：可以看到生成的多个构造柱构件。各层平面图上可看到产生的构造柱图元。按照这种方法生成的是矩形截面的构造柱，如果与图纸设计不相符，可以分别在各自的【属性列表】页面修改，在此多数属性参数为蓝色字体、公有属性，只要修改其属性、参数，平面图上已绘制的构件图元会联动改变。操作方法如下：分别单击【构件列表】页面的构造柱名称，在【属性列表】页面，可显示此构件的属性、参数→单击【属性列表】页面左下角的【截面编辑】（有开、关切换功能），弹出当前构件的【截面编辑】页面，有截面配筋大样图，光标放到截面编辑页面的左上或右上角光标变成对角线方向的上、下双箭头，向对角线方向拖拉可扩大此页面，点【纵筋】，光标单击右上角的【》】，显示【布角筋】、【边筋】等菜单。需按设计要求逐个构件核对修改，操作方法见 3.2 节识别柱大样纠错有关部分描述。提示：生成的构造柱图元依附与砌体墙，截面宽度按所在位置的墙厚，只能修改截面高度、配筋信息。多余的构造柱可删除。

图 8-3-3  按楼层布置构造柱

下一步，在【构件列表】页面：选择一个构造柱构件→在【定义】页面→【构件做法】→【添加清单】→【添加定额】，选择工程量代码，可以参照有关章节的方法操作；还需要按照本书 20.6 节：【做法刷】讲解的方法把已添加的清单、定额复制到相同类别的构件上。提示：单击键盘上的【Z】是框架柱、暗柱、构造柱构件图元的"隐藏""显示"功能快捷键。

## 8.4  无轴线交点任意位置布置构造柱

需要先在【构件列表】页面：新建一个构造柱构件，使用主屏幕上部的【点】功能菜单在附近有轴线交点位置布上构造柱→右键结束布置。光标放到已有构造柱图元上光标由箭头变为"回"形→左键单击 GZ 图元，变蓝→右键（下拉众多菜单）→【移动】→（按提示）单击此构造柱的插入点→【Shift】＋左键，在弹出的"请输入偏移量"对话框：输入 X（水平横向，正值向右偏移，负值向左偏移）或 Y（竖向，正值向上、负值向下）方向偏移值，单位 mm→确定，原有的构造柱图元已偏移。如图 8-4-1。

图 8-4-1　偏移布置构造柱

重要提示：定义 GZ，墙、柱钢筋搭接形式，在构件的【属性列表】页面，展开【钢筋业务属性】，有【搭接设置】单击其行尾显示⋯并单击⋯进入搭接设置页面，此页面的连接形式竖向各行均可单击显示 V→V 有各种接头形式可选择，在其相邻右列可设置墙柱，竖向钢筋定尺长度。

自动生成构造柱：可在最后整楼生成，不需要先新建 GZ 构件，不需要在属性页面定义各行参数。→【构造柱】（在主屏幕右上角）→【生成构造柱】（提示：在大写状态单击键盘上的【Z】是框架柱、暗柱、构造柱构件图元的"隐藏""显示"功能快捷键。）如图 8-4-2。

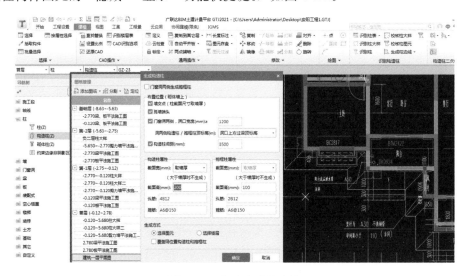

图 8-4-2　自动生成构造柱

弹出"生成构造柱"页面：选择布置位置（在砌体墙上），纵横墙交接处；门窗洞口宽度大于或等于（默认为 1.2m）两侧、可按设计修改；孤墙端头；按图纸或者《多层砖房钢筋混凝土构造柱抗震节点详图》规定，构造柱间距内纵墙不大于 4.2m，外纵墙不大于 3.9m，在底部 1/3 楼层的横墙，构造柱间距不大于楼层高度，在上部横墙构造柱间距不大于 2 倍楼层高度→设置构造柱属性、截面宽度取【墙厚】▼，输入截面高 h；纵筋、箍筋输入完毕→【选择图元】→确定→框选全平面图→右键，按提示：生成构造柱过程中与已有柱重叠时不生成，是否继续→是→提示：构造柱生成成功。可全楼生成→选择楼层，混凝土墙不会生成 GZ。多余的 GZ 可删除。如果布置的方向不对，可以使用主屏幕右上角的【调整柱端头】调整布置方向，此方法适合于布置矩形构造柱、框架柱、暗柱，单击柱图元的插入点，可调整柱的布置方向。

## 8.5　布置构造柱、框架柱的砌体拉结筋

需要在建筑墙柱平面图上操作，可以在最后操作全部楼层生成。布置构造柱、框架柱的砌体拉结筋，需要先建立各种截面形式的砌体加筋构件，在建筑砌体墙上有构造柱、框架柱图元的位置快速布置砌体加筋，前提是主屏幕显示的建筑平面图上已布置了砌体墙、门窗洞、构造柱、框架柱构件图元。

单击键盘上的"L"可隐藏、显示梁图元，方便观察已产生的构造柱。

在"常用构件类型"栏下部展开【墙】→【砌体加筋】（Y），在【构件列表】页面→【新建】→【新建砌体加筋】，如图 8-5-1。

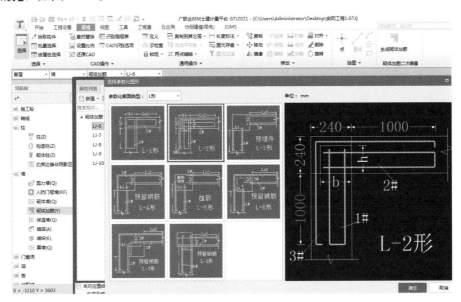

图 8-5-1　布置构造柱、框架柱的砌体拉结筋

在弹出的"选择参数化图形"页面上部的"参数化截面类型"栏分别选择如"一"字形、"L"字形、"十"字形、"T"字形→选择一个图形，在右边联动显示的大样配筋图中，凡绿色（红色）字体数字单击可按设计要求修改→确定。在【构件列表】页面：产生一个砌体加筋构件，如 LJ－1→在【属性列表】页面的"砌体加筋形式"栏显示加筋形式如"一"字、"L"字、"十"字、"T"字，勾选"附加"列的空格，在右边【构件列表】下的构件名称后联动显示附加截面形状的后缀图形文字，以示区别。按照上述方法可将各种形式的砌体加筋构件建立完毕。在主屏幕右上角→【生成砌体加筋】，弹出"生成砌体加筋"页面：可在此页面分别选择砌体加筋形式，选择设置条件、修改加筋尺寸、修改配筋信息。在此页面下部【生成方式】栏：有【选择图元】或者【选择楼层】，还可以选择【覆盖同位置砌体加筋】功能，如果【选择图元】→确定。按下部提示区提示：有选择方式功能，点选或框选柱图元→框选平面图上的全部柱构件图元→右键（生成运行）提示：共生成多少个砌体加筋构件→【关闭】提示。光标放到平面图上的深灰色，是产生的砌体加筋构件图元，光标放到此深灰色图元上，可显示 LJ——加筋构件名称及所在楼层数。对照图纸检查如有多余的加筋构件图元，连续单击多余的加筋图元，加筋图元变蓝→【删除】。如果产生的砌体加筋构件方向、位置与柱图元不相符，可以用【旋转】、【镜象】、【移动】功能纠正。

单击键盘上的【Y】，有【隐藏】、【显示】砌体加筋构件图元功能。如果在"生成砌体加筋"页面下部→【选择楼层】，在弹出的"选择楼层"页面：可选择多个楼层→确定（生成砌体加筋运行），提示：共生成多少个砌体加筋→关闭此提示。在各个楼层均可看到生成的砌体加筋构件图元。

砌体加筋构件无须在【构件做法】页面【添加清单】、【添加定额】，软件可以根据计算出的钢筋规格，自动选择定额子目。

# 9 绘制楼板

## 9.1 识别楼板及板洞

必须在某一楼层的竖向构件：混凝土墙、柱、梁构件图元识别或绘制完成，并且在建筑平面图上的 QTQ：砌体墙等构件绘制或识别后进行。

在"常用构件类型"栏→展开【板】→【现浇板】（B）。

在【图纸管理】页面：在某层下找到结构专业的楼板图纸名称，并双击此图纸文件名行首部，只有此（已识别过墙、柱、梁图元的）一张楼板平面图显示在主屏幕。左上角的楼层数可以自动切换到主屏幕板平面图应该是的楼层数，还需要检查轴网左下角的"×"形定位标志的位置是否正确。

如果不知道本层楼板的厚度，需要在最上部→【工程设置】→【楼层设置】界面：查看此层楼板的厚度（记住板厚）。返回到【建模】界面：在主屏幕上部→单击【识别板】，其数个下级识别菜单显示在主屏幕左上角，如果被【构件列表】、【图纸管理】等页面覆盖可拖动移开，如图 9-1-1。

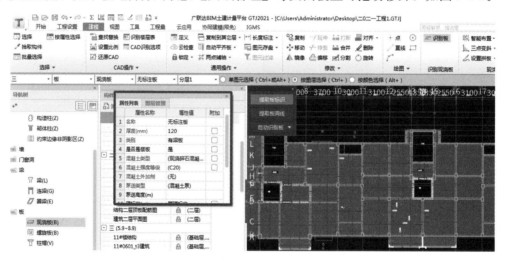

图 9-1-1 识别楼板功能窗口位置图

单击【提取板标识】（平面图上板厚 BhXX，有的图纸是 hXX 或者 LBhXX 为板标识，如果设计者在平面图上没有标注板厚，可以按 9.2 节的方法【智能布置】楼板），在板平面图上选择一个板厚 hXX 并且单击左键→当有多个板厚时这些板厚图层同时变为蓝色，如有没变蓝的板厚标识可再次单击 hXX →此图层全部变为蓝色。（如只有一种板厚标在图下部说明中用中文表示）图中无板厚，此步可以不操作，也可选择单击钢筋线（优先单击通长钢筋线）→单击钢筋线的钢筋尺寸数值、配筋值，使其变蓝（如有没变蓝的短筋及尺寸线配筋值可再点、变蓝）→右键→变蓝的板标注消失。

【提取支座线】（有的版本无此菜单可不操作）→光标左键选择单击梁边线（边梁外侧边线为细实线，内边线和里边的梁边线为点画线）→变蓝→选择并单击板边线、变蓝，选择并单击墙边线、柱边线，变蓝（放大，缩小可观察），变蓝或变虚线的为有效→右键→变蓝或变虚线的图层消失。

【提取板洞线】→左键选择并单击板洞线，变蓝色，再单击楼梯间板洞的大交叉斜"十"字线，变蓝色→右键→变蓝色的图层消失。

单击【自动识别板】▼，在弹出的"识别板选项"页面，如图9-1-2。

图9-1-2　在"识别板选项"页面：勾选楼板支座构件

程序可在此页面自动勾选已识别的【剪力墙】、【预制墙】、【主梁】、【次梁】、【砌体墙】等构件名称。并按照此页面下提示：识别板前应确保柱、墙、梁图元已生成。在此可去勾或者加勾补充修改已经识别或者绘制的构件类别→确定→又弹出"识别板选项"页面→把未标注板厚的数值手动填入【板厚】栏→确定（识别运行），提示：识别完成，提示可自动消失→【动态观察】，可以看到已识别成功的楼板三维立体图形如图9-1-3。

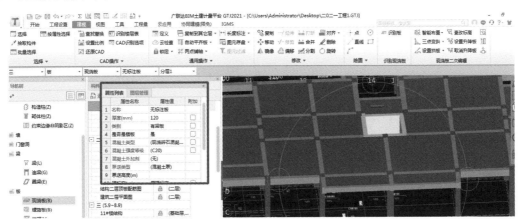

图9-1-3　识别产生的柱、楼板三维立体图形

板图元、板洞已生成，很准确，在此是按照梁、剪力墙区域生成的多个板块→框选平面图上的全部板图元，变蓝→右键（下拉众多菜单）→【合并】，可以合并为一个板图元。如果不是一个板图元→左键分别单击已识别生成的板块，变蓝→右键（在众多下拉菜单）→【合并】，可根据设计条件合并板图元。

主屏幕上部设有【校核板图元】功能窗口，无需纠错。如果像卫生间地面局部有高差或者板厚度不同，可以分割板后修改板的标高和板厚属性，本书9.3节有详述。

绘制弧形梁、板：在主屏幕上部绘制【圆】功能窗口的上部→【三点弧】→在电子版平面图上单击弧形梁的起点→单击弧形梁垂直平分线的顶点→单击弧形梁线的终点，弧形梁已绘制成功为红色没有提取梁跨→单击红色梁图元变蓝色→右键（下拉众多菜单）→【重提梁跨】→右键，梁图元变为绿色。还可以在"常用构件类型"栏下部的【现浇板】界面：在梁封闭的情况下→用【点】功能绘制板。

## 9.2 智能布置楼板、手工绘制板洞

智能布置楼板的方法：在【图纸管理】页面：双击已对应到 $n$ 层，并且已绘制或识别生成墙、柱、梁构件图元的板平面图名称行首部，只有此一个电子版图显示在主屏幕，并且需要检查此图轴网左下角"×"形定位标志的位置是否正确。左上角的楼层数可以自动切换到主屏幕图纸应有的楼层数。

在"常用构件类型"栏→展开【板】→【现浇板】，在【构件列表】页面：需要先建立一个板构件→【智能布置】▼→【按外墙、梁外边线、内墙、梁轴线】→框选全图→右键，提示：智能布置成功（如果提示"不能与飘窗中的现浇板重叠布置"，可以在"常用构件类型"栏的【飘窗】界面→修改飘窗构件图元的高度后再布置楼板）。已布上的板是一个整体板图元，无需合并，如需要可分割为多个板块。如图 9-2-1。

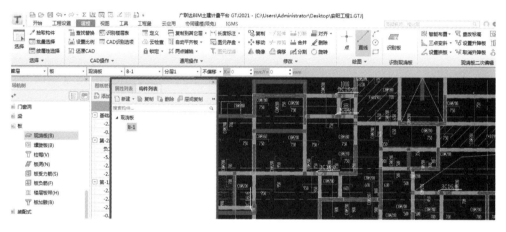

图 9-2-1　智能布置楼板

个别没有布置上板图元的，可使用主屏幕上部的【矩形】、【直线】功能绘制。如果有板洞，在"常用构件类型"栏→【板洞】→在【构件列表】页面→【新建】▼→【新建自定义板洞】→用主屏幕上部的【矩形】或者【直线】功能绘制。如果板的周边支座由剪力墙或梁形成封闭，还可以用【点】菜单绘制板。

此时如前面有缺少或需要补充绘制的其他构件，如剪力墙、柱、门窗等操作，可隐去板图元，方法是：（上部一级功能菜单）【视图】→【图层管理】，弹出【图层管理】页面：有显示、隐藏指定图层功能，在前边打勾的为当前显示的图层，去勾为隐藏的图层→【恢复默认设置】→确定恢复→是，可恢复隐藏的图层。再单击【显示设置】有关、开切换功能。也可以在键盘大写状态单击"B"，可以隐藏、显示板图元快捷键功能。

## 9.3 识别并布置板受力筋

板受力筋识别前，需要按照受力筋的布置区域，在"常用构件类型"下部的【现浇板】界面，把平面图上的板图元，手动分割为单独的 $N$ 个板块，分割、修改板名称方法：先在【构件列表】页面，在原有板构件基础上新建一个板构件，在主屏幕上部→【直线】→在板图元上用绘制多线段的方法描绘任意形状的板块形成封闭→单击此板块、变蓝色→右键（下拉菜单）→【修改图元名称】，在弹出的"修改图元名称"页面：左边【选中构件】栏下显示的是当前在平面图中已选中变为蓝色的板构件名称，右边显示的是需要修改的目标构件名称→单击选择右边目标构件名→确定。光标放到此板块上呈"回"形，已经可以显示此板块的新名称。受力筋识别后，再合并为识别前的板块状况。

如果需要修改板的标高，需要在【图纸管理】页面→单击此图纸文件名称行尾部的"锁"图形，使其在开启状态→在平面图上单击已分割成功的一块板图元，变蓝色→右键（下拉众多菜单）→【查改标高】→光标放到此板块上原有标高数字上，光标变为"五指手图形"并单击标高数字，在显示的小白框中输入需要修改的目标数值，单位：m→回车，此处的标高数值已改变。

对于在平面图中受力筋线上未标注受力筋配筋值的操作方法→（在主屏幕左上角）单击【CAD识别选项】，如图 9-3-1。

图 9-3-1　CAD 识别选项

在显示的"CAD识别选项"页面→【板筋】→输入、修改【无标注的板受力筋信息】、【无标注的跨板受力筋信息】、【无标注的板负筋信息】，在此需要把图中受力筋线上没有标注，只在图下部说明中：用中文文字说明的配筋信息，手工输入→确定。在"常用构件类型"栏下部→展开【板】→【板受力筋】：在主屏幕上部→【识别受力筋】，如图 9-3-2。

图 9-3-2　识别板受力筋

"识别受力筋"的三个识别菜单显示在主屏幕左上角，如图 9-3-2 所示，如果被【图纸管理】、【属性列表】或【构件列表】页面覆盖，可拖动移开。按【识别受力筋】的下级菜单，由上向下依次操作识别。【提取板筋线】。此时在主屏幕上邻行显示：默认【按图层选择】（Ctrl＋）；另有【单图元选择】（Ctrl＋/Alt＋）、【颜色选择】等，如图 9-3-3。

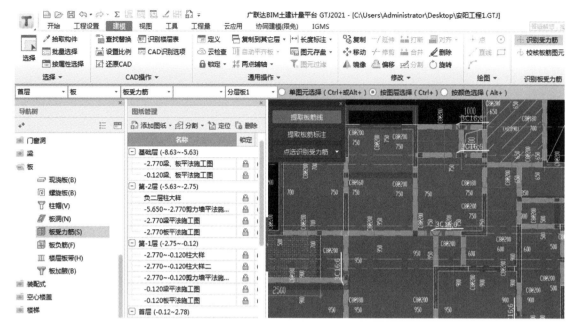

图 9-3-3　在识别受力筋界面：【提取板筋线】功能窗口位置图

此时如果板"受力筋"线的图层隐去，在【图层管理】页面勾选【CAD 原始图层】，消失的"受力筋"图层可恢复显示。光标选择主屏幕电子版图上 135°弯钩向上的一根红色受力筋线，光标放到红色受力筋线上光标呈"回"形（下同）为有效并单击，全部受力筋变蓝→右键，变蓝的受力筋消失。（如果是在【图层管理】页面，勾选了【CAD 原始图层】和勾选了【已提取 CAD 图层】状态下识别，变蓝的钢筋线不消失，恢复为原有红色，但识别有效。）

【提取板筋标注】→左键单击已消失的此受力筋线上部的配筋值如：C10@120，只有此受力筋线上的配筋值变蓝→右键，变蓝的受力筋配筋值消失或恢复为与单击前相同的颜色为有效。对于平面图上没有绘制板受力筋信息的钢筋线，因为在前边【CAD 识别选项】中已设置了"无标注的板受力筋信息"，此步操作可以忽略不做。

【点选识别受力筋】▼→弹出"点选识别板受力筋"页面，如图 9-3-4。

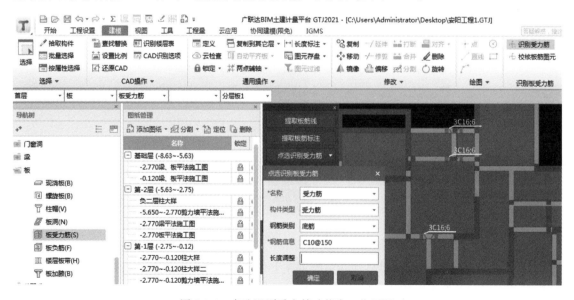

图 9-3-4　点选识别受力筋功能窗口位置图

在此页面的"构件类型"→单击行尾部的▼→选择【受力筋】→单击【名称】▼→选择或者输入其配筋值,此栏已显示中文受力筋,在下邻行显示:底筋→单击(此时已消失的受力筋线恢复显示)电子版图上红色135°弯钩向上的钢筋线,此受力筋配筋值如:C10@150可自动显示在"受力筋信息"页面的构件名称栏为SLJ C10@150,与平面图上的配筋信息相同,其下邻行长度调整栏为空白,不需要操作→确定(按照下部提示区提示)→左键单击平面图上当前所提取的蓝色受力筋线,此受力筋图元已与原有红色受力筋线原位置绘上为黄色,并且长度相同,匹配一致。

从上述【提取板筋线】开始,同样方法识别其他受力筋。全部受力筋识别完毕。可用主屏幕右上角的【查看布筋范围】功能,检查识别效果。

在大写状态,【S】有【隐藏】、【显示】受力筋图元功能。

布置受力筋:包括布置弧形、圆形板面积上的放射筋,任意形状板上的跨板受力筋。需要在当前层的楼板图元、板洞绘制或者识别完成,并且在板图元分割、合并完成后进行。

布置受力筋前,需要先在【构件列表】页面先建立1个受力筋构件→在【属性列表】页面:输入中文受力筋构件名称→回车,在【构件列表】下建立的以拼音字母表示的构件名称联动改变为中文构件名称→在【属性列表】输入钢筋信息:如C10@150,输入左弯折、右弯折长度(应为板厚度减去上、下层的保护层厚度)。

如果图纸设计有"温度筋",主要构件类型下没有【温度筋】构件,温度筋与受力筋的搭接长度不同,会造成量差,处理方法→【新建受力筋】→在产生的受力筋【属性列表】页面:在【类别】栏,单击显示▼→▼,可以选择【底筋】、【面筋】、【中间层筋】、【温度筋】,按照布置【受力筋】的方法布置即可。查看计算结果,与规范中要求的温度筋计算值相同。

在主屏幕上部→【布置受力筋】(光标放在此窗口上有小视频)并单击此窗口,在主屏幕上邻行显示:【单板】、【多板】、【自定义】、【按受力筋范围】、【XY方向】、【水平】、【垂直】等11种功能,如图9-3-5。

图9-3-5　布置板受力筋

【布置受力筋】:选择【XY方向】,可选择【单板】或【多板】或者【按受力筋范围】→【XY方向】→选择需要布置受力筋的板图元,可以多次选择,在弹出的"智能布置"页面:可按设计工况选择【双向布置】或者【双网双向】→输入【底层】、【面层】、【中间层】、(如有时)输入【温度筋】的配筋信息→可单击选择平面图上一块或多块板图元,变蓝→右键,黄色受力筋图元已布置上(单击主屏幕上部其他功能窗口可关闭此页面);如果选择【自定义】,使用主屏幕上部的【直线】功能→在平面图的板图元上可根据需要绘制任意形状、范围的多线段→遇转折单击左键→形成封闭。在"智能布置"页面输入的配筋值→光标放到板图元上有动感,单击需要布置受力筋的板图元,变蓝→右键,已在绘制的封闭多线段范围内布置上了黄色受力筋图元。

按【单板】或【多板】布置【水平】或【垂直】（竖向）受力筋，需要先建立 1 个受力筋构件、属性参数。需要在"常用构件类型"下部的【现浇板】界面，把平面图上的板图元，分割成需要的形状和范围的板块，操作方法：左键单击板图元，变蓝的是同一个板块→右键（下拉菜单）→【分割】，在主屏幕上部单击选择【直线】（如选择【矩形】只能把板图元分割成矩形板块）→在板图元上绘制任意形状的多线段，遇转折节点单击左键，绘制多线段形成封闭，左键→右键结束。

常用构件类型下部→【板受力筋】→【布置受力筋】（如图 9-3-6 所示）在主屏幕上邻行→【单板】→选择【水平】（也可选择【垂直】）→移动光标至需要布置【水平】受力筋的板块上已经显示水平方向黄色钢筋线→单击左键，受力筋已布置上→右键结束布置。布置【垂直】受力筋方法相同。一块板受力筋布置后（在主屏幕右上角）→【应用同名板】→选择并单击需要布置的板图元，可多选→右键，提示：当前有 N 块板受力筋应用成功→确定。已经把此配筋方式快速布置到不同形状的其他板块。

图 9-3-6　使用【应用同名板】功能快速布置到不同形状的其他板上

布置弧形（如弧形阳台弓形面积上）的放射筋，需要在【构件列表】页面先建立 1 个受力筋构件，并在此受力筋构件的【属性列表】页面输入各行参数、配筋信息。

在主屏幕上部→【布置受力筋】→（在主屏幕上邻行）【单板】→【弧线边布置放射筋】→在【构件列表】页面：选择已建立的 1 个受力筋构件为当前构件（不能选 KBSLJ：跨板受力筋，否则布置上的放射筋会伸出弧形面积）→单击弧形板图元，板图元上显示弧形线条围成的弧形面积→（主屏幕上邻行的）方法一：【两点】→左键单击已建立的弧形垂直平分辅助轴线的顶点，移动光标已可看到黄色放射筋→单击弧形面积上已有辅助轴线的下一点，已布置上黄色放射筋；方法二：左键单击弧形板边线→移动光标已可看到黄色放射筋→左键确认，黄色放射筋已布置上。

在主屏幕右上角→【查看布筋范围】→光标呈小圆形放到已布置上的黄色放射筋图元上，已布筋范围的弧形面积显示为蓝色。如果布置错误：单击已布置上的黄色放射筋图元、图元变蓝→右键（下拉菜单）→【撤消】，黄色放射筋图元已删除，可重新布置。

使用主屏幕右上角的【查看布筋情况】功能，可在平面图上自动显示已经布置上的全部各个黄色钢筋图元的布筋范围为蓝色。

如果在平面图上的【底层】受力筋、上部【面筋】、【中间层筋】或者中间层【温度筋】全部布置上时，使用主屏幕右上角的【查看布筋情况】功能，会在主屏幕左上角弹出"选择受力筋类型"页面：可分别查看【底筋】、【面筋】、【中间层筋】、【温度筋】的布置情况。

布置受力筋，【按圆心布置放射筋】有两个前提。前提一：根据放射筋所在板块位置，布置放射筋板图元的左上或右上或左下或右下角反向对角线上，需要有与圆心半径长度相等的辅助轴线交点作为定位点，如果没有此定位点，可使用主屏幕右上角的【修改轴距】功能菜单，分别在板块外侧增设与水平、垂直板边平行的水平、垂直辅助轴线使其相交，作为布置圆心放射筋的定位点。前提二：需要在"常用构件类型"下的→【现浇板】界面：使用主屏幕上部的【直线】功能，把需要布置圆心放射筋的三角形范围分割成单独一块板，布置放射筋后再合并此板。

【按圆心布置放射筋】操作：选择需要布置放射筋的板图元并左键单击，在封闭虚线内的是一块板图元，→光标选择板图元左上角的，对角线反向延长线上，可以作为圆心定位点的辅助轴线交点并单击，在弹出的"请输入半径"对话框（如不知半径长度尺寸，关闭此对话框，用主屏幕上部的【长度标注】▼→【对齐标注】功能，可以测量斜方向对角线长度）→输入作为半径的尺寸数字，单位：mm→确定→移动光标到已分割为三角形的板图元内，已可显示与此板图元对角线方向平行的黄色放射筋图元，并显示配筋信息→宜移动光标在对角线位置→单击左键，与对角线平行的黄色放射筋图元已布置成功。使用主屏幕右上角的【查看布筋范围】→移动光标放到放在已布置放射筋图元上，放射筋布置范围显示为蓝色区域。

布置跨板受力筋：KBSLJ。需要首先在"常用构件类型"下的【现浇板】界面→单击平面图上的板图元、变蓝→右键→【分割】，使用主屏幕上部的【矩形】或【直线】功能，按照【跨板受力筋】的布置范围，把现浇板分割为单独的一块板图元，【跨板受力筋】布置后，再用【合并】功能把其合并恢复为原有板状态。

布置跨板受力筋前，需要在【构件列表】下→【新建】▼→【新建跨板受力筋】，在【构件列表】下产生一个用拼音字母表示的：KBSLJ→在右侧【属性列表】页面：在构件名称栏，输入中文：跨板受力筋→回车，在【构件列表】下用拼音字母表示的构件名称联动改变为中文构件名。继续在【属性列表】页面：输入此跨板受力筋的各行参数、在大写状态输入钢筋信息如 C8@200，输入【左标注】、【右标注】长度，是伸出板左、右边的长度。（当跨板受力筋竖向、【垂直】布置时，下部为左，上部为右）单击"标注长度位置"行尾，按照平面图上图纸设计位置→选择【支座中心线】或【支座内边线】或【支座外边线】，输入左、右弯折尺寸（应是板厚度减上、下保护层厚度），输入【分布筋】的配筋值。把平面图上表示的【跨板受力筋】的参数，输入到【属性列表】页面各行中，在"类别"行：单击显示▼，可以选择【面筋】、【底筋】、【中间层筋】、【温度筋】、可以修改。

单击主屏幕上部的【布置受力筋】→选择主屏幕上邻行的【单板】→【水平】或者【垂直】→移动光标到（已分割为单独一块板图元上），已可显示水平或垂直方向的粉红色跨的受力筋图元→左键，跨板受力筋已布置上→右键结束布筋操作。

如果单击选择平面图上邻行的【多板】→【水平】（也可选择【垂直】）→移动光标左键单击平面图上的板图元、板图元变蓝，可按设计需要左键连续单击多个板块、多个板块同时变蓝→右键确定，多次选择合并的板块上显示需要布置的粉红色跨板受力筋→左键确定→右键结束布置操作。提示：选择【多板】布置跨板受力筋，是把选择的多个板块合并为一个板块，布置的跨板受力筋两端伸出组合合并为一个板块的板图元外边缘。

在平面图上布置跨出条形构件两个对边的跨板受力筋也按照上述方法操作。

一块板的受力筋布置完成后，可以使用（在主屏幕右上角）→【应用同名板】功能，把相同的配筋快速布置到不同形状的其他板块，操作方法：在【构件列表】页面，选择一个构件为当前构件，也可以在平面图中单击选择，可多次单击选择已布置的构件图元，变蓝色→（主屏幕右上角）【应用同名板】→左键单击需要布置此类受力筋的板图元、可多选，选择上的板图元变蓝色→右键，弹出提示，如图 9-3-6。

可以选择有【覆盖】或者【追加】功能，提示：当前有 $N$ 块板受力筋应用成功→确定。

## 9.4  识别并布置板负筋

从其他层原位复制构件图元。在【图纸管理】页面：找到需要识别板负筋的图纸文件名称→双击此图纸文件名称行首部，只此一页电子版楼板平面图显示在主屏幕。

需要检查图纸左下角轴网的"×"形定位标志位置是否正确。左上角的楼层数可以自动切换到主屏幕电子版平面图应有的楼层数。在识别板负筋前不需要在【构件列表】页面先建立一个板负筋构件。

在"常用构件类型"下部,展开【板】→【板负筋】,主屏幕平面图上已经绘制或识别的黄色受力筋图元(隐藏)消失。在主屏幕上部→单击【识别负筋】功能窗口,如图9-4-1。

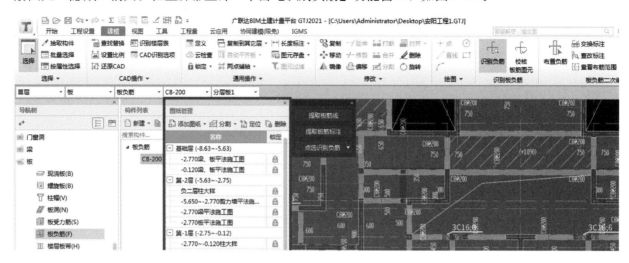

图 9-4-1 识别板负筋功能窗口位置图

提示:识别负筋前首先应搞清楚平面图上,负筋所在位置设计者标注的单侧负筋长度包括不包括支座上轴线支座边的尺寸,如果搞不清楚,可以用主屏幕上部的【长度标注】功能测量,详见后边【点选识别负筋】的描述。如果搞不清楚则不宜用【自动识别】功能识别负筋,可采用【点选识别】功能识别、见下述。

识别负筋:有【按图层选择】→【自动识别】和【单图元选择】→【点选识别】两种方法。

对于在平面图中负筋线上没有标注配筋值,是在图纸下部用中文文字说明表示的负筋配筋值,(可在主屏幕左上角)→【CAD识别选项】,在弹出的"CAD识别选项"页面→【板筋】:在右侧"无标注的负筋"栏,输入平面图上许多只有红色负筋钢筋线,可在此补充缺少的配筋信息→确定。

还有一种情况,如果设计者把负筋在支座处的标注长度尺寸界线标注为:不包含支座的尺寸、也就是从支座的外边线开始计算,自动识别时程序识别出的黄色负筋图元比原红色负筋线短,解决办法如下。

在左上角→【工程设置】→(后边第二个)【计算(有钢筋十字图标)设置】,在弹出的"计算设置"页面:在左上角→【计算规则】界面:单击此页面左侧的【板】→(在右侧主栏序号28)→展开【负筋】:有【单侧标注负筋锚入支座的长度】、【单边标注支座负筋标注长度位置】,单击此行显示▼→▼,有【支座内边线】、【支座中心线】、【支座轴线】、【支座外边线】、【负筋线长度】菜单供选择;在此页面的序号30行:在【板中间支座负筋标注长度是否含支座】行→单击,根据需要可选择【是】、【否】,如果选择【否】,识别、计算出的单侧负筋长度不含轴线支座边的长度。

在构件的【属性列表】页面:可以根据需要修改分布筋配筋值,格式如A6-250,还需要设置左、右弯折长度=板厚度扣减上、下部保护层的尺寸(mm)。请注意:在此属性页面是黑色字体、私有属性,需要先单击平面图上已有的负筋图元,变蓝色,可多选→右键(下拉众多菜单)【属性】(如果没有显示属性页面可以再次单击【属性】),在显示的【属性】页面:修改弯折长度。

在主屏幕上部→【识别负筋】,其数个下级识别菜单显示在主屏幕左上角,如果被【构件列表】、【图纸管理】、【图层管理】页面覆盖可拖动移开,如本节图9-4-4所示。如果是一次识别不成功,第二次识别需要删除产生的错误黄色钢筋图元,同时在【图层管理】页面,勾选【已提取的CAD图元】,并勾选【CAD原始图层】可在平面图上恢复显示已消失的负筋钢筋线图层。

按【识别负筋】的数个识别菜单,从上向下按照本节描述的方法识别,如图9-4-2。

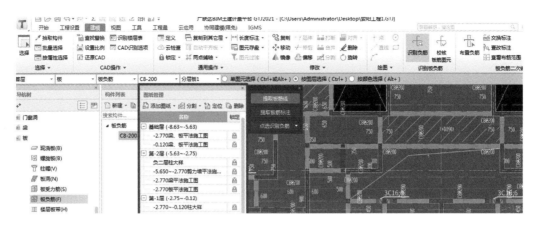

图 9-4-2  识别板负筋

【提取板筋线】，此时在主屏幕上邻行显示【单图元选择】（Ctrl＋或 Alt＋）；默认为【按图层选择】（Ctrl＋）；【按颜色选择】（Alt＋）。选择【按图层选择】→光标选择平面图上（两端 90°弯钩向下）一根红色负筋线并单击（如果平面图上的负筋、受力筋钢筋线全部变蓝，说明负筋、受力筋同在一个图层，继续操作会识别失败）→【Esc】：退出，可以选择按【单图元选择】识别，见后述；如果平面图上只有全部红色负筋钢筋线变蓝色，说明执行【按图层选择】正确，适用于平面图上只绘制有各种型号的红色负筋线的工况→右键，变蓝色的负筋钢筋线全部消失。

【提取板筋标注】→单击平面图上已消失的负筋线上的负筋配筋值，格式如：C8@200，此配筋值变蓝，再单击负筋线下部标注的负筋长度尺寸数字，变蓝→右键，负筋线上、下部的配筋值、长度尺寸数字全部消失。

单击【点选识别负筋】尾部的▼→【自动识别板筋】（另有【点选识别负筋】功能在本节图 9-4-4下部），在弹出的"识别板筋选项"页面【无标注的负筋信息】行显示的是在前边【CAD 识别选项】已经输入的无标注负筋信息；在【无标注的板受力筋信息】行如默认显示有受力筋信息，因为本次只识别负筋，需要删除；在【无标注的负筋伸出长度】行，可保留默认值；在【无标注的跨板受力筋伸出长度】行显示的默认值也需要删除；在此需要复核、可根据需要修改→确定。如果又弹出"自动识别板筋"页面：在平面图上识别的负筋配筋【类别】（不含长度）已经显示，需要对各行信息复核，一般不会错，不需要修改。因为本次只识别负筋，显示的受力筋行的【钢筋信息】需要删除，在【跨板受力筋】如：KBSJ-C8@160 的"钢筋类别"栏：单击显示▼→▼，可以选择【负筋】，输入缺少的负筋配筋信息→确定。弹出"自动识别板筋"提示页面：钢筋信息或类别为空的项不会生成图元，是否继续→是（识别运行，如果以上设置的各项信息无误，可暂时关闭弹出的"校核板筋图元"页面），在平面图上全部红色负筋线上已自动生成黄色负筋图元，并且位置、长度与原有红色负筋线匹配、一致。（在主屏幕右上角）【查看布筋范围】，平面图上已生成黄色负筋图元的布筋范围显示为蓝色区域。如有个别原有的红色负筋线上没有生成黄色负筋图元，可以用【点选识别负筋】功能补充识别，见后述。

在主屏幕上部单击【校核板筋图元】，在弹出的"校核板筋图元"页面：错项提示如无标注 FJ－C8@200，某层，未标注板钢筋信息→双击此错项提示，平面图上此错项负筋线上显示与校核页面相同的白色的错误配筋信息、尺寸标志线。

方法一：如果是重复识别、多产生的黄色负筋→光标放到此类识别产生的黄色负筋图元上，光标呈"回"形，可显示与校核页面相同的错项构件名称→【删除】，只余红色负筋线，再次双击校核页面此错项信息，弹出提示：该问题已不存在→确定。

方法二：如果识别产生的负筋图元与平面图中原有负筋构件名称不同，光标放到产生的负筋图元上、光标由"＋"变为"回"形→右键（下拉众多菜单）→【修改图元名称】，在弹出的"修改图元名称"页面，如图 9-4-3。

图 9-4-3　修改识别产生的错误负筋图元名称

在弹出的修改图元名称页面左边，显示的是在平面图中已经选中的错项构件名称；需要在右边【目标构件】栏下部：选择正确的构件名称→确定。在校核页面下部→【刷新】，此页面的错项已消失。

如果识别产生的负筋图元名称、配筋值、长度与原有红色负筋信息相同，无须纠错，如果长度尺寸有少量偏差→可使用（左上角的）【长度标注】功能测量复核，如果测量的尺寸不错，属于绘图比例问题，无须纠错。还可以使用右上角的→【查看布筋范围】，光标放到黄色负筋图元上，布筋范围显示蓝色区域，如果同一蓝色区域显示有两个黄色负筋图元，属于重复→删除后→【刷新】，错项可以消失。

"校核板筋图元"页面，错项提示如：FJ－C8@200，某层，布筋范围重叠→双击此错项，平面图上此黄色负筋图元，自动变为白色钢筋线、构件名称，布置区域为蓝色，经观察此区域是设计者粗心，绘制了两条红色负筋线，并且配筋值相同，其中有一条是多余的→光标放到多产生的黄色负筋图元上，光标呈"回"形并单击，变蓝色→【删除】，此图元消失，再次双击此错项，弹出提示：此问题已不存在，错误信息将被删除→确定，校核页面的错项提示信息消失。

"校核板筋图元"页面，错项提示如：无标注 FJ－C8@200，某层，未标注板钢筋信息，双击此错项，平面图上与校核表中同名错项构件呈白色构件名称显示→直接用主屏幕上部的【删除】功能删除，图中的白色构件名称消失，再次双击校核表中此错项信息，提示：此问题已不存在，所选择的信息将被删除→确定，"校核板筋图元"页面的错项提示信息消失，纠错成功。

对于平面图上个别没有识别成功的负筋，可使用【点选识别负筋】的功能识别（此方法不能用于识别横跨两个平行支座的跨板负筋）→【识别负筋】→【提取板筋线】→按【单图元选择】（选择此种识别方法操作效率低、但识别准确率高，基本无须纠错），识别的操作方法：【提取板筋线】［此时在主屏幕上邻行显示【单元图选择】（Ctrl＋或 Alt＋）；默认为【按图层选择】（Ctrl＋）；【按颜色选择】（Alt＋）］→单击【单图元选择】（三种形式只能选择一种）→左键单击平面图中的一根红色负筋钢筋线，只此一根红色负筋线变蓝→右键，只此一根变蓝的负筋线消失。（消失的图层保存在【图层管理】页面下部的【已提取的 CAD 图层】中，勾选此功能窗口可恢复显示，下同。）

【提取板筋标注】→单击平面图上已消失的此根红色负筋线上的负筋配筋值如：C8@200，此配筋值变蓝色，再分别单击负筋线下、两边标注的负筋长度尺寸数字，变蓝→右键，此根负筋线上、下部的配筋值、长度尺寸数字全部消失。如果负筋线上没有标注配筋值，因为在前边【CAD 识别选项】中已经输入了"无标注的负筋信息"，此项可以忽略不操作。

【提取支座线】（有的版本无此菜单可不操作）→光标选择作为负筋支座的（可放大观察）支座线，选上光标变"回"形为有效、并单击、变蓝→右键，变蓝的支座线消失。如果在平面图上分不清作为负筋支座的柱、墙、梁构件图元，可在大写状态使用隐藏、显示构件图元快捷键→【Z】：可隐藏、显示框架柱、暗柱、构造柱构件图元→【Q】：可隐藏、显示剪力墙、砌体墙构件图元→【E】：可隐藏、显示圈梁构件图元→【G】：可隐藏、显示连梁构件图元→【N】：可隐藏、显示楼板洞口构件图元→【F】：可隐藏、显示板负筋构件图元→【S】：可隐藏、显示板受力筋构件图元。

单击【点选识别负筋】尾部的▼→【点选识别负筋】，弹出"点选识别板负筋"页面，如图9-4-4。

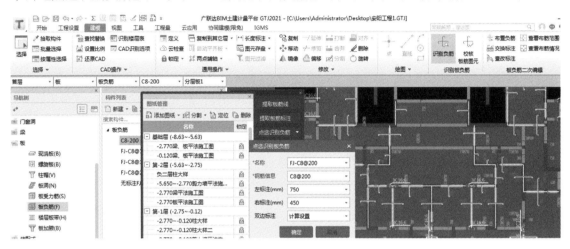

图9-4-4　点选识别板负筋

此时，平面图上已消失的此红色负筋线，负筋线上、下部的配筋值，长度尺寸数字恢复显示→单击此红色负筋线，有读取功能，负筋线、配筋值、尺寸数字全部变蓝，并且上述尺寸、参数自动显示在"点选识别板负筋"页面→单击此页面的【名称】行尾部的▼，可根据需要选择为如："FJ－C8@200"，其余配筋信息与平面图上的负筋信息相同，可检查核对，如有错误，以平面图上的负筋信息为准，在弹出的"点选识别板负筋"页面修改（提示：Y向负筋（竖向）布置，上部为【右标注】，下部为【左标注】，在支座1侧负筋伸过轴线或支座的尺寸，也就是左或右标注尺寸都不能显示为零）。

如果平面图中的负筋长度，设计者仅标注了单侧长度尺寸，缺少另一侧长度尺寸数字，可以使用主屏幕上部的（两个横向微型箭头）→【长度标注】（可以在识别的任意过程中测量负筋另一侧或双侧长度）（此菜单在主屏幕上部【复制到其他层】功能窗口右邻，显示为"水平双箭头"）▼（不好找，其下部另有【对齐标注】、【角度标注】、【弧长标注】、【移动标注】、【删除标注】）功能，可以实测、核对标注的尺寸，可在此输入或修改尺寸数字，并在"点选识别板负筋"页面下部的【双边标注】栏，单击尾部的▼→选择【含支座】、【不含支座】→确定→在负筋支座上单击负筋布置范围的首点、拉出线条→单击布置范围的终点。识别、产生的黄色负筋图元已经原位置布上，并且与平面图上原有红色负筋线长度尺寸一致（又弹出"点选识别板负筋"页面：可直接从【点选识别负筋】菜单开始识别下一条负筋）。还可以使用右上角的【查看布筋范围】功能查看识别效果。

如果在使用上述的【长度标注】功能测量负筋长度过程中弹出的"点选识别板负筋"页面消失，可再次单击【点选识别负筋】即可恢复显示此页面。

平面图上按照所识别此根负筋的布置位置，在主屏幕上邻行→单击选择【按梁布置】或【按圈梁布置】或【按墙布置】或【按板边布置】，程序可按照当前的选择，在平面图上自动显示所选择的构件图元，隐去不是相同类别的构件图元，按照负筋所在位置，本例是【按梁布置】，程序在平面图上自动显示梁构件图元，隐去其他构件图元→移动光标放到当前识别负筋所在梁中心线上，有动感→光标捕捉到梁中心线与原有红色负筋线交叉点上，光标变为小"＋"字形→单击左键，黄色负筋图元已在平面图原有红色负筋线、原位置布上，并且长度与原有红色负筋相同、匹配一致。如果两端伸出的长度尺寸不同，方向有误，可以使用主屏幕右上角的【查改标注】功能，调换方向纠正。

下一步可以直接从【点选识别负筋】开始，在弹出的"点选识别板负筋"页面：继续识别下一个没有识别成功的红色负筋线，直至全部识别完成。

可用主屏幕右上角的【查看布筋范围】功能，检查已识别负筋的布置效果，单击此功能窗口→光标放到产生的黄色负筋图元上，光标变为"微圆"形，布筋范围区域显示为蓝色。

如果识别错误或者生成的黄色负筋图元与平面图上原有红色负筋线不一致，在【建模】界面→（主屏幕左上角）【还原 CAD】→框选全部平面图上须还原 CAD 的构件图元→右键确认→【Esc】退出。

光标呈"＋"字框选平面图上识别产生的黄色负筋图元，全部负筋图元变蓝色→【删除】，全部负筋图元已经删除，而且原有的红色负筋线也没有了→在【图纸管理】页面：双击总结构图纸名称行尾部的空格，在主屏幕上有全部多个电子版图状态→再次【手动分割】此楼板的图纸，重新识别。

布置负筋：在"常用构件类型"下部→【现浇板】→【板负筋】，在主屏幕上部→【布置负筋】，在主屏幕上邻行显示有【按梁布置】、【按圈梁布置】、【按连梁布置】、【按墙布置】、【按板边布置】、【画线布置】六种布置功能，如图 9-4-5。

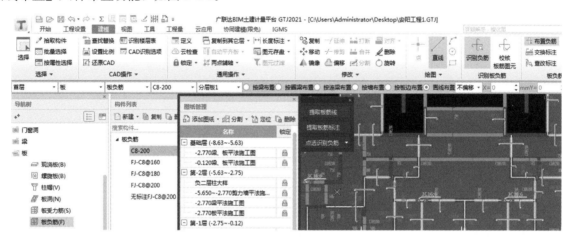

图 9-4-5　布置负筋功能窗口位置图

在板平面图上如果分不清楚梁、连梁、墙等构件→返回到"常用构件类型"栏下部，可分别点击【梁】→【剪力墙】→【砌体墙】→【连梁】：光标分别放到平面图的构件图元上，光标变为"回"形，可显示当前各自的构件名称。

【按梁布置】：需要在【构件列表】页面，【新建】（或者选择属性含义相同的负筋构件）一个负筋构件→在其【属性列表】页面：输入各行参数、输入左、右标注尺寸 mm，马凳筋信息、分布筋信息，属性页面各行参数输入完毕→移动光标放到需要布置负筋的梁图元上有动感→左键，负筋已布置成功。

在其他构件上布置负筋的方法与上述方法基本相同。

绘制跨越两个平行支座的负筋，可以按照布置"跨板受力筋：KBSJ"或者按照"画线布筋"的方法操作见 9.9 节。

使用【复制到其他层】功能可以把已有的全部构件图元，原位置复制到其他层，此方法可用于首层，因为首层不能作为标准层，不能在"楼层表"中设置"N"个相同楼层。本层全部构件图元绘制完毕，如果有的楼层构件图元与当前层完全相同，可以使用（在主屏幕上部的【建模】界面）→【复制到其他层】▼→【从其他层复制】（需要先在左上角把"楼层数"选择到需要复制的其他楼层数），在弹出的"从其他层复制图元"页面，如图 9-4-6。

图 9-4-6 从其他楼层原位置复制已有全部构件图元

在左边首行单击【楼层数】尾部的▼→选择来源楼层数，在其下部勾选需要复制的构件，可选择【所有构件】→在此页面右边选择需要复制到的目标楼层，可以选择多个楼层→确定。在弹出的"复制图元冲突处理方式"页面：可以选择"新建构件，名称加'－n'"或"覆盖目标层同位置同类型构件图元"→确定（复制运行，正在进行合法性校验），提示：图元复制成功→确定。

检查复制效果，在主屏幕最右边→单击：【动态观察】窗口的最下部的 1 个窗口，，在弹出的"显示设置"页面→【图元显示】，在【图元显示】栏可勾选【所有构件】，也可根据需要选择→在【楼层显示】栏：可以选择需要显示的楼层→【×】，关闭此页面→：【动态观察】→转动光标可查看所选楼层、已经复制的全部构件图元，如图 9-4-7。

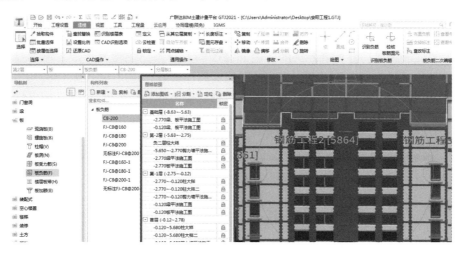

图 9-4-7 【从其他层复制】原位置的构件图元三维立体图

可以用于检查绘制构件图元的效果、完整成度，如有缺陷可修改完善。

在"常用构件类型"栏下部→【板负筋】（F）→【查看布筋】▼→有"查看布筋范围"菜单→光标放在黄色负筋图元上可显示布筋范围的蓝色范围线，如对称布筋只需要画半幅，另半幅可使用【镜像】功能复制到另一边。

## 9.5  分割、合并楼板，设置有梁板、无梁板

分割、合并板的目的是按照不同的板块、配筋方式，布置板钢筋。需要根据各个板块的配筋特点，为在下一步布置钢筋方便，可分割、合并为一整块或若干块楼板。一整块楼板当有卫生间、电梯井底板等存在高差的情况或不同板厚时，可用分割功能分割后，定义编辑不同板的属性标高。合并板图元方法为：左键单击板图元，变蓝，可连续选择单击需合并的多个板图元，变蓝（需要小心不能选择上轴线、配筋信息等不应该选择的图层，否则会合并失败）→右键（下拉众多菜单）→【合并】如图 9-5-1。

图 9-5-1  板图元相连接并且在同一个平面才能合并为一块板

弹出提示：合并失败，相接并且在同一平面中的板图元可以合并。经检查原因，是选择的板有间隔，没有连接在一起，并且有的板图元存在高差，不在同一个平面内，需要重新操作。板合并成功后，可按一块板布筋。

必须在板块或房间形成封闭才能分割、合并，如果不是封闭的房间，需要在"常用构件类型"栏下的【砌体墙】界面→在【构件列表】页面：建立【虚墙】→画虚墙使其形成封闭的房间，分割、合并板块后→右键→在【属性列表】页面：修改板图元的属性参数，定义不同板标高。

识别板后，在"板图元校核"页面：显示"未识别到板名称和板厚度标识"，因已输入未标注的板厚度，所以此提示无需纠错不影响计量。其余可参阅校核表下说明操作。

处理识别后的碎板→【汇总计算】→提示：检测到有碎板，是否需程序处理→是→运行→汇总计算→已可计算，说明碎板已处理成功。

如果伸缩缝很窄误识别成板，可以用【矩形】菜单分割后→删除，操作方法：伸缩缝处多为双墙或双柱，双轴线间距很近，如没有双轴线可在轴网界面增加平行轴线。在"常用构件类型"栏：展开【板】→【现浇板】→右键，光标放到板图元上，光标由箭头变为"回"形→单击板图元变蓝的是一块板→右键（下拉菜单）→【分割】→【矩形】，放大板图元，光标单击伸缩缝处的双轴线的左上角板边→向右下角拉成窄矩形→点双轴线右下角板边→右键结束分割（如有梁，在打断前不能分割），光标单击已分割的板图元，原来是一整块板图元变蓝，分割后不是全部变蓝，说明分割成功→光标点矩形伸缩缝处板图元变蓝→右键（下拉菜单）→删除，伸缩缝之间应是板缝，误识别成的板图元已删除。

关于【有梁板】与【无梁板】或者【平板】：按照预算定额"混凝土及钢筋混凝土工程分部"计算规则，有梁板是指（包括主、次梁）与板构成一体并且至少有三边以上承重梁支承的板，有梁板、梁体积合并计入板体积；无梁板是指不带梁、直接用柱头支承的板，无梁板按板与柱帽体积之和计算；

平板是指无柱、无梁、直接由墙承重的楼板，现浇板两边或者三边由墙承重应视为平板，梁体积与板体积分开计算，上述几项所选择的清单、定额不同，计算出的工程量相差多了。改变有梁板与平板（无梁板）的操作，应遵守预算定额的计算规则，操作方法如下：在"常用构件类型"栏，展开【板】→【现浇板】，选择【构件列表】页面的一个【现浇板】构件，在右侧→【属性列表】页面：联动显示所选择板的构件名称→在【属性列表】页面的【类别】行，如图 9-5-2。

图 9-5-2　修改板属性类别为有梁板

可选择为【有梁板】→回车。如果已经修改为"有梁板"→在导航栏"常用构件类型"下部【梁】界面→光标放到主屏幕中的梁板平面图外左上角呈十字形→框选全平面图，平面图中全部梁图元变为蓝色→右键（下拉众多菜单）→【汇总选中图元】，运行计算完毕→【工程量】→【查看工程量】→弹出"查看构件图元工程量"页面：显示有平面图中全部各梁的名称、截面积、长度，各梁体积为零，如图 9-5-3。

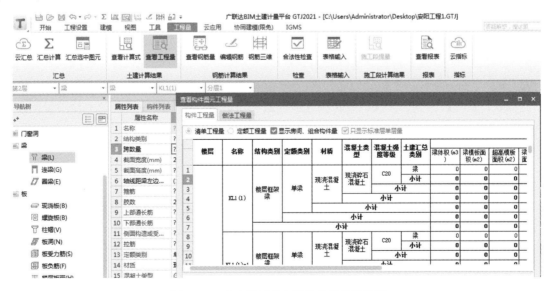

图 9-5-3　在有梁板状态梁的体积显示为零

如果还是同一个板图元，把上述板构件在【属性列表】页面中的"类型"行单击，显示▼→选择为"无梁板"，如图 9-5-4。

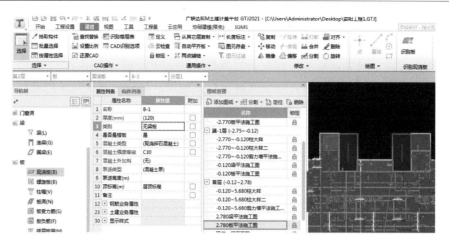

图 9-5-4　修改板属性类别为无梁板

再【汇总选中图元】计算后，查看此板的工程量。板的体积要小得多，且每个梁都有体积、有工程量数值，如图 9-5-5。

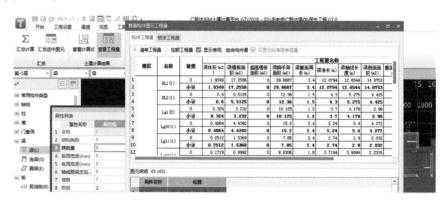

图 9-5-5　在【无梁板】状态汇总计算后每道梁都有体积、有工程量

## 9.6　手动、智能布置 $X$、$Y$ 方向板筋

板图元识别或绘制完成，分割、合并、绘制板洞后，在"常用构件类型"栏→【板受力筋】（需要在【构件列表】页面：新建一个板受力筋构件）→（在主屏幕上部）单击【布置受力筋】→（在主屏幕上邻行）【XY 方向】→可选择【单板】或【多板】→左键单点图中需要布置受力筋的板图元→在弹出的"智能布置"页面，如图 9-6-1。

图 9-6-1　智能布置 $X$、$Y$ 方向各层板筋

选择布置方式有【双向布置】：分底筋、面筋、温度筋、中间层筋（规范规定筏板厚度≥1.5m时需要增加中间层温度筋）；如果选择【X、Y布置】→需要分别在【底筋】栏：输入 X 方向、Y 方向的配筋信息，在此页面下部的【选择参照轴网】栏：默认显示"轴网1"▼→左键单击需要布置的板图元，变蓝色。如果在主屏幕上邻行选择的是【多板】，可连续单击多个板图元，变蓝→右键，已经按照要求布置板筋成功。

对"轴网1"的解释：如果平面图上是正交轴网，则在建立或识别轴网只有"轴网1"；如果平面图上是由正交轴网与斜交轴网组成的图纸，才会有"轴网2"。

如果选择"双网双向"即双层双向：输入配筋值，格式如 C8-150。

软件默认为【XY向布置】，可按图纸设计输入底筋：X、Y 方向；面筋：X、Y 方向各自不同的配筋值→单击需要布置钢筋的板图元→右键，已按输入的布筋方式，布筋信息布置上了板钢筋图元。还可以在主屏幕右上角→【查看布筋】▼→【查看布筋范围】→光标放到已布板钢筋图元上可查看布筋范围由蓝色边线围合→【查看布筋】▼→查看受力筋布置情况→在主页左上角显示的"请选择"页面选择底筋、面筋、中间层筋、温度筋可分别显示其布筋范围，在主屏幕的平面图上，已布筋范围用蓝色网格显示。

如果布置的板钢筋错误，需要删除平面图上已经布置的受力筋图元→框选全部平面图、受力筋图元变蓝→右键（下拉众多菜单）→【删除】，已经布置上的全部受力筋图元已删除。

## 9.7　图形输入绘制板受力筋

在"常用构件类型"栏：展开【板】→【现浇板】→【板受力筋】(S) →（在主屏幕右上角）【布置受力筋】，在主屏幕上邻行→选择【X、Y方向】，在弹出的"智能布置"页面（如果选择错误、不需要此页面，在此页面以外→右键可关闭"智能布置"页面）：输入【底层】、【面层】X、Y 方向的配筋值→（在主屏幕上邻行）【自定义】→使用主屏幕上部的【直线】功能→用绘制多线段的方法，按照平面图上的布筋范围，绘制封闭的布筋板块→右键。这样就已在绘制的板块内，按输入的配筋值，布置上了板受力筋。

另外还可以选择主屏幕上邻行的【自定义】功能→使用主屏幕上部的【矩形】功能菜单→在平面图上单击矩形板块左上角→单击矩形板块右下角、绘制矩形→【X、Y方向布筋】的范围→确定。下图 9-7-1。

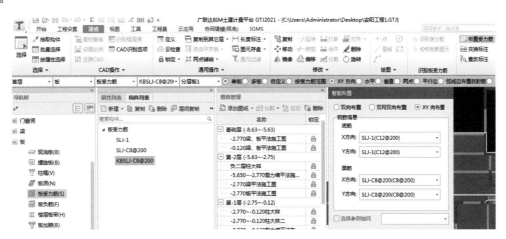

图 9-7-1　布置 XY 方向钢筋

记住需要在【属性列表】页面：输入与其垂直布置的分布筋信息。

【自动配筋】→在显示的"自动配筋设置"页面：可选择 1. 所有的配筋相同；2. 同一板厚的配

筋相同（适应于不同板厚），可设置顶部、底部双向或单向钢筋网或间隔形式配筋，中间层温度筋。

布置板钢筋完毕，在主屏幕上部→【工程量】→【汇总计算】→如有提示错误，如受力筋：SLJ3布置范围内同方向同类型的受力筋数量超过上限，说明有重复布置钢筋现象。需要删除重复布置的钢筋。

错项提示：底筋 SLJ-3，中间筋 10，面筋 3，温度筋 1，请重新选取板。纠错方法：双击此错项SLJ-3，错误布置的受力筋呈蓝色自动放大显示在平面图中→移动光标捕捉到此蓝色钢筋线，光标由"箭头"变为"回"形，并且可显示此钢筋的构件名称如 SLJ-3→直接右键（下拉众多菜单）→【删除】→再次双击错项提示页面的此错项信息→提示：错误信息已不存在→按上述方法双击提示页面的下个错项信息并删除，提示：页面的错项全部消失→已可执行"汇总计算"功能。特除情况，如果在弹出的"错项"提示页面显示如：敬告，GZ（构造柱）－n，第 n 层，上下层高度不连续→双击此错项提示，在"常用构件类型"栏：可自动切换到【构造柱】界面→在【构件列表】页面：可自动显示此构件名称为蓝色，成为当前需要纠错的构件，移动光标，程序可显示纠错、解决方法，按照提示的解决方法操作就行了。

绘制跨板受力筋：表示伸出某块板两平行对边布置的受力筋。

在"常用构件类型"栏：【板受力筋】（S）→在【构件列表】页面→【新建】▼→【新建跨板受力筋】→在此板受力筋的【属性列表】页面：输入左、右标注的跨（伸）出长度值，单位：mm，在此把各行属性、参数输入完毕。在主屏幕上邻行→选择【水平】或【垂直】→还可以选择【自定义】（在主屏幕上部）→使用【直线】功能→在平面图中用绘制多线段的方法画封闭折线、用来设定跨板受力筋的布置范围并形成封闭→左键单击封闭的板图元内部，跨板受力筋已经绘制成功。

绘制板受力筋：在【构件列表】页面→【新建】▼→【新建板受力筋】，如图 9-7-2。

图 9-7-2　布置板受力筋

在【构件列表】页面：产生一个受力筋构件；同时联动显示此构件的【属性列表】页面：在钢筋信息栏输入受力筋信息，如级别、直径、间距，输入完毕，单击其上、下行有应输入格式显示。凡需要单独绘制、识别钢筋的操作完成后，在【定义】界面的【构件做法】功能窗口均为灰色、不能用，就是说无需选择清单、定额，程序可按计算出的钢筋规格、直径、强度等级、数量，自动套取定额子目。

## 9.8　图形输入绘制板负筋

前提是板图元已识别或绘制成功，并且板洞已画上，板图元已分割或合并完毕。

在"常用构件类型"栏：展开【板】→【现浇板】→【板负筋】→在【构件列表】页面→【新建板负筋】→在【属性列表】页面：输入各行属性、参数，有名称、配筋值、左标注、右标注、左弯折、右弯折（单位：mm），并输入分布钢筋信息等。

在主屏幕上部→【布置负筋】（默认按【直线】布置），在主屏幕上邻行有【按梁布置】、【按圈梁布置】、【按连梁布置】、【按墙布置】、【按板边布置】、【画线布置】六种布置功能，只能选择一种。

【布置负筋】→（在主屏幕上邻行）选择【按梁布置】，平面图上可自动显示绿色梁构件图元、并隐去其他构件图元，在梁图元上移动光标可显示在【构件列表】页面已建立的负筋→左键单击梁图元，黄色负筋已跨梁布置成功，如果不慎又单击了此梁，提示：此范围已布置了负筋，是否重复布置负筋→否。只在没有布置负筋的区域布置了负筋，负筋布置成功，如图9-8-1。

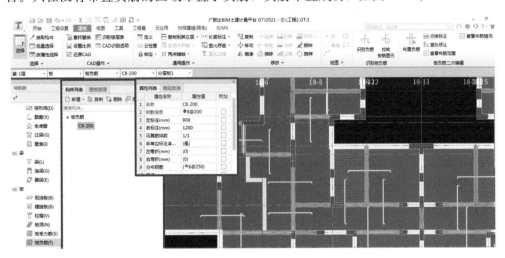

图9-8-1　按梁布置板负筋

用主屏幕右上角的【查看布筋范围】菜单→光标移动到已画上板负筋图元上可显示此筋的布筋范围为蓝色区域。

还可选择【按圈梁布置】、【按连梁布置】、【按板边布置】，操作方法基本相同。可用【查改标注】菜单→左键单点负筋图元显示在小白框内：修改配筋信息。还可以在主屏幕上邻行选择→【按墙布置】▼，如图9-8-2。

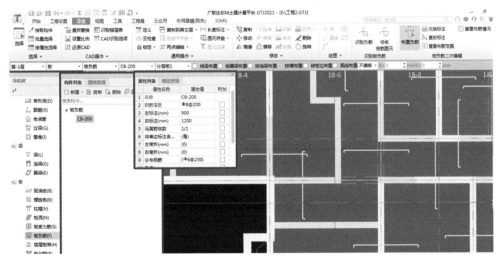

图9-8-2　按墙布置板负筋

在平面图上选择墙→左键单点布置一侧→负筋图元已布上。方向画反可用"交换左右标注"菜单调换方向。

## 9.9　画任意长度线段内钢筋，布置任意范围板负筋

在"常用构件类型"栏下部：展开【板】→【现浇板】→【负筋】→在【构件列表】页面→【新建板负筋】→在【属性列表】页面：按各行设定的内容输入各行参数、负筋配筋信息→（在主屏幕上部）【布置负筋】→选择【画线布筋】，在主屏幕上部（默认按）【直线】，如图 9-9-1。

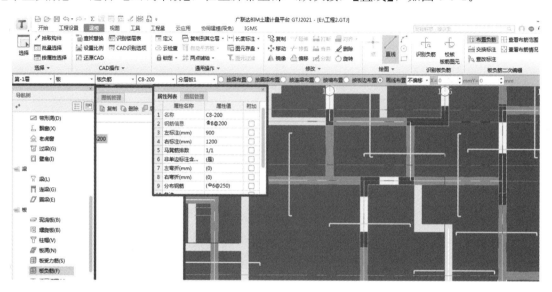

图 9-9-1　根据需要布置任意长度线段上的板负筋

在主屏幕上邻行单击【画线布筋】菜单→左键单击布筋范围的首点→移动光标画线→单击布筋范围的终点（画线结束）→返回已画线段之间并单击已画线段的左或右侧，已布置上黄色负筋图元。说明：此线段可不受网格节点限制，画任意长度即根据需要布置任意长度线段之间的负筋。方向画反可用"交换左右标注"调换布置方向。

提示：上述"画线布置"、"按梁、按墙、按板边布置钢筋"功能只有在板负筋、筏板负筋界面才有此功能。

## 9.10　计算装配式建筑预制叠合底板

在【图纸管理】页面：找到某层结构专业板平面图的图纸名称，并双击此图纸文件名称行首部，使此单独一个电子版图纸显示在主屏幕→还需要检查图纸轴网左下角的"×"形定位标志的位置是否正确，如果位置有误，可以使用 2.3 节手动定位纠错设置轴网定位原点、描述的方法纠正。

左上角的楼层数可以自动切换到主屏幕图纸应该是的楼层数。

在"常用构件类型"栏：展开【装配式】→【叠合板】（预制底板）(B)。

在【构件列表】页面（功能一）→【新建】▼→【新建点式矩形预制底板】→在【构件列表】页面的【叠合板】（预制底板）下产生一个 YZB：（用拼音字母表示的）预制板构件；同时在【属性列表】页面：联动产生一个 YZB 构件名称→在此把 YZB 修改为用中文表示的：预制叠合底板→左键→连同【构件列表】页面的此构件名称自动显示为同名称构件。

对照平面图上的构件信息，在此构件的【属性列表】页面：按照各行显示的内容设置、修改属性、参数。在【厚度】栏：默认为 60mm、可按照需要修改；在【长度】栏：默认是 3600mm，可以按照平面图中板构件的尺寸修改；在【宽度】栏：默认是 2000mm，可以按照平面图中板构件的尺寸修改；在【边沿构造】栏：默认是矩形，单击显示□□□→□□□，在弹出的"边沿构造"页面上部→单

击【矩形】▼→有【矩形】、【斜三角】、【梯形】、【下企口】数个图形菜单可以选择→选择【斜三角】，如图 9-10-1。

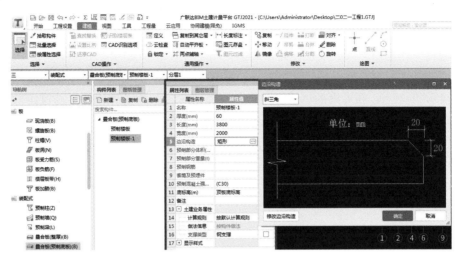

图 9-10-1  选择叠合预制底板边沿构造形式、修改边沿构造尺寸

单击图中绿色尺寸数字显示在小白点中，输入图纸设计应该是的尺寸→确定，在此选择的边沿构造形式【斜三角】三字已经显示在属性页面的【边沿构造】栏内；需要手工计算分别在【预制部分体积】栏输入体积，单位 m³；在【预制部分重量】栏：输入应该有的重量（单位：t），提示：预制混凝土的单位重量为 25kN/m³；1kN 等于 102kg。

在属性页面的【预制钢筋】栏：单击显示⋯⋯→⋯⋯，在弹出的"编辑预制钢筋"页面，如图 9-10-2。

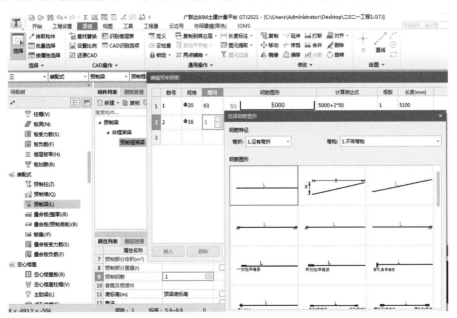

图 9-10-2  选择钢筋图形、设置预制板的钢筋尺寸

上述页面如果覆盖平面图中板构件信息可拖动移开→并参照【属性列表】页面的【长度】、【宽度】栏的尺寸数字→输入【筋号】→输入预制板的钢筋【规格】，格式如：C10→在此行的【图号】栏：双击显示⋯⋯→⋯⋯，在弹出的"选择钢筋图形"页面上部→【钢筋特征】：软件提供有：1. 没有弯折；2. 圆与圆弧；3. 箍筋；4. 一个弯折；5. 两个弯折等 10 种钢筋图形供选择，还可以在此页面的右上部配合选择【弯钩】功能窗口有更多钢筋图形。根据图纸设计要求选择所需钢筋图形→确定→在【钢筋

【图形】栏：输入钢筋各部位尺寸→单击此行的【计算表达式】栏：可自动显示此钢筋各部位尺寸组成的计算式→并计算出单根钢筋的总长度→需要手工计算输入【根数】；按照上述方法编辑此预制板的下一种钢筋→确定。

如果需要设置预制叠合底板的套筒与预埋件，在【属性列表】页面：单击【套筒及预埋件】栏，可在弹出的"编辑套筒及预埋件信息"页面，编辑预制叠合底板的套筒和预埋件，操作方法同5.3节。

在属性页面选择【预制混凝土强度等级】→设置【底标高】→展开【土建业务属性】→【计算规则】栏：单击显示⋯→⋯，在弹出的"计算规则"选择页面，选择【清单规则】、【定额规则】分别选择扣减关系；在【支撑类别】栏：单击→选择【钢支撑】或【木支撑】。

属性页面的各行属性、参数多是蓝色字体、共有属性，只要修改属性、参数含义，平面图上已经绘制构件图元的属性、参数会联动改变。

在【构件列表】页面：【新建】▼→【新建点式异形预制底板】，在弹出的"异形截面编辑器"页面，如图9-10-3。

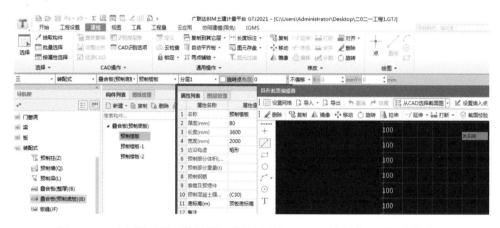

图9-10-3　在"异形截面编辑器"中使用【在CAD中绘制截面图】功能绘图

在"异形截面编辑器"页面上部首行→【从CAD选择截面图】▼→【在CAD中绘制截面图】（此时"异形截面编辑器"页面消失）→用【直线】功能按绘制多线段的方法在平面图中描绘（已用【设置比例】功能复核、修改过图纸比例的）任意形状的预制底板平面图边线，（如果有一步画错，可以Ctrl＋左键：退回一步，可以连续使用向后退回键），最后画到原点形成封闭→右键结束绘制多线段。描绘的预制底板平面图形已经显示在"异形截面编辑器"页面，如图9-10-4。

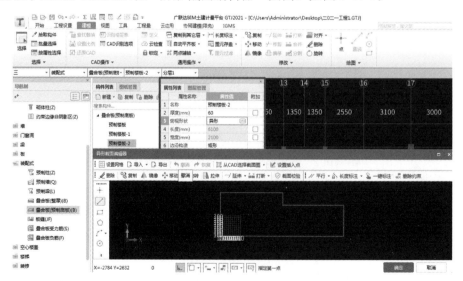

图9-10-4　使用"从CAD中绘制截面图"功能描绘的预制底板平面图

形状、尺寸不需要修改→【设置插入点】（起定位作用）→单击预制底板内可以做为定位的一点，在设置的定位点上显示红色"×"形定位标志→确定，此时在【属性列表】页面的【俯视形状】栏：显示为"异形"，如果需要修改双击此栏：显示□□□→□□□，可以返回"异形截面编辑器"页面修改。

在属性页面的【厚度】栏：显示的厚度尺寸可以根据需要修改；在此显示的灰色【长度】、【宽度】尺寸是在"异形截面编辑器"描绘的，不能修改；其他属性、参数设置方法与建立点式矩形预制底板的方法相同，在此不再重复。

使用主屏幕上部的【点】功能并移动光标，已经可以显示产生的预制底板构件图元→重合放到主屏幕此预制底板图上并单击左键，异形截面预制底板绘制成功，形状、大小、比例匹配一致→右键完成绘制。

【属性列表】页面各行的属性、参数设置完毕→在【构件列表】页面：产生的构件名称为当前构件、显示为蓝色→（单击此页面上部的）【复制】，产生一个同名称构件-n→在联动产生的此构件【属性列表】页面：只需要修改与源构件不同的属性、参数即可建立下一个装配式建筑叠合预制板构件。

在【构件列表】页面选择一个构件为当前构件、显示为蓝色→【定义】，在【定义】界面→【构件做法】→【添加清单】（以河南地区定额为例，其他地区也需要参照下述方法操作）：【查询匹配清单】，如果没有匹配清单→【查询清单库】：可以参照本书的有关章节操作。

如果建立的是【点式矩形预制底板】→使用主屏幕上部的【点】功能→按照此板在平面图中应该有的位置绘制。

## 9.11　绘制装配式建筑预制叠合板（整厚）

在【图纸管理】页面，找到某层结构专业：预制叠合板平面图的图纸名称→双击此图纸文件名称行首部，使此单独一个电子版图纸显示在主屏幕→还需要检查图纸轴网左下角的"×"形定位标志的位置是否正确，如果位置有误，可以使用2.3节手动定位纠错设置轴网定位原点描述的方法纠正。左上角的楼层数可以自动切换到主屏幕图纸应该是的楼层数。

在"常用构件类型"栏：展开【装配式】：→【叠合仮】（整厚）（B）。

在【构件列表】页面→【新建】▼→【新建叠合板】（整厚）→在【构件列表】页面产生DHB-1：用拼音字母表示的【叠合板】构件；同时在【属性列表】页面：联动产生一个DHB构件名称→在此把DHB修改为用中文表示的：构件名称→左键→连同【构件列表】页面的此构件名称自动显示为同名称构件。

在【属性列表】页面的【厚度】栏：默认为120mm，可以根据需要修改；在【类别】栏：默认为平板→单击显示▼→可选择有梁板、无梁板，关于有梁板与无梁板的区别见本书9.5节；在【是否是楼板】栏：单击显示▼→选择是或否；在【混凝土类型】栏：单击显示▼→可选择：现浇碎石混凝土、现浇砾石混凝土、预制碎石混凝土、预制砾石混凝土、泵送碎石混凝土、泵送砾石混凝土、水下混凝土、商品碎石混凝土、商品砾石混凝土、商品碎石泵送混凝土等，需要认真对待、选择，在后续的材料统计分析时有用；在【混凝土强调等级】栏：需要选择混凝土的强度标号如C30等→在【顶标高】栏：可根据实际工况选择层顶标高或层底标高→在【备注】栏：可以输入文字说明用以区别→展开【钢筋业务属性】→在【其他钢筋】栏：单击显示□□□→□□□，在弹出的"编辑其他钢筋"页面：输入【筋号】→在【钢筋信息】栏：输入钢筋的强度等级，格式如：B12→在【图号】栏：单击显示□□□→□□□，在弹出的"选择钢筋图形"页面：有多种钢筋图形可以选择，如图9-11-1。

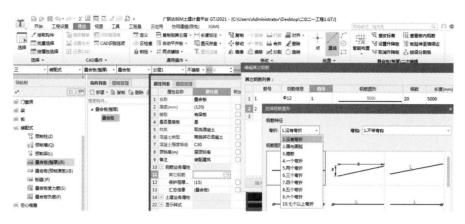

图 9-11-1　选择装配式建筑预制叠合板的钢筋图形、设置钢筋尺寸

在此选择一种钢筋图形→确定。所选择的钢筋图形已经显示在"编辑其他钢筋"页面→在【钢筋图形】栏输入各部位尺寸→需要手工计算输入【根数】，在此行的【长度】栏可以自动显示计算出的单根钢筋总长度→确定。在【属性列表】页面的【其他钢筋】栏：可以显示已经选择的钢筋图形编号→展开【土建业务属性】：分别单击【计算设置】栏、单击【计算规则】栏，可以逐行单击显示▼→▼，选择扣减关系，有的部分如果没有特殊要求，可以按照软件的默认计算规则；还需要在【支撑类型】栏：选择【钢支撑】或【木支撑】→在【模板类型】栏：单击显示▼→▼，可以选择【组合钢模板】、【木模板】、【复合木模板】→在【超高底面】栏：可以按照剖面图中标注的标高值手工输入。上述各项信息需要认真对待、选择或输入，对后续的结算结果都有用。

【属性列表】页面的各行属性、参数设置完毕，在【构件列表】页面上部→【复制】，产生一个同名称构件 n→只需要在产生的新构件【属性列表】页面：修改与源构件不同的属性、参数即可。下一步→【定义】，在【定义】页面→【添加清单】→【添加定额】：参照本书的有关章节操作即可。

【构件列表】页面的一个构件清单、定额、工程量代码选择完毕→按照本书 20.6 节：做法刷与批量自动套做法的描述，可以把全部构件都选上清单、定额。

在平面图上布置装配式建筑叠合板。方法 1. 使用主屏幕上部的【直线】功能，按照画多线段的方法，在平面图上描绘板构件的外边线形成封闭。方法 2. 使用主屏幕上部的【智能布置】▼→根据实际工况可以选择【墙梁轴线】或者【外墙梁外边线、内墙梁轴线】→框选已经绘制的梁全部平面图、全部梁构件图元变为蓝色→右键确认，提示：智能布置成功，提示可自动消失。智能布置上的装配式建筑叠合楼板三维立体图如图 9-11-2。

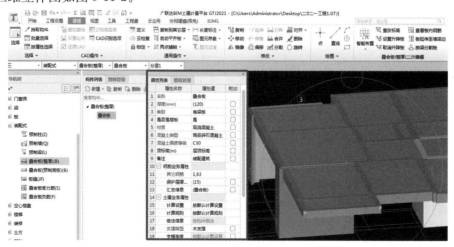

图 9-11-2　智能布置的装配式建筑预制叠合楼板三维立体动态图

## 9.12　智能布置装配式建筑预制板缝

可以在全部各层装配式建筑的预制楼板铺装完成后，最后操作。

装配式建筑预制板铺装完成后→在"常用构件类型"栏：展开【装配式】→【板缝】（F）→在【构件列表】页面。

方法1：【新建】▼→【新建板缝】，如图9-12-1。在弹出的"选择参数化图形"页面：可以根据预制板【边沿构造】形式，按照图纸设计要求选择一种板缝接头样式→在右边显示的板缝接头大样图中，凡绿色钢筋配筋信息、尺寸数字，单击，可按照设计要求修改，图中 $d$ 表示板底连接钢筋的直径（mm）→确定。在【构件列表】页面，产生一个预制板【接缝】：JF 构件。在此构件的【属性列表】页面的【参数化类型】栏：显示已经选择的板缝节点编号，单击此栏显示⋯→⋯，可以重返"选择参数化图形"页面选择、修改板缝接头。【属性列表】页面的各行属性、参数设置，修改完毕，可以使用主屏幕上部的【直线】功能在平面图中按照板缝的位置绘制板缝。

图 9-12-1　装配式建筑预制板的五种板缝接头形式

方法2（优选）：在主屏幕右上角→【自动生成板缝】，在弹出的"自动生成板缝"页面，如图9-12-2。

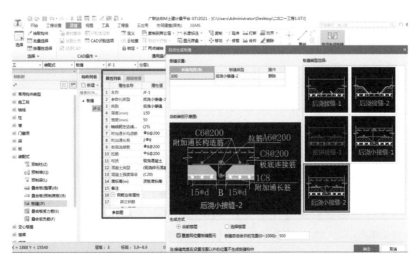

图 9-12-2　使用【自动生成板缝】功能绘制板缝

在上述页面选择板缝接头形式、修改板缝接头附加钢筋；在此页面下部的【生成方式】栏：可以选择【当前楼层】，也可以在全部楼层预制楼板铺装完成后→【选择楼层】，在弹出的楼层选择页面：选择多个楼层同时生成板缝。还有【覆盖同位置板缝图元】功能；如果在【板缝自动合并范围】栏：输入合并的尺寸范围，还有板缝自动合并功能→确定，（合并运行）提示：板缝生成成功→确定。

装配式建筑的预制楼板布置成功，板缝布置完成，下一步按照本书9.3～9.9节的方法布置板受力筋、布置板负筋。

## 9.13  绘制装配式建筑的预制楼板和后浇叠合层

如果是装配式建筑，需要在布置楼板之前，先在【构件列表】页面：新建一个【现浇板】构件→在【属性列表】页面的【混凝土类型】行：单击显示▼→选择【预制碎石混凝土】→展开【钢筋业务属性】→单击【马登筋参数图】行：显示□□□→□□□，在弹出的"马登筋设置"页面：选择马登筋图形→按照预制楼板加后浇叠合板的总厚度修改马登筋尺寸，按照国家建筑标准设计图集《装配式混凝土结构连接节点构造》（GB 10-1）第21页的要求：马登筋腹杆直径不小于4mm，上弦杆直径不小于8mm，下弦杆直径不小于6mm和图纸设计要求输入马登筋布置方式，格式为：钢筋级别 A/B/C＋直径 mm＋间距×间距（如：C4－600×600）→确定。【属性列表】页面各行参数设置完毕后→【智能布置】→【外墙、梁外边线，内墙梁轴线】→框选平面图上已产生的墙、梁构件图元→右键确认，装配式建筑的预制楼板已绘制成功（在【定义】页面的【构件做法】界面【添加清单】→【添加定额】：可参照其他章节的方法操作，在此略）。下一步绘制后浇叠合层。

在"常用构件类型"栏下部：展开【装修】→【楼地面】，此时如果主屏幕平面图上已绘制的楼板图元消失→单击键盘上的【B】：隐藏、恢复板图元快捷键。

在【构件列表】页面：【新建】▼→【新建楼地面】，在【构件列表】页面产生一个DM：楼地面构件→【属性列表】：在属性列表页面单击构件名称DM，修改为"装配式建筑后浇叠合层"→左键，【构件列表】页面的构件名称已联动改变为同名。在【属性列表】页面：在【块料厚度】（mm）行输入后浇叠合层厚度80→单击【顶标高】行：显示▼→选择【底板顶标高】＋80mm，在属性列表页面的各行参数设置完毕后→【定义】，在定义页面的【构件做法】界面→【添加清单】→【查询清单库】→展开【混凝土及钢筋混凝土】→【现浇混凝土板】→在右邻主栏找到【平板】清单并双击，此清单已经显示在上部主栏内→双击此清单的【工程量表达式】栏，显示▼→【更多】，在弹出的"工程量表达式"页面→双击【地面积】→确定。

【添加定额】→【查询定额库】→展开【混凝土及钢筋混凝土】→展开【混凝土】→展开【现浇混凝土】→【板】→在右邻主栏找到5-32现浇混凝土平板并双击，所选定额子目已显示在上部主栏内→双击此定额子目的【工程量表达式】栏显示▼→【更多】，在弹出的"工程量表达式"页面→双击【地面积】，所选的工程量代码【地面积】显示在此页面上部，在【地面积】后输入"×0.08"→确定，在5-32定额子目的【工程量表达式】栏显示：DMJ×0.08。

还需要选择混凝土后浇叠合层的模板定额子目方法同上，记住在此定额子目的工程量表达式栏应选择【地面周长】：DMZC×0.08。在此清单、定额、工程量代码选择完毕后→关闭【定义】页面。

在主屏幕上部→【智能布置】→【现浇板】→框选主屏幕上的全部板平面图、变蓝色→右键确认，现浇板图元由蓝色变为粉红色。在主屏幕上部→【工程量】→【汇总计算】后→【查看工程量】，在弹出的"查看构件图元工程量"页面的【构件工程量】界面：显示"装配式建筑后浇层"的构件名称、面积、周长等计算出的数据如图9-13-1。

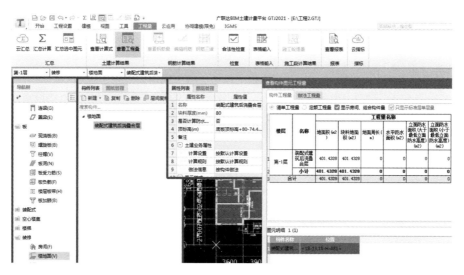

图 9-13-1  装配式建筑后浇叠合层的体积、模板工程量

【做法工程量】：显示所选择的清单、定额子目的工程量，经软件计算出的数量与手工计算出的数量一致，很准确。

## 9.14 智能布置空心楼盖板

在【图纸管理】页面：找到某层结构专业的预制空心楼盖板平面图的图纸名称→双击此图纸文件名称行首部，使此单独一个电子版图纸显示在主屏幕→还需要检查图纸轴网左下角的"×"形定位标志的位置是否正确，如果位置有误，可以使用2.4节：手动定位纠错、设置轴网定位原点描述的方法纠正。

左上角的楼层数可以自动切换到主屏幕图纸应该在的楼层数。

在"常用构件类型"栏：展开【空心楼盖】→【空心楼盖板】(B)。

在【构件列表】页面→【新建】▼→【新建空心楼盖板】→在【构件列表】页面的"空心楼盖板"下：产生一个用拼音字母表示的 KXB-1：空心楼盖板构件。

在此构件的【属性列表】页面：为了便于区别，可以把用拼音字母表示的构件名称修改为中文表示的构件名称：空心楼盖板→左键，连同【构件列表】页面用拼音字母表示的构件名称自动更正为同名称构件。

在此构件的【属性列表】页面：参照平面图上的图纸设计需要→单击显示▼→选择或者修改各行的属性、参数，在【厚度】栏：程序默认是600mm，可以修改→单击【类别】栏：显示▼→▼，可以选择【有梁板】、【无梁板】、【平板】、【空调板】(关于有梁板与无梁板、平板的区别详见本书9.5节)→输入【板顶现浇层厚度】单位mm→选择【是否是楼板】→在【混凝土类型】栏：单击有现浇碎石混凝土、预制砾石混凝土、泵送碎石混凝土、泵送砾石混凝土、水下混凝土、商品碎石混凝土、商品砾石混凝土、商品泵送碎石混凝土、商品泵送砾石混凝土可选择；在【混凝土强度等级】栏：单击显示▼→可以选择混凝土强度等级如：C30【混凝土类别】栏，单击显示▼→▼，有现浇碎石混凝土、现浇砾石混凝土、预制；在【混凝土外加剂】栏：单击可以选择减水剂、早强剂、防冻剂、缓凝剂，不选择为没有添加剂；在【泵送类型】栏：可以选择汽车泵、混凝土泵、非泵送→在【泵送高度】栏：可以参照左下部显示的当前层高、层底标高到层顶标高，手工输入；在【顶标高】栏：可以选择层顶标高或者层底标高→在【备注】栏：可以输入中文文字用于区别→展开【钢筋业务属性】→在【其他钢筋】栏：单击显示□□→□□，在弹出的"编辑其他钢筋"页面，如图9-14-1。

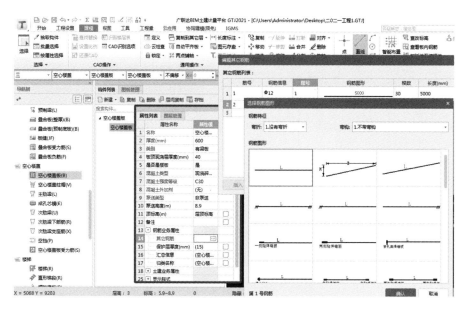

图 9-14-1　选择空心楼盖的钢筋图形、编辑钢筋各部位尺寸

在弹出的"编辑其他钢筋"页面：输入【筋号】→在【钢筋信息】栏：输入配筋值格式如 C12；→在【图号】栏：双击显示⋯⋯→⋯⋯，在弹出的"选择钢筋图形"页面：选择一种钢筋图形→确定，所选择的钢筋图形已经显示在"编辑其他钢筋"页面→输入钢筋的各部位尺寸→需要手工计算输入钢筋的【根数】→程序可以自动计算并显示单根钢筋的总长度→确定。

在【属性列表】页面：展开【土建业务属性】→在【计算设置】栏：单击⋯⋯→⋯⋯；在弹出的"计算设置"页面：分别选择【清单】、【定额】，有【公共设置】项、【空心楼盖板】的计算方法可以选择→逐行单击显示▼→▼，程序提供有多种计算方法供选择，因为对计算结果有影响、需要认真对待。在【计算规则】栏：单击显示⋯⋯→⋯⋯，在弹出的"计算规则"页面：有【清单规则】、【定额规则】两个界面，可以分别进入【清单规则】、【定额规则】界面，逐行单击显示▼→▼，在此可以选择计算方法和扣减关系，如图 9-14-2。

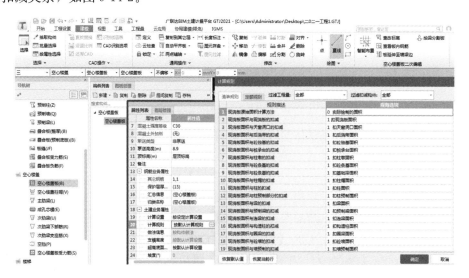

图 9-14-2　选择空心楼盖板的计算方法和扣减关系

在这里需要逐行检查、认真选择、对待，对于计算结果有影响，检查、选择完毕→确定。在属性页面的【计算规则】栏：显示"按设定计算规则"，如果不选择显示为【按默认计算设置】。各行属性、参数选择、设置完毕，如果还有同类型的其他构件，在【构件列表】页面上部→【复制】，产生一个同

名称构件 n→在新产生构件的【属性列表】页面：只需要修改与源构件有区别的属性、参数即可建立一个新构件。

在【构件列表】页面：选择一个构件名称并单击，变蓝，成为当前操作的构件→【定义】，进入【定义】页面→【构件做法】→【添加清单】（以河南地区为例，全国其他地区也需要参照下述方法操作）（在此页面下部）→【查询匹配清单】。如果找不到匹配的清单→【查询清单库】，在左下部展开【混凝土及钢筋混凝土工程】→【预制混凝土板】，在右边主栏找到"空心板"的清单编号并双击，使其显示到上部主栏内→双击此清单的"工程量表达式"栏：显示▼→【更多】，在弹出的"工程量表达式"页面下部。如果找不到对应的工程量代码→【显示中间量】→双击【投影面积】，使其显示在此页面上部→单击【板厚】（在此页面下部）→【追加】→再双击【板厚】，使其与上次选择的工程量代码【投影面积】用"＋"号组合在一起，把他们之间的"＋"号修改为"×"乘号，如图 9-14-3。

图 9-14-3 把选择的数个工程量代码组成计算式

在"工程量表达式"页面上部显示为，TYMJ 投影面积×BH 板厚。在这里可以把所选择清单的数个工程量代码组成计算式→确定。工程量代码组成的计算式已经显示在此清单的"工程量表达式"栏：右边有表达式文字说明→【添加定额】→（在左下角）【查询定额库】→展开【混凝土及钢筋混凝土工程】→展开【混凝土】→展开【预制混凝土】→【板】，在右边主栏内找到定额编号：5-60 预制混凝土架空隔热板并双击，使其显示在上部主栏内→双击此定额子目的"工程量表达式"栏：显示▼→【更多】，在弹出的"工程量表达式"页面：在工程量【代码列表】栏：找到 TYMJ 投影面积并双击，使其显示在此页面上部→单击 BH 板厚→【追加】→双击【BH】，使其与已经显示在此页面上部的 TYMJ 用"＋"号组合在一起，把式中的"＋"号修改为"×"乘号→确定。由两个工程量代码组成的计算式已经显示在 5-60 定额子目的"工程量表达式"栏：右边有工程量表达式的中文文字说明。

返回到左下角→【预制混凝土构件接头灌缝】→在右边主栏、把光标放到定额【名称】内容与【单位】之间的表头分界线上，光标变成水平双分箭头→向右拖动扩展可以看清楚各定额子目全部【名称】的内容，找到定额编号 5-76 预制混凝土构件接头灌缝空心板，并双击使其显示在上部主栏内→在此定额子目行的"工程量表达式"栏：双击显示▼→【更多】，在弹出的"工程量表达式"页面→【显示中间量】，在工程量【代码列表】栏下如果找不到对应的工程量代码，可以按照该定额子目的计量单位：m³，手工计算并把计算结果输入到此页面的上部→确定。

在这里只讲解操作方法，具体选择什么清单、定额，按照图纸设计、当时工况、各地区规定、经批准的施工方案确定。清单、定额子目、工程量代码选择完毕→关闭【定义】页面。

单击主屏幕上部的【智能布置】▼→有【墙梁轴线】和【外墙梁外边线、内墙梁轴线】两种布置方法→选择【外墙梁外边线、内墙梁轴线】→框选主屏幕上的全部平面图、梁图元变蓝→右键，建立的空心楼盖板布置成功，如图9-14-4。

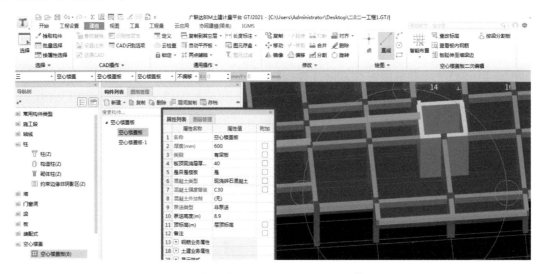

图9-14-4　智能布置的空心楼盖板三维立体动态图

【工程量】→【汇总选中图元】→单击需要计算的构件图元→右键（计算运行）→【查看钢筋量】，在弹出的"查看钢筋量"页面，可以看到智能布置空心楼盖板的各种规格钢筋用量，如图9-14-5。

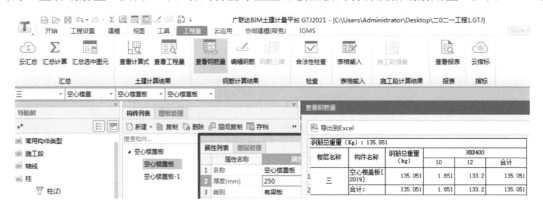

图9-14-5　智能布置的空心楼盖板各种规格钢筋用量

同样方法还可以查看智能布置空心楼盖板已添加的清单、定额子目工程量，如图9-14-6。

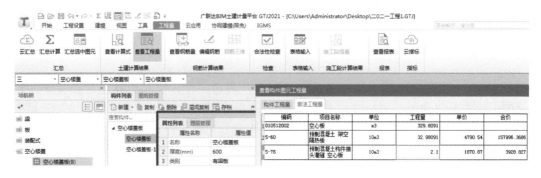

图9-14-6　智能布置空心楼盖的清单、定额子目工程量

# 9.15 智能布置空心楼盖板柱帽

如果是无梁（包括空心楼盖）楼盖板，为保证结构的稳定性，应该在框架柱、楼板的构件图元识别或绘制完成后，在框架柱顶部设计柱帽。在"常用构件类型"栏下部：展开【空心楼盖】→【空心楼盖柱帽】(V)。

在【构件列表】页面→【新建】▼→【新建空心楼盖柱帽】，在弹出的"选择参数化图形"页面，如图 9-15-1。

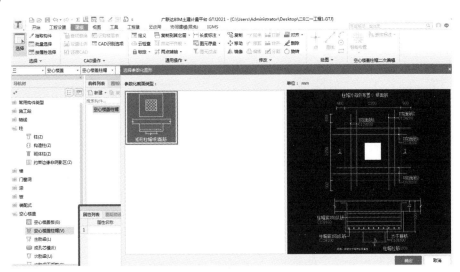

图 9-15-1　建立空心楼盖柱帽

在此页面有柱帽的平面、剖面配筋图，凡绿色尺寸数字、配筋信息、单击，可以按照图纸设计要求修改，并且在这里的尺寸、配筋信息均是公有属性，只要修改这里的属性、参数，平面图上已经布置的构件属性、参数会联动改变→确定。

在【构件列表】页面：产生一个 KZM（用拼音字母表示的框架柱帽构件）→在此构件的【属性列表】页面：为便于区别，可以把拼音字母修改为中文文字表示的：框架柱帽→左键，【构件列表】页面：拼音字母联动改变为中文文字的同名称构件。下一步参照电子版平面图中的构件信息，在此构件【属性列表】页面的【柱帽类型】行：默认显示为"矩形柱帽 U 形配筋"，如果需要修改→单击▦→⋯，可以返回"选择参数化图形"页面，重新选择。

在【是否按板边切割】行：单击可选择是、否，如果选择是，后续绘制出的柱帽遇板边转折缺口、柱帽也有缺口，所以应该选择是。

在【材质】行：默认是现浇混凝土，如果不是预制柱帽、无须选择。

在【混凝土类型】行：单击有现浇碎石混凝土、现浇砾石混凝土、预制碎石混凝土、预制砾石混凝土、泵送碎石混凝土、泵送砾石混凝土、水下混凝土、商品碎石混凝土、商品砾石混凝土、商品碎石泵送混凝土、商品砾石泵送混凝土可以选择，对于后续导入计价软件统计材料都有用，需要认真选择。

在【混凝土强度等级】行：单击可以选择混凝土的强度等级、格式如：C35。

在【混凝土外加剂】行：单击显示▼→▼，有减水剂、早强剂、防冻剂、缓凝剂，没有添加剂选无。

在【泵送类型】行：单击显示▼→▼，有混凝土泵、汽车泵，非泵送选择无。

在【泵送高度】行：单击显示▼→▼，可以参照左下角显示的当前层高、层底～层顶标高值，手工输入，单位 m。

在【顶标高】行：单击有层顶标高、层底标高、空心楼盖板顶标高可选择。

展开【钢筋业务属性】→在【其他钢筋】行：单击显示□□→□□，在弹出的"编辑其他钢筋"页面→输入【筋号】→在【钢筋信息】栏：输入钢筋配筋值格式如：C14→单击【图号】栏：在弹出的"选择钢筋图形"页面，如图 9-15-2。

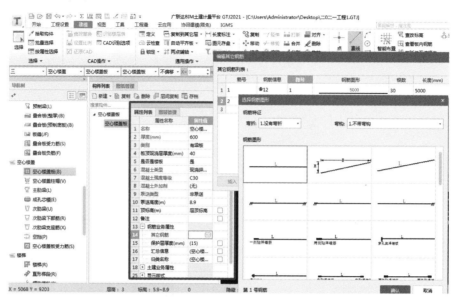

图 9-15-2  选择空心楼盖柱帽的钢筋图形、设置钢筋各部位尺寸

在这里需要按照平面图中图纸设计要求，选择对应的钢筋图形→确定，在【钢筋图形】栏：分别双击钢筋图形各部位尺寸符号→输入各部位尺寸→手工计算输入【根数】，程序可以自动计算并显示单根钢筋的总长度→确定。

在【节点设置】栏：单击显示□□→□□，在弹出的"节点设置"页面：需要逐行单击选择柱帽的节点样式、钢筋锚固形式，如图 9-15-3。

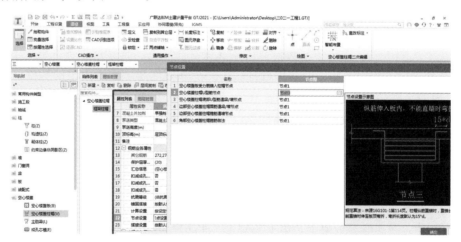

图 9-15-3  选择柱帽的节点形式、钢筋锚固尺寸

展开【土建业务属性】→在【计算设置】栏：单击显示□□→□□，在弹出的"计算设置"页面：可以分别在【清单】、【定额】两个界面，有【公共设置项】和【空心楼盖柱帽】的计算方法选择功能。

在【计算规则】栏：单击显示□□→□□，在弹出的"计算规则"页面：有【清单规则】和【定额规则】两个界面，可以分别进入上述两个界面，逐行检查，选择对应的计算方法、扣减关系。

【属性列表】页面的各行属性、参数设置完毕。在【构件列表】页面：已经产生的构件名称上单击，变为蓝色，成为当前操作的构件→【复制】，产生一个同名称构件 N→在此新产生的构件【属性列表】页面：按照上述方法、参照平面图中的另一个构件信息，只需要修改与源构件有差别的属性、参数即可。

在主屏幕上部→【智能布置】▼→【柱】，此时平面图上非柱的构件图元消失，只显示框架柱构件图元→框选全部柱图元、柱图元变蓝色→右键，提示：智能布置成功，提示可自动消失→【动态观察】，智能布置的柱帽与楼盖板组成的三维动态图形如图 9-15-4。

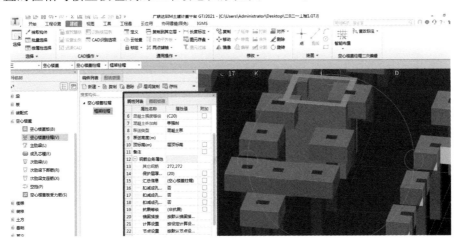

图 9-15-4　智能布置的柱帽与楼盖板组成的三维动态立体图

柱帽依附与柱和楼板，柱帽在楼板边转折、缺口处自动切割，柱帽缺口是因为此处缺少楼盖板所造成，应该为正确。

# 10 阳台、空调隔板

## 10.1 绘制实体阳台（空调隔板）与面式阳台

1. 方法一：建立实体结构阳台（空调隔板）

第一步，先建立、绘制支承阳台或空调板的梁：在"常用构件类型"栏，展开【梁】→【梁】→在【构件列表】下部→【新建】▼→【新建矩形梁】→在此构件的【属性列表】页面：输入梁的各行属性、参数，如果是支承空调板的梁：需要在【结构类型】栏，单击显示▼→选择【非框架梁】，在【起点顶标高】、【终点顶标高】栏：输入空调板梁的应有高度 M（空调板无梁此步无需操作）。用主屏幕上部的【直线】功能绘制支承阳台板或者空调板周边的梁，如果阳台外侧有弧形梁，须先按照 2.2 节的方法建立弧形辅助轴线再绘弧形梁，方法如下：在主屏幕上部→【三点弧】→单击平面图中弧形梁起始位置的起点→单击弧形垂直平分线的顶点（此处应有辅助轴线的交点）→单击与起始点对应的弧形梁终点→右键，梁已绘制成功。

单击红色梁图元，变蓝→右键（下拉菜单）→【重提梁跨】，在主屏幕下部显示的【梁平法表格】的上部以外→右键确认，梁图元变绿，梁跨提取成功。

第二步：在"常用构件类型"栏，展开【板】→【现浇板】，在【构件列表】页面：【新建】▼→【新建现浇板】→在此构件的【属性列表】页面：把现浇板的构件名称修改为用中文表示的构件名"阳台"（或空调板），在构件"类别"行→单击→选择为有梁板，各种属性、参数设置完毕。在主屏幕上部→【定义】，进入【定义】页面→【构件做法】，如图 10-1-1。

图 10-1-1　阳台构件做法添加清单、添加定额

【添加清单】（以河南定额为例，其他地区也需要参照此方法操作）在【查询匹配清单】下部：展开"混凝土及钢筋混凝土工程"→选择"有梁板：序号 010505008"→"现浇混凝土板"→"阳台板"计量单位：立方米的清单，并双击使其显示在上部主栏内，此清单可自带工程量代码"TJ"体积→【添加定额】→【查询定额库】，进入按分部分项选择定额子目的操作，也可直接输入定额子目编号如 5-44：现浇阳台→回车→选择工程量代码体积 TJ，找到模板定额如 5-276 现浇混凝土圆弧形阳台模板并双击使其显示在上部主栏内，在此需要把阳台或空调板所需的全部定额子目全部选上。双击 5-276 的"工程量表达式"栏：显示▼，单击▼→【更多】，进入"工程量表达式"页面：选择工程量代码，勾选【中间量】，可显示更多工程量代码，找到并双击"现浇板底面模板面积"，使其显示在此页面上

部→左键单击"现浇板侧面模板面积"→【追加】→双击已选择的"现浇板侧面模板面积"后选择的工程量代码，已用加号与上次所选工程量代码组成一个简单的计算式→确定，选择的工程量代码计算式已显示在定额子目的"工程量表达式"栏。各行定额子目的工程量代码选择完毕（在此只讲解选择清单、定额的操作方法，究竟需要选择什么清单、定额，需按当地规定、图纸设计、实际工况），关闭【定义】页面。用主屏幕上部的【矩形】功能菜单→在已有的阳台梁图元上画矩形阳台板；如果阳台外侧有弧形阳台板，须在主屏幕上部→【智能布置】▼→"外墙梁外边线，内墙梁轴线"→框选已绘有矩形加弧形的全部梁图元，变为蓝色→右键，提示：智能布置成功。布置弧形阳台面积上的放射筋需要按照9.3节的方法操作。

单击已画的阳台板图元，变蓝→右键（下拉众多菜单）→【汇总选中图元】（计算运行）→右键→【查看工程量】，可显示绘制阳台的清单、定额子目、工程量。绘制空调板的方法与上述方法基本相同，不再重复。

2. 方法二：在已有阳台上做装修

在"常用构件类型"栏：展开【其他】→【阳台】→【定义】，进入【定义】界面，有【属性列表】、【构件列表】、【构件做法】三个页面，在【构件列表】下→【新建】→【新建面式阳台】→在【构件列表】下产生一个阳台 YT 构件→在右边的【属性列表】下，可修改阳台为中文构件名称，在"类别"行：选择封闭或不封闭→选择混凝土标号，有些参数如已在起始建立工程时统一设置可不必输入，选择建筑面积计算：计算全部或计算一半，如果有需要补充计算的钢筋时，展开"钢筋业务属性"或→单击"其他钢筋"行显示⋯→⋯，在显示的"编辑其他钢筋"页面，如图10-1-2。

图 10-1-2 增设阳台面层的钢筋

输入钢筋号，钢筋的级别、直径→回车，双击【图号】栏，单击栏尾部→在显示的"选择钢筋图形"页面：单击上部"弯折"尾部符号→输入钢筋弯折长度。在此有多种钢筋图形供选择→确定，双击钢筋图形的尺寸符号，在显示的小白框中输入尺寸数字，需要人工计算输入钢筋的根数，单击下边空白行→【插入】，增加钢筋图形的行数→确定，选择的钢筋图形号显示在【属性列表】页面的"其他钢筋"行，【属性列表】页面各行参数设置完毕→右边的【构件做法】下部→【添加清单】→【查询清单库】[提示：土建和装饰工程的清单都在最下一行的清单库：工程量清单项目计量规范（例2013河南）的建筑工程专业]。因在此建立的是面式阳台构件，只能选择装饰并且是以面积为计量单位的清单→展开建筑工程楼地面装饰工程→"整体面层找平层"，单击所需清单→（在最下边一行【专业】右边）【清单说明信息】，在右侧可显示所选择清单的：1. 项目待征；2. 主要工作内容；3. 计算规则。对选择清单、定额有参考作用→双击所选择的清单，使其显示在上部主栏内，计量单位 m²，双击"工程量表达式"栏显示▼，单击▼→选择按"实际绘制面积"作为工程量代码。

【添加定额】→【查询定额库】→在最下部的【专业】栏：选择"装饰工程"，找到所需的定额子目，双击使其显示在上部主栏内，在此需要把阳台所需定额子目全部选择齐全，并给每个定额子目选择工程量代码，重要提示：需要按"查看构件图元工程量"页面的【构件工程量】界面显示的工程量类别选择定额子目、工程量代码、各定额子目的工程量代码，选择完毕→关闭【定义】页面→用主屏幕上部的【直线】或【矩形】功能菜单绘制阳台。

弧形部分阳台的绘制方法：在主屏幕上部→【三点弧】→在平面图中单击弧形的首点→单击弧形垂直平分线的顶点（此处应绘有辅助轴线，辅助轴线的绘制方法详见 2.2 节）→单击弧形的终点、也就是与首点水平方向对应的终点→右键，弧形阳台已绘上。

## 10.2　在【构件做法】界面：添加清单、添加定额等更多功能

在【定义】→【构件做法】界面：添加清单、添加定额的更多功能。

【添加清单】：在添加清单的同一行右边→【查询】▼→▼（下拉菜单）有比主栏中部显示的更多功能，见图 10-2-1。

图 10-2-1　添加清单行右边【查询】▼的下级更多功能

【查询措施】：在下部主栏左边显示全部措施各分项目名称→单击右边的某一分项目，在右边显示此分项的全部清单→双击需要选择的清单，使此清单显示在上部主栏内→在此清单的工程量表达式栏→选择工程量代码，方法同前面所描述。

【查询人材机】：在下部主栏右边显示人工、材料、机械台班→单击左边的人工或材料或机械，可在右边联动显示各种人工的预算信息指导价；按在左边选择的材料或机械，在右边联动显示其全部材料或机械的预算信息指导价，供查阅。

【查询图集做法】：在下部主栏左边第二行单击选择需要查阅的图集名称，有各种常用图集供选择，有中南地区通用建筑设计标准 98：此图集有各种门窗；中南地区通用构件图集：有各种 YKB：预应力空蕊板做法供查阅。软件是按地区、省份配备电子版资料，其他省、区有相对应的上述电子版图集、资料。

【查询 GBQ 文件】：在下部主栏目左边第二行→【导入 GBQ 文件】，在弹出的"选择要导入的工程"页面→单击【计算机】，有的是单击【我的电脑】→双击需要导入的工程文件所存放的盘名称，使此盘名称显示在上部首行→单击与当前构件图元或者工程匹配的选项文件名称，使其显示在下部【文件名】行→【打开】，可以导入 GBQ 工程文件。

如果在主栏内添加的是清单→双击已显示在主栏内的清单行的【项目特征】栏，显示▢▢▢→▢▢▢，在弹出的"编辑项目特征"页面：编辑简要的项目特征以示区别→确定。编辑的项目特征已显示在此清单的项目特征栏内，可以使此清单和其所属各定额子目在后续的报表预览或者导入计价软件汇总计算

后，与相同编号的清单、定额子目不合并，用以单独查阅。清单下部所属的各定额子目不能设置项目特征，但可以使用下述办法：如因特殊原因在一个清单下选择添加了两个相同定额子目如 5-13 现浇混凝土异形柱，首个 5-12 定额子目的工程量代码选择的是 TJ 柱体积；第二个 5-13 工程量代码选择的是 CGTJ 柱超高体积，需要单独设置、查阅工程量不能合并→双击此定额子目的【名称】栏显示▣→▣，在弹出的"编辑名称"页面：此定额子目的名称内容已经显示在此页面，在名称内容尾部输入区别标志。注意：不要输入对计量结果有影响的内容→确定，输入的区别标志已显示在此定额子目的【名称】栏，可在后续的汇总计算或者导入计价模块时，一个清单下相同的定额子目不合并。

对于已选择、显示在主栏内的定额子目换算：单击定额子目行首的序号，此定额子目全行变黑，成为当前操作的定额子目→单击主屏幕上部的【换算】▼（有【标准换算】、【取消（已有）换算】、【查看换算信息】三个功能）→【标准换算】，在下部主栏显示当前定额子目的全部换算项目→根据工况需要勾选换算项目，在下部主栏左上角→【执行选项】，在上部主栏内的当前定额子目编码栏、名称栏已显示换算信息，【类别栏】原有【定】字变为【换】字，此定额子目已换算。

在【查询定额库】的最下部底行，选择【专业】的右邻【类别】栏→▼，有【标准】定额、【全部】定额、【补充】定额可供选择。

# 11　绘制楼梯用于计算混凝土定额工程量

计算楼梯钢筋按 13.2 节操作。

在"常用构件类型"栏下部：展开【楼梯】→【楼梯】（R）→在【构件列表】页面→【新建】▼
→【新建参数化楼梯】，如图 11-1-1。

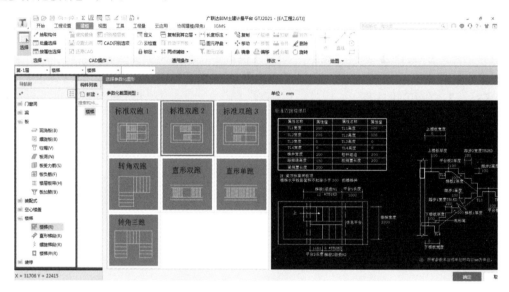

图 11-1-1　新建参数化楼梯

在弹出的"选择参数化图形"页面：有多种形式的楼梯图形供选择，左键单击选择一个楼梯图形，
蓝色线条框住所选择图形，同时在右侧显示此楼梯的平面、剖面图形，凡绿色尺寸、参数、数字均可
左键单击，在显示的小白框中输入、修改尺寸和参数，（提示：楼梯的宽度＝平面图中 $X$ 向轴线尺寸
－两侧 1/2 墙厚），按设计需要修改完毕各项尺寸、参数→确定。

在右边【属性列表】页面：产生 1 个楼梯构件→展开此构件【属性列表】页面的【钢筋业务属性】
→单击【其他钢筋】行显示⋯→⋯，进入【编辑其他钢筋】（提示：楼梯的全部钢筋需要在此手工输
入）页面，如图 11-1-2。

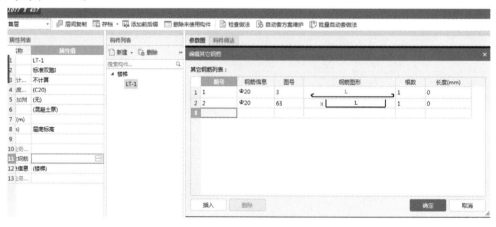

图 11-1-2　编辑楼梯钢筋

需要在大写状态，输入筋号、钢筋级别、直径、在钢筋图形栏双击显示 □□□ → □□□，进入选择楼梯钢筋图形页面，有各种形状的钢筋供选择→确定。双击图形尺寸符号，输入尺寸数字 mm，左键，需要人工计算输入根数→（在此页面下部）【插入】增加行……确定，在此如不编辑其他钢筋，只能计算楼梯混凝土的定额工程量，自动计算楼梯钢筋按 13.2 节的方法操作。

（在【定义】页面右上角）【构件做法】→【添加清单】→【查询匹配清单】，如果找不到楼梯的清单编号，可以在【查询匹配清单】的下邻行（尾部有小镜子图标的前边）输入"楼梯"二字→回车，在右边主栏可显示与楼梯有关的全部清单→找到以平方米为计量单位的楼梯清单并双击，此清单已进入上部主栏内，在"清单工程量表达式"栏已有工程量代码→【添加定额】→（如无匹配定额可选择）【查询定额库】，观察最下行显示的定额库专业、版本年号是否为应选（如河南为 2016 年定额，其他地区也需要参照本方法操作）定额的专业，进入按分部分项选择定额子目的操作→展开"混凝土及钢筋混凝土"→展开"现浇"或"预制"→找到楼梯，双击所选定额子目：如 5-46、5-82；此定额子目已显示在主栏内，还需要选择楼梯模板子目 5-279，在此不需要选择钢筋定额子目，由软件根据计量结果自动套取定额。在最下部底行定额"专业"栏，选择装饰工程定额：继续按装饰工程定额的分部分项选择定额子目，在【楼地面】有楼梯面层定额子目 11-71 楼梯瓷砖；11-91 踏步防滑条（按需要还可换算防滑条材质）→展开【其他装饰工程】→展开扶手栏杆：有 15-80 不锈钢栏杆、不锈钢扶手；或者 15-85 铁栏杆木扶手等定额子目，在此可把楼梯所需的定额子目全部选齐，可跨定额专业分别双击所选择的定额，使其显示在主栏内→分别双击各定额子目的"工程量表达式"栏：单击显示▼→【更多】进入工程量代码选择页面：双击选择工程量代码使其显示在上部，可再选择一个工程量代码→【追加】，选择两个工程量代码进行简单的计算式编辑→确定。（说明：所选择的定额子目无工程量代码无效。在此只讲操作方法，应该选择什么清单、定额，按图纸设计、各地规定、现场工况）全部清单、定额选择完毕，关闭【定义】页面。用主屏幕上部的【点】功能→在平面图中的楼梯间洞口上绘制楼梯，如方向不对，单击已绘制的楼梯图元，变蓝→右键（下拉众多菜单）→【旋转】→单击旋转插入点→移动光标观察图元角度旋转到所需位置→左键，已按所需位置画上。【动态观察】可检查已经绘制楼梯的三维立体图形，如图 11-1-3。

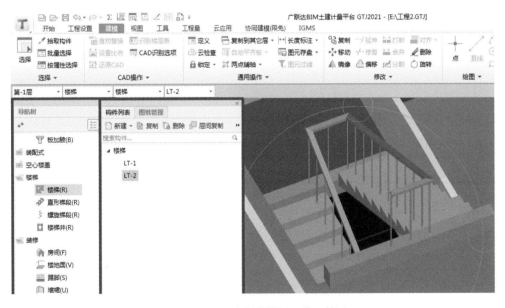

图 11-1-3　已绘制楼梯的三维立体图

有楼梯栏杆扶手→单击楼梯图元变为蓝色→【汇总选中图元】（运行计算）→（在主屏幕上部）【工程量】→单击楼梯图元→【查看工程量】→弹出"查看构件图元工程量"页面：显示楼层数、构件名称、楼梯水平投影面积、混凝土体积（可用于换算楼梯子目的混凝土含量）、模板面积、底部抹灰面积、楼梯段侧面积、踏步立面积、踏步平面面积、踢脚线长度、踢脚线（斜）面积、防滑条长度、踢脚线（斜）长度、靠墙扶手长度、栏杆扶手长度共 13 个数据→【做法工程量】，可显示已选择的清单、定额工程量，见图 11-1-4。还可以【查看钢筋量】，方法同上。

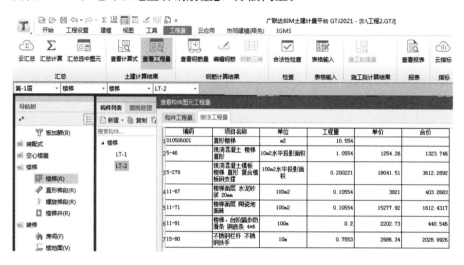

图 11-1-4　楼梯的清单、定额子目工程量

　　构件名称与在其【定义】页面选择套取的清单、定额做法是联动绑定的，在定义构件同时选择清单、定额→绘制构件；与画上构件图元再返回【定义】页面：补充选择清单、定额，效果都一样，本节也可以计算楼梯的钢筋量，但需要手工选择楼梯的钢筋图形，输入钢筋根数。

# 12　识别与绘制基础

## 12.1　识别独立基础表格

识别独立基础表格：需要先把有独立基础表格的基础平面图【手动分割】为一张图纸，并且使此一张电子版平面图显示在主屏幕→在主屏幕左上角把【楼层数】选择到【基础层】。

在"常用构件类型"栏下部，展开【基础】→【独立基础】（D），在主屏幕上部→【识别独基表】：光标呈"＋"字放在独立基础表格的左上角→单击左键，松开左键→向右下对角框选全部独立基础表格→左键，独立基础表格已被黄色线条围合框住→右键，弹出"识别独基表"页面：框选的独立基础表格已经显示在此页面，删除表头下邻行的空白行，删除重复的表头行，需要逐个在表头行与其下部主栏的内容进行核对，如与其下部内容不符→单击其表头尾部的▼，可选择到与其对应的表头名称，可以使用【增加列】功能补充表头内容，使用【删除列】功能删除空白列，在此构件名称不宜修改。

按照页面下部提示：逐个单击表头上部的空格，竖列变黑，从左向右对应竖列关系，对应到倒数第二【类型】列，可按照图纸设计自动显示【对称阶形】或【对称坡形】（如与图纸不附可修改），因为独立基础构件就应该是在基础层，无须在最后【所属楼层】列：对应楼层，如图 12-1-1。

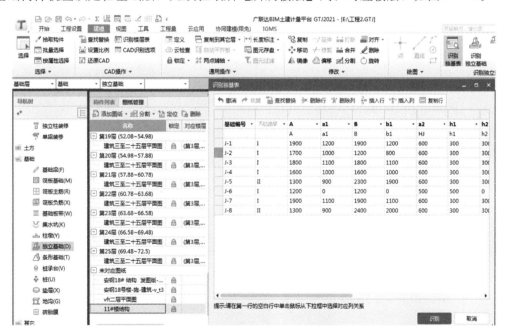

图 12-1-1　识别独立基础表格

单击【识别】，此时如果表格中有个别独立基础的尺寸、参数显示为红色，可在"识别独基表"页面为最小状态→拖动移开"识别独基表"页面，与平面图中独立基础表格的尺寸、参数核对，如有错误可修改，如果显示的红色尺寸、参数正确，但不能识别，记住此数据，双击→删除此红色参数（识别后在其【属性列表】页面补充输入，并且需要与图中独立基础之平面、剖面详图的尺寸、符号相互对照，不要出错）→【识别】，提示：构件识别完成，共有多少个构件被识别→确定。

在【构件列表】页面：检查识别效果→在【属性列表】页面：需要按照《国家建筑标准设计图集》06G101-6混凝土结构施工图平面整体表示方法制图规则和构造详图（独立基础、条形基础、桩承台）规定的独立基础编号，普通坡形独立基础：BJp中BJ表示普通独立基础；小写p表示坡形；阶形独立基础DJj中DJ独立基础，小写j表示台阶形；杯口独立基础BJj中BJ表示杯口独立基础，小写j表示台阶形。

提示：识别独立基础表格后，可先任意绘上一个独立基础构件图元，使用【动态观察】功能查看，如果二级台阶只显示一级构件图形，可在【构件列表】页面：删除其二级构件，使用【新建参数化独立基础单元】的方法建立各自的二级构件。

在【属性列表】页面：补充输入在"识别独立基础表"页面，删除的红色尺寸、参数。其他未尽事宜需要按照12.2节建立独立基础的方法操作。

如果图纸没有独立基础表格，需要按照12.2节建立独立基础的方法，先手工建立独立基础构件，才能在平面图上识别独立基础，生成独立基础构件图元。

# 12.2　建立独立基础构件

在左上角把【楼层数】选择到【基础层】。在"常用构件类型"栏：展开【基础】→【独立基础】，在【构件列表】页面→【新建】▼→【新建独立基础】（或【新建自定义独立基础】）是独立基础的一级（又称上级）构件，此时在【构件列表】页面：产生1个用"独基"二字首个拼音字母表示的"DJ"：独立基础构件名称。

说明：根据《国家建筑标准设计图集》（06G101-6）混凝土结构施工图平面整体表示方法制图规则和构造详图（独立基础、条形基础、桩承台）规定的独立基础编号，普通独立基础的坡形独立基础：BJp中BJ表示普通独立基础；小写P表示坡形。阶形独立基础DJj中DJ表示独立基础，小写j表示台阶形。杯口独立基础BJj中BJ表示杯口形独立基础；小写j表示台阶形。

各层厚度的表示方法：从下向上分层表示如：h1/h2/h3对应300/300/400，单位mm；h3：400为最上层杯口，从外部顶面至基础顶面的高度（又称为厚度）。

（还是在【构件列表】页面）【新建】▼→【新建参数化独立基础单元】（是上述独立基础的下级、又称二级构件）→弹出"选择参数化图形"页面：如图12-2-1。

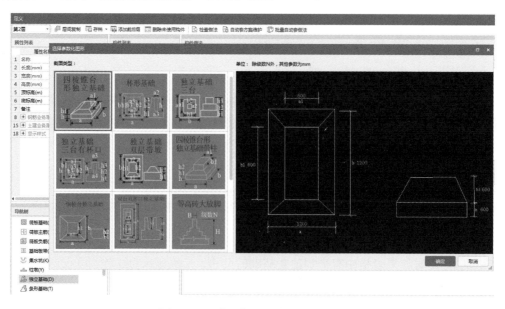

图12-2-1　建立各种形式的独立基础

有坡（P）形、杯（B）形、台阶形、单个、双个、等高、不等高大放脚等多个形式的独立基础图形供选择，在此选中一种图形，右边与之联动显示其平面、剖面大样图，凡绿色尺寸数字均可单击，按图纸设计要求把应有尺寸、参数输入在小白框内，如果是台阶形独立基础，平面图两个方向的矩形尺寸必须输入，中间的尺寸用于定位其上部的 KZ 框架柱，剖面图上部第三节的立面、竖向尺寸如果没有或只有两节，在此可以修改为零，这样设置后，在平面图中识别或绘制的构件只显示两节构件图元，修改、输入完毕→确定。在右边（二级构件的）【属性列表】页面，产生一个新建立的独立基础的下级构件，并且在大样图中修改的独立基础底部长度、底部宽度、高度尺寸数字已显示在【属性列表】页面的各行中，在此不能修改，如果在"选择参数化图形"页面选择的是三节台阶（已修改为两节），在【截面形状】栏，还会显示为"独立基础三台"（但不影响识别或绘图效果），如果需要修改，需要单击【截面形状】行：显示□□□→□□□，可以返回"参数化图形选择"页面，可重新按照上述方法在大样图中修改。在【属性列表】页面分别单击序号 6 栏、序号 7 栏，可显示□□□→□□□，在弹出的"钢筋输入小助手"页面：分别输入独立基础底面两个方向布置的钢筋级别：A、B、C，直径、"—"表示间距→确定。

还可以在二级构件的【属性列表】页面：序号 6、序号 7 行直接输入配筋信息，格式为：钢筋级别：A/B/C、直径、间距如：C12-200，如果有两种级别、直径、间距的钢筋布置，需要用"/"隔开如：C12/C14@150 表示两种级别、直径、间距的钢筋隔一布一，实际间距 150 隔一布一。格式输错会有正确格式提示；还是在【属性列表】→展开【钢筋业务属性】→单击【其他钢筋】行显示□□□→□□□，在弹出的"编辑其他钢筋"页面：输入【筋号】、【钢筋信息】格式：A/B/C、直径→双击【图号】栏显示□□□→□□□，在弹出的"选择钢筋图形"页面，有直筋、箍筋、带钩、不带钩多种钢筋图形供选择，在此设置的是柱根部与独立基础顶面，为提高局部抗压承载力，另外增加的钢筋。

属性页面的"相对底标高"指相对（在【识别楼层表】中可以查到）基础层层底标高的高差值，高于基础层底为正值，低于层底标高为负值，无高差为零值。独立基础的下级构件属性、参数设置完毕。返回【构件列表】页面的（一级），又称作上级独立基础构件名称→在此构件的【属性列表】页面，展开【钢筋业务属性】，根据所在位置、工况选择【扣减】或者【不扣减】筏板钢筋，独立基础的上级、下级构件属性、参数的字体多是蓝色字体，公有属性，只要修改构件的属性、参数含义，其构件图元的属性、参数含义会随之改变。属性页面的各行参数设置完毕。

在【定义】界面→单击【构件列表】下的二级构件名称（二级构件名称首部有（底）字标志，便于区别）→【构件做法】，进入【添加清单】、【添加定额】的操作：单击【添加清单】，在【查询匹配清单】下部（以河南定额为例，全国各地区也需要按照此方法操作）→双击【独立基础】的清单编号，使其显示在上部主栏内，此清单可以在其"工程量表达式"栏自动显示【工程量代码】TJ，后边表达式说明为：独基体积→【添加定额】→【查询定额库】，进入按照分部分项选择定额子目的操作：展开【混凝土及钢筋混凝土工程】→展开【混凝土】→展开【现浇混凝土】→【基础】，此时在右侧主栏内显示的全部是现浇混凝土基础的定额子目，找到并双击 5-5 现浇混凝土独立基础，使其显示在上部主栏内→双击此定额子目的"工程量表达式"栏：显示▼→▼，选择【独基体积】TJ→返回在分部分项选择定额子目栏：下拉滚动条→找到并展开【模板】→展开【现浇混凝土模板】→【基础】，此时在右侧主栏内显示的全部是现浇混凝土基础的模板定额子目→找到并双击 5-189 现浇混凝土独立基础复合模板，木支撑，使其显示在上部主栏内→双击此定额子目的"工程量表达式"栏，显示▼→▼，选择【独基模板面积】→在【查询匹配清单】的上邻行，向右拖动滚动条→单击 5-189 子目的【措施项目】栏的空白"小方格"，在弹出的"查询措施"页面，如图 12-2-2。

图 12-2-2　在弹出的"查询措施"页面：选择措施项目

在弹出的"查询措施"页面→下拉滚动条，找到序号 9"混凝土、钢筋混凝土模板及支架"并单击→确定，在上部主栏已显示的 5-189 定额子目之上邻行多了一行，其【措施项目】栏显示【1】，并且 5-189 子目行的【措施项目】栏的空白"小方格"已勾选。此步很重要，作用是在后续导入计价软件时，此定额子目可以自动导入到计价软件的【措施项目】界面。清单、定额子目、工程量代码选择完毕，关闭【定义】页面。

提示：①只有单击独立基础的二级构件，变蓝，使其成为当前构件，才能查看此构件的工程量。②在使用【做法刷】操作时，也需要展开独立基础的二级构件使其为当前操作的构件，才能够把已经选择的定额子目复制到目标构件上。

方法一：在主屏幕上部有【点】式布置功能菜单→在电子版平面图中按照图纸设计的位置，可连续单击选择需布置的轴线交点，已布置上独立基础构件图元。方法二：在主屏幕上部：【智能布置】▼→有按"轴线"、"基坑土方"（需要在上部已经有柱构件图元时）→"柱"，需要框选平面图上已有的全部独立柱构件图元→右键，已在轴线交点上、按已有柱构件的位置，智能、对号入座布置成功独立基础构件图元。还可以用【查改标注】功能，调整独立基础图元与轴线交点的偏移尺寸：在主屏幕右上角单击【查改标注】功能窗口→在平面图上选择独立基础构件图元中心的红色轴线交点、选上光标由"口"字形变为"回"形并单击，可以显示原有尺寸，在此输入需要偏移的尺寸，单位 mm，正值向上偏移，负值向下偏移，检查无误后→右键确认。此方法同样可适用于柱、柱帽、空芯楼盖柱帽、柱墩、桩承台。另有【批量查改标注】功能→框选全部平面图中已有的构件图元、变蓝色→右键，如图 12-2-3。

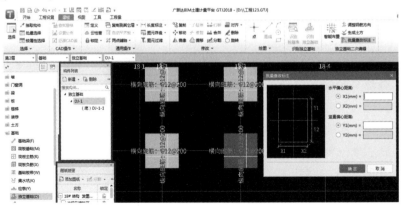

图 12-2-3　调整独立基础偏心

输入水平、竖直偏心距离，单位 mm→确定。图上的独立基础构件图元已经按照设置的尺寸整体偏移。【批量查改标注】功能也可以修改图中的一个构件图元，如果修改错误，在左上角单击【撤消】，已偏移的构件图元可以恢复原状。

在独立基础中选择底部钢筋隔一根向上翻（斜伸）或向上弯折的操作方法按 12.10 节：绘制桩承台的方法操作。

在主屏幕上部→【工程量】→【汇总计算】（计算运行）→【查看钢筋量】→框选平面图上的独立基础构件图元、图元变蓝，弹出"查看钢筋量"页面，如图 12-2-4。同样方法还可以查看独立基础构件图元的清单、定额子目工程量。

图 12-2-4　绘制的独立基础钢筋工程量

## 12.3　识别独立基础、纠错，布置独立基础垫层、土方

在"常用构件类型"栏下部，展开【基础】→【独立基础】（在【构件列表】右边），单击【图纸管理】，在【图纸管理】页面：找到并双击独立基础图纸文件名称行首部，只有此一张基础平面图显示在主屏幕，还需要检查电子版平面图轴网左下角白色"×"形定位标志的位置是否正确。

主屏幕左上角的楼层数可以自动切换到主屏幕图纸应在的楼层数。

在主屏幕上部→【识别独立基础】，其数个下级识别菜单显示在主屏幕左上角，如果被【属性列表】、【构件列表】、【图纸管理】页面覆盖，可拖动移开，如图 12-3-1。

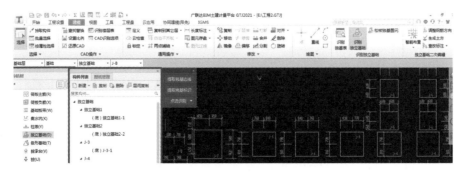

图 12-3-1　识别独立基础功能窗口位置图

按照在主屏幕左上角显示的识别菜单，按下述方法依次识别：单击【提取独基边线】（此时如果平面图上的独立基础构件消失，造成无法识别→在【图层管理】页面：勾选【已提取的CAD图层】，平面图上消失的独立基础构件图层可恢复显示，下同，此情形多出现在首次识别不成功，再次识别的情况（继续进行【提取独基边线】的操作）→单击平面中独立基础构件的外轮框边线（可以放大图形，切记不要选择不应识别的线条、图层），平面图上的全部独立基础底部边线变蓝色→右键，全部变蓝色的图层、线条消失，如果是在上述已勾选了【已提取的CAD图层】状态识别操作，变蓝色的图层不消失，恢复原有的颜色，但是识别有效，下同。

【提取独基标识】→单击平面图上独立基础构件名称、独立基础构件名称与尺寸界线、尺寸数字全部变蓝色→右键，变为蓝色的图层消失。

【点选识别】▼→【自动识别】（识别运行），在平面图上独立基础构件的轮廓线上，已经自动产生独立基础构件图元，并且与原有的独立基础构件位置相同，大小匹配。

弹出"校核独基图元"页面，错项提示如：无标识独立基础尺寸XXmm×XXmm，基础层，无名称标识，返建构件→双击此错项提示，误识别的独立基础构件图元呈蓝色自动放大显示在主屏幕平面图中，可核对，如确属错误识别的独立基础构件图元→【删除】→再次双击"校核独基图元"页面的此错项信息，提示：该问题已不存在，所选的信息将被删除→确定，校核页面的错项消失，纠错成功，按照上述方法继续纠正下一个错项。

在"校核独基图元"页面：错项提示独基边线1（或2或3），基础层，未使用的独基边线→双击此错项信息，此错项线条自动放大呈蓝色显示在平面图中，经检查此蓝色线条并不是独立基础边线、不应该有独立基础构件，是程序把其他线条误识别为独立基础边线，无须纠错。

按照上述方法纠错后，关闭"校核独基图元"页面。

在主屏幕上部→【工程量】→【汇总选中图元】→框选平面图上的独立基础构件图元，已选择的独立基础构件图元变蓝→右键确认，计算运行后，在主屏幕上部→【查看工程量】→单击或者框选平面图上的独立基础构件图元、选择的构件图元变蓝，弹出"查看构件图元工程量"页面→【做法工程量】，可显示已识别或者绘制的独立基础构件图元的清单、定额子目的工程量，如图12-3-2。

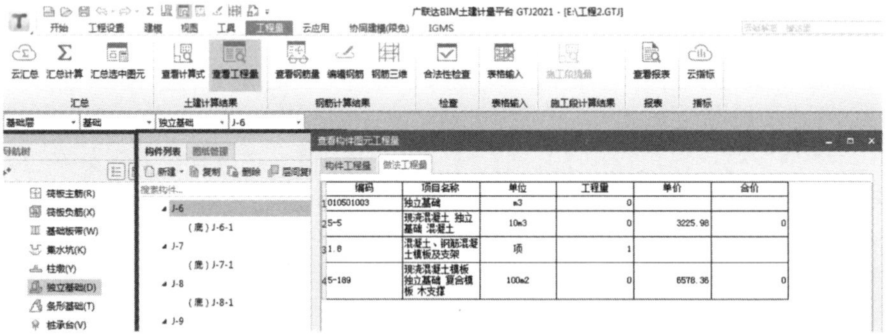

图12-3-2 独立基础的清单、定额子目工程量

上图显示的是已经选择的独立基础构件的工程量，如果选择了一个构件图元，只是一个构件图元的工程量，如果选择了多个相同类型构件图元，其清单下相同定额子目的工程量会自动相加，显示的是相同定额子目相加的工程量。

还可以查看独立基础的钢筋工程量，与查看构件图元的清单、定额子目工程量操作方法相同。独立基础构件图元生成后，下一步布置独立基础的垫层。

还可以使用【动态观察】功能查看已建立的全部各个楼层的三维立体图，用以检查已经识别或者绘制所有构件图元的完整程度、有无缺陷→在主屏幕左上角，单击【第N层】，把"楼层数"选择到已识别或绘制所有构件图元的最上一个楼层→（在主屏幕的最右侧，【动态观察】功能窗口竖列的最下部：【旋转】功能窗口的下一个功能窗口是【显示设置】功能窗口）单击【显示设置】，弹出"显示设置"页面→单击此页面左上角的【图元显示】，在【显示图元】栏→单击第一行的"所有构件"行的小方格，此列下部所有构件已勾选，也可根据需要选择→单击【图元显示】菜单右邻的【楼层显示】→可选择【当前楼层】、【相邻楼层】或者【全部楼层】→【×】关闭此页面→（还是在主屏幕最右侧上部）单击【动态观察】，转动光标、可以根据已经选择的【当前楼层】或【相邻楼层】或【全部楼层】，查看竖向连接之所有构件图元的三维动态立体图形，检查有无缺陷，如图 12-3-3。

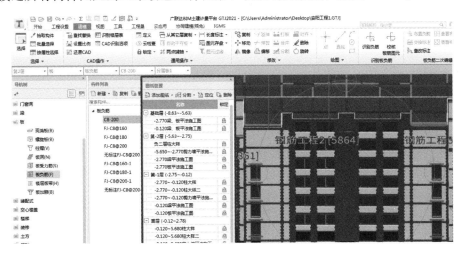

图 12-3-3 使用【动态观察】功能检查已绘制的所有构件三维图形

下一步【智能布置】独立基础下的垫层：在"常用构件类型"栏，展开【基础】→【垫层】（X）→在【构件列表】页面→【新建】▼→【新建面式垫层】，在【构件列表】页面：产生一个 DC：垫层构件→并在其【属性列表】页面，选择默认厚度 100，根据需要可修改厚度，各行参数设置完毕。在【构件列表】页面：选择一个"独立基础垫层"构件为当前构件→【定义】，进入【定义】页面，在右边【构件做法】界面，进入【添加清单】、【添加定额】的操作：在【构件做法】界面→【添加清单】，在【查询匹配清单】下部（以河南地区定额为例，其他地区的操作方法与此相同），如果不知道垫层在什么分部，可在【查询匹配清单】的下邻行，尾部有小镜子图标的前边→输入"垫层"二字→回车。在右边主栏显示的全部是与垫层有关的清单，找到编号 040305001、名称为混凝土垫层并双击，使此清单显示在上部主栏内，可以在其"工程量表示式"栏自动显示 TJ，表示垫层体积→【添加定额】→【查询定额库】，进入按照【分部分项】选择定额子目的操作→展开【混凝土及钢筋混凝土工程】→展开【现浇混凝土】→【基础】，如图 12-3-4。

图 12-3-4 添加独立基础垫层的清单、定额子目

在右侧主栏内显示的全部是现浇混凝土基础的定额子目，找到 5-1 现浇混凝土垫层的定额子目并双击，使其显示在上部主栏内→双击此定额子目的"工程量表示式"栏，显示▼→▼→选择【垫层体积】：TJ；在左下角按照【分部分项】选择定额子目栏：展开【模板】→【现浇混凝土模板】→【基础】，在相邻右侧显示的全部是现浇基础的模板定额子目，找到并双击 5-171 现浇混凝土基础垫层模板，使其显示在上部主栏内→双击此定额子目的"工程量表达式"栏，显示▼→▼→选择【垫层模板面积】（选择垫层模板的【措施项目】操作方法如上述）。在此需要把全部定额子目选择完毕，关闭【定义】页面。

布置独立基础垫层（在右上角）→【智能布置】▼→【独基】→在平面图上单击左键→拉框选择已经布置的独立基础构件图元→左键结束框选，框选上的独立基础构件图元变为蓝色→右键确认，弹出"设置出边距离"对话框，在此需要按照图纸设计输入单边出边距离，如 100→确定，弹出提示：智能布置成功，可自动消失，平面图中所有的独立基础下已经全部布置上了垫层构件图元，如图 12-3-5。

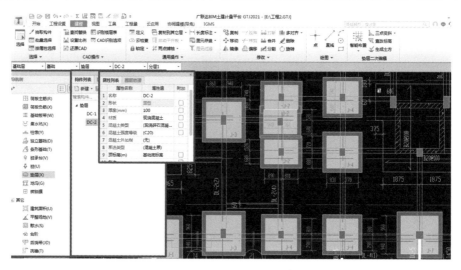

图 12-3-5　智能布置的独立基础垫层

如果个别产生的垫层图元与原有独立基础构件大小不匹配，偏大或者偏小→光标放到大小不匹配的垫层构件图元上，光标呈"回"形，可显示垫层的构件名称，同时还能够看到原有的独立基础构件名称，经检查发现原有独立基础构件上错误布置上了其他垫层构件图元，记住原有的独立基础构件名称，单击此垫层图元，变蓝→右键（下拉众多菜单）→【修改图元名称】，在弹出的"修改图元名称"页面，如图 12-3-6。

图 12-3-6　修改大小不匹配的垫层构件图元

已建立的垫层构件名称全部显示在此页面，选择应有的构件名称→确定。此垫层构件名称已修改、更正，并且与原有独立基础构件大小匹配、出边距正确无误。如果方向有错误，可以使用【旋转】、【移动】等功能纠正。

在主屏幕上部单击一级功能菜单→【工程量】→【汇总选中图元】→可以根据需要连续单击选择，或者一次性框选已经布置的全部独立基础垫层图元，选择上的独立基础垫层图元变为蓝色→右键（计算运行），提示：计算成功→确定→【查看工程量】，在弹出的"查看构件图元工程量"页面→【做法工程量】，如图12-3-7。

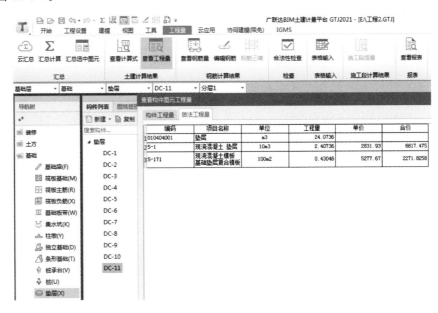

图 12-3-7　独立基础垫层的清单、定额子目工程量

关闭"查看构件图元工程量"页面，返回【建模】界面。在主屏幕右上角→【生成土方】，在显示的"生成土方"页面，如图12-3-8。

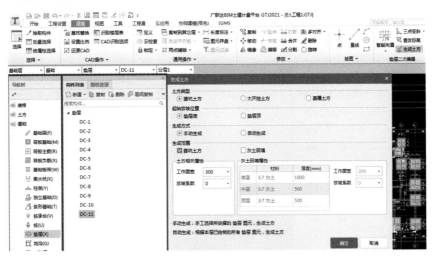

图 12-3-8　生成独立基础垫层土方

在"生成土方"页面：选择土方类型，有"基坑""基槽""大开挖"；选择起始放坡位置，有"垫层底""垫层顶"；选择生成方式有【手动生成】或【自动生成】；在【生成范围】栏：选择【基坑土方】（在此如果独立基础的基坑较密，分不清楚大开挖或者是按各个基坑开挖在经济上比较有利，可以分别做两种开挖方案，作经济技术对比后，再择优选择），可以同时选择灰土回填，需设置灰土回填的【属性】

参数（在后续生成的土方构件上需要选择添加灰土回填定额子目、工程量代码）→【土方属性】选择、输入工作面宽度、放坡系数→确定。如果单击图中一个独立基础垫层，可以在一个垫层上生成垫层土方；如果框选整个平面图，所有独立基础垫层变蓝→右键，各垫层构件图元已布置上土方构件图元。

在"常用构件类型"栏下部：展开【土方】→【基坑土方】→【定义】在弹出的【定义】界面的【构件列表】页面：已经产生有"基坑土方"构件→在【属性列表】页面：需要选择土壤类别。重要提示：在此需要把坑底长度、坑底宽度加上两边工作面的尺寸，修改前显示的是独立基础垫层的尺寸，此处为蓝色字体公有属性，修改后构件图元的属性、参数会联动改变。在右边【构件做法】下部→【添加清单】、【添加定额】，可参照 12.9 节的方法操作。

## 12.4 识别基础梁

独立基础识别后，还需要把作为基础梁上部支座的框架柱、剪力墙识别或绘制完成后，才能识别基础梁。识别柱、识别墙的方法本书前边已有讲解，不再重复。本例是按照在【构件列表】页面：已经建立的各种独立基础构件上识别柱：在"常用构件类型"栏：展开【柱】→【柱】（Z），在主屏幕右上角→【智能布置】▼，有按轴线、门窗洞、独基、桩承台、桩、柱帽、柱墩多种布置功能。如果选择【独立基础】→框选图中已有的全部独立基础构件图元，变蓝→右键确认，提示：智能布置成功→【动态观察】，可以看到独立基础与柱的三维立体图形。

在【图纸管理】页面：找到绘有基础梁的图纸文件名并双击其首部，只有此一张电子版图纸显示在主屏幕，还需要检查轴网左下角的"×"形定位标志是否正确。在"常用构件类型"栏下部：展开【基础】→【基础梁】。左上角的"楼层数"可以自动切换到"基础层"。

如果平面图上基础梁构件名下部标注有梁的集中标注、梁支座位置标注有原位标注，可以直接使用主屏幕上部的【识别梁】功能识别，操作方法同本书第 6 章各节。如果设计者在梁构件名下没有标注集中标注，只是在图纸下部用表格形式把梁的构件名称、属性、参数全部列在一个表格内，需要按照下述方法识别：单击主屏幕上部的【识别梁构件】，弹出"识别梁构件"页面，如图 12-4-1。

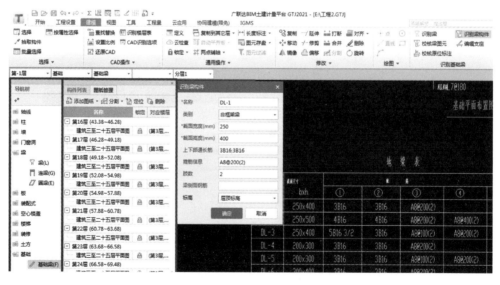

图 12-4-1 在"识别梁构件"页面：读取或输入梁的各项信息

单击图纸下部"基础梁表格"中的梁构件名如：DL-$n$（有读取功能），此构件名称可自动显示在"识别梁构件"页面的构件名称栏→单击【类别】栏：显示▼→可根据实际工况选择【基础联系梁】、【基础主梁】、【基础次梁】、【承台梁】→单击梁表格中的"截面尺寸 $b×h$"如：200×500 可以分别显示在"识别梁构件"页面的【截面宽度】、【截面高度】栏；在【上下部通长筋】栏：可以手工输入

"基础梁表格"中的上部配筋值、下部配筋值→单击"基础梁表格"中的"箍筋信息",此信息可自动显示在"识别梁构件"页面的【箍筋信息】栏,如果设计有两种箍筋:加密和非加密→可以在"识别梁构件"页面的【箍筋信息】:手工输入加密区箍筋/非加密区箍筋,格式如:A8@100/A8@200;还可以输入梁的【侧面钢筋】→单击【标高】栏:尾部显示▼→可以按照设计工况选择【基础底标高加梁高】等→确定。在【构件列表】下部,已显示识别成功的构件名称,如果没有在【构件列表】页面显示:产生此构件,是【识别梁构件】页面的"标高"数值设置错误,可以按照上述方法重新操作后,把左下角显示的层顶标高输入到此页面的【标高】栏→确定。提示:将建立此构件,是否继续?→是,在【构件列表】页面:已经产生此构件。

此时"识别梁构件"页面,各行的信息已经自动更新为空白。可按上述方法继续在"基础梁表格"中选择下1个基础梁的构件名称、属性、参数,读取、识别;全部梁构件识别后,方可使用主屏幕上部的【识别梁】功能在平面图上识别基础梁。

单击主屏幕上部的【识别梁】功能窗口,其数个下级识别菜单显示在主屏幕左上角,如被【构件列表】、【属性列表】、【图纸管理】等页面覆盖可以拖动移开,如图12-4-2。

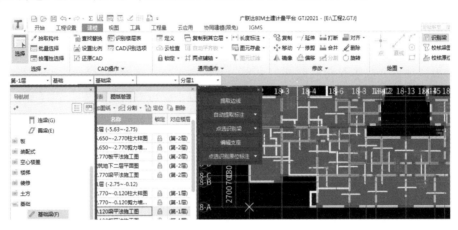

图 12-4-2　识别梁功能窗口位置图

【提取边线】→单击平面图中基础梁的一条边线,平面图中全部梁边线变为蓝色→右键,变为蓝色的全部梁边线消失。

【自动提取标注】▼→【自动提取标注】→单击平面图中一个基础梁构件名称如:DL-n,图上所有基础梁构件名称全部变为蓝色→右键,(识别运行)弹出提示:标注提取完成,可自动消失,变蓝色的图层消失。

【点选识别梁】▼→【自动识别梁】(识别运行),弹出"识别梁选项"页面,如图12-4-3。

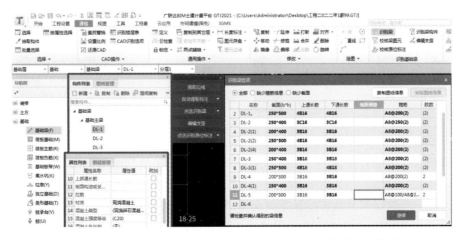

图 12-4-3　在"识别梁选项"页面:检查、复核基础梁的各项信息

在"基础梁表格"中选择、读取的全部构件信息已经显示在此页面，可以检查、复核，如有错误可以修改→【继续】（识别运行），弹出"校核梁图元"页面，可以先关闭此页面，平面图中全部基础梁的双线条，已经变为一条红色充实粗线条，还没有提取梁跨。

下一步，如果有错项信息，可以在【校核梁图元】页面：按照本书第 6 章各节纠错、编辑支座、纠正基础梁的错误信息。

## 12.5　绘制筏板基础

智能布置筏板基础垫层步骤如下。

在【图纸管理】页面：双击已经对应到基础层的"筏板基础平面图"的图纸文件名称行首部→（只此一张）筏板基础平面图已经显示在主屏幕。还需要检查此图纸轴网左下角的"×"形定位标志位置是否正确。

主屏幕左上角的楼层数可以自动切换到基础层。

在"常用构件类型"栏下部：展开【基础】→【筏板基础】（M）→在【构件列表】页面→【新建】▼→【新建筏板基础】，在【构件列表】页面产生一个 FB-1：筏板构件。

拖动主屏幕上的筏板基础电子版图纸，目的是方便按照图纸下部的文字说明，在筏板基础构件的【属性列表】页面：选择或输入各行的属性、参数，可以输入筏板主区域的筏板厚度（局部厚度不同可以按照后续方法修改），选择材质、混凝土类别、选择混凝土强度等级如 C35。在【类别】行单击显示▼→▼，选择【有梁式】或者【无梁式】（提示：在此选择的有梁式与无梁式对于筏板基础的体积计算并无影响，只是在选择定额时分【有梁式】与【无梁式】），在【底标高】行，如选择"底标高"，软件可按照输入的筏板厚度自动显示筏板的顶标高（单位：m）＝基础层的层底标高＋筏板厚度→展开【钢筋业务属性】，如有其他钢筋在【其他钢筋】行：单击显示┉→┉，在弹出的"编辑其他钢筋"页面：编辑增加的其他钢筋。

在【属性列表】页面：单击【马凳筋参数图】行，显示┉→┉进入"马凳筋设置"图形选择页面，如图 12-5-1。

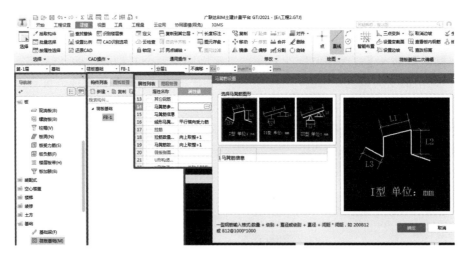

图 12-5-1　设置筏板马凳筋

在"马凳筋设置"页面：选择一个马凳筋图形，下面联动显示马凳筋的节点放大图→单击马凳筋图形中绿色 L1～L3，在此输入 L1、L3 的尺寸；L2 高度尺寸＝筏板厚度－筏板上、下部保护层厚度－上层钢筋直径。输入马凳筋尺寸后，按照此页面下部提示的格式→在"马凳筋信息"行：输入马凳筋配筋值如：B14@1000×1000（1000×1000 是横向×竖向间距，单位 mm）→确定，设置的马凳筋参数已显示在【属性列表】页面。

还需要在筏板基础的【属性列表】页面之"筏板侧面纵筋"行，单击，在弹出的"钢筋输入小助手"页面：设置筏板侧面纵筋、U形封边筋信息、弯折长度等，如图12-5-2。

图12-5-2　设置筏板侧面纵筋、U形封边筋信息

筏板阳角放射筋可直接在主屏幕上部的【工程量】界面：添加到【编辑钢筋】页面或直接在"表格输入"法中输入，按照13.3节的方法操作。

绘制筏板基础常用的各种快捷键如下。在大写状态下，ZS：基础板带，按柱下板带生成跨中板带快捷键；ZX：基础板带，按照轴线生成柱下板带快捷键；YY：点式绘制柱墩快捷键；JDD：直线绘制后浇带快捷键。

筏板马登筋梅花交错或矩形布置方法：【工程设置】→（后边第二个）【计算（有钢筋"十"字形交叉图标的）设置】→【基础】→在【节点设置】界面→【基础】（有多个筏板基础的节点构造供选择）→选择"节点详图"，矩形布置或梅花布置并附有网格，可修改布置间距用S表示。

筏板主筋封边构造，也称筏板底筋与上部筋相互弯折交错搭接的设置方法，还需要在【工程设置】界面：【计算设置】→【节点设置】→【基础】→在弹出的【选择节点构造图】页面：单击选择需要的节点详图→确定。

在【建模】界面：【定义】，在【构件做法】下部：→【添加清单】：可选择"满堂基础"作为筏板基础的清单→【添加定额】参照以上各节的方法。

在筏板基础防水定额子目的"工程量表达式"栏：双击显示▼→【更多】，在弹出的工程量代码选择页面：→【显示中间量】：利用【工程量代码】快速计算筏板的防水面积（一般由下列几个参数组成）＝筏板底部面积＋竖直面面积＋筏板的坡、斜面面积＋外墙外侧筏板（上部）平面面积，上述是筏板防水面积工程量代码尾部的中文文字说明。

提示：1.在【属性列表】页面，选择的底标高＝楼层设置页面楼层信息中基础层的底标高，也可直接输入剖面图中从±0.00计算的竖向、垂直负标高值。2.绘制筏板基础，以河南定额规定为例，筏板基础板边的坡度倾斜边与水平面夹角≥45°在土建计量时，程序才计算模板面积。

步骤一：筏板基础的各行属性、参数设置完毕，返回【建模】界面→（在主屏幕上部）使用【直线】功能在电子版平面图上描绘筏板边线（如果有某一步绘错，可以使用Ctrl＋左键，返回上一步），继续绘制→最后形成封闭，筏板已经绘制完成。

步骤二：筏板板边向内收缩缩小或向外伸出扩大：单击主屏幕上部的【偏移】功能窗口，此时在主屏幕上邻行显示【偏移方式】：程序默认为【整体偏移】（另有【多边偏移】见下述），可根据设计需要如选择【整体偏移】→单击主屏幕上的筏板图元，变蓝色→右键确认，以在原有筏板边线上产生的黄色边界线为标志→向内移动光标是所有各条筏板边向内收缩、缩小；向外移动光标是筏板所有各条边向外外伸、扩大→在"＋"字形光标下的小白框内输入需要偏移的尺寸数值 mm，输入的负值为缩小，正值为向外外伸扩大→回车，筏板图元的所有各边已经按照输入的数值同时缩小或者向外扩大。

如果选择主屏幕上邻行的【多边偏移】→单击需要偏移的筏板图元，变蓝色→右键确认→选择需要偏移的筏板边，选上筏板边变为黄色线条，有动感并单击，

如果有多条筏板边扩大或者缩小的尺寸数值相同，可以连续单击多条筏板边→右键→向内或者向外移动光标，所选择的多条筏板边同时向内或者向外移动→在"＋"字形光标下的小白框内输入要收缩或者扩大的尺寸数值 mm→回车。如果是向内移动光标，无论输入的是正、负数值，所选择的各条筏板边均已经按照同样数值收缩，反之则向外外伸扩大。

步骤三：设置筏板板边的边坡：在主屏幕上部→【设置边坡】，此时在主屏幕上邻行显示【偏移方式】：可根据设计需要选择【所有边】或【多边】，如果选择【所有边】→单击需要设置边坡的筏板图元，或者框选全部筏板图元，所选择的筏板图元变为蓝色→右键，弹出"设置筏板边坡"页面，如图 12-5-3。

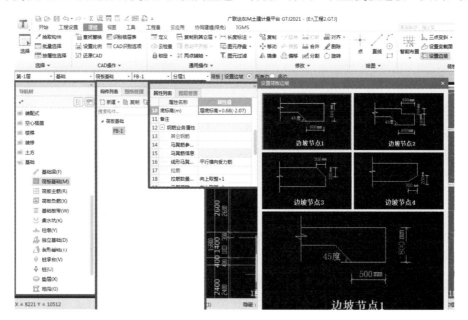

图 12-5-3　设置筏板边坡

在弹出的"设置筏板边坡"页面：选择边坡节点，在下部联动显示所选择边坡节点的放大图，凡绿色字体单击显示在小白框内，把需要修改的数值输入到小白框内，单位 mm→确定。筏板边坡已布置成功。

步骤四：分割已有筏板图元为 $n$ 块板图元，修改局部筏板的厚度等属性参数，左键单击筏板图元、变蓝色→右键（下拉众多菜单）→【分割】，（程序默认按【直线】功能，也可在主屏幕上部选择【矩形】功能菜单）用绘制多线段方法在筏板图元上描绘需要分割的板块形成封闭→右键确认，提示：分割成功。

步骤五：筏板分割后，修改局部筏板标高。单击需要修改标高的板图元，此时只有一块筏板图元变为蓝色→右键（下拉众多菜单）→【查改标高】→移动光标放到需要修改标高的筏板图元上，光标呈"手掌五指"的位置显示小白框并且显示此处的原有标高＝楼层底标高加筏板厚度→在此输入需要修改的目标标高值（应该是负值），单位 m→【回车】→【动态观察】：在分割的筏板图元上，可以看到此处有高差的三维立体图。同样方法还可以修改筏板的局部厚度。

步骤六：设置相邻两块筏板之间有高差处的过度变截面。在主屏幕上部→【设置变截面】→分别单击相邻有高差的两块筏板图元，两块筏板图元同时变为蓝色→右键，弹出"筏板变截面定义"页面，如图 12-5-4。

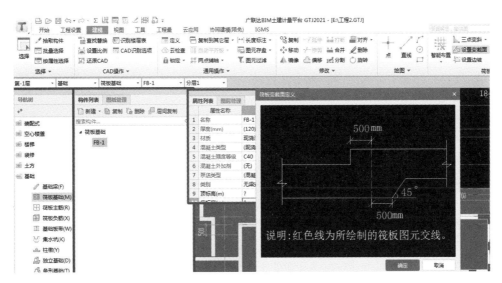

图 12-5-4　在相邻有高差的两块筏板连接处设置变截面

在弹出的"筏板变截面定义"对话框中：凡绿色字体单击显示在小白框内→把需要修改的目标值输入到小白框内→确定，提示：设置变截面成功。

建立筏板集水坑：在"常用构件类型"栏【筏板基础】的下部→【集水坑】→在【构件列表】页面：【新建】▼→方法 1：【新建矩形集水坑】→在【属性列表】页面：输入"集水坑"的构件名，并按照平面图中集水坑详图所示，选择或输入各行的属性、参数、配筋值。方法 2：建立"异形集水坑"，在【构件列表】页面→【新建】▼→【新建异形集水坑】，在弹出的"异形截面编辑器"页面（在此页面左上角）→【设置网格】，在弹出的"定义网格"对话框，如图 12-5-5。

图 12-5-5　在异形截面编辑器页面定义集水坑的平面尺寸

按照平面图中集水坑的平面尺寸输入水平、垂直方向的网格间距，（提示：集水坑的转角、节点位置必须有网格节点），定义水平、垂直网格，格式为：100、55、86、255……可根据需要输入任意尺寸数字，如 $100 \times 3$，$150 \times n$，说明：100、55、86、255……表示集水坑的水平、垂直节点、转角点的网格间距，用逗号分隔，网格间距数字后的 $\times 3$、$\times n$，表示相同间距网格的个数，水平方向从左向右，垂直方向从下向上排列（为了绘制多线段方便，避免定义的网格间距太小太密容易把网格数记错，可以根据需要尽量把网格间距设的大一些）→确定。用【直线】功能按绘制多线段的方法，至网格节点或转角节点单击左键，如果某线段画错→（在此页面上部）【撤消】→右键（下拉众多菜单）→【绘图】→【直线】（有绘制圆形、弧形等多种功能），可继续绘制多线段形成封闭→右键结束→【设置插入点】（用以定位）在设置的插入点产生一个红色"×"形定位标志→确定，"异形编辑器"页面消失。插入点尽量设在平面位置的角点。

在【构件列表】页面：产生一个"集水坑"构件，在【截面形状】行显示为"异形"，并且在"异形截面编辑器"设制的集水坑平面尺寸已经显示在其【属性列表】页面的【截面宽度】（指垂直方向）、【截面长度】（指水平方向）行，截面尺寸数字在此不能修改。参照主屏幕上集水坑的平面、剖面图，（如有覆盖可以拖动移开）按照图纸设计选择或者输入各行的属性参数，有【坑底出边距】【坑底板厚度】；在序号（7）【坑板顶标高】行，选择为"筏板顶标高"或者其他应有的设计值；在【放坡输入方式】行：按照图纸设计可选择为【放坡角度】或输入【放坡底宽】尺寸数字→输入【X向底筋】的配筋值如：C14-180→单击【X向面筋】行可自动显示与【X向底筋】相同的配筋值（可修改）→【Y向底筋】【Y向面筋】方法同→双击【坑壁水平筋】行：可以进入"钢筋输入小助手"页面：设置"集水坑壁"水平筋；还有【X向斜面钢筋】【Y向斜面筋】的配筋信息需要输入；如果有其他需要设置的钢筋→展开【钢筋业务属性】：单击【其他钢筋】行→可以进入"编辑其他钢筋"页面：设置增加的其他钢筋；在【取板带同向钢筋】行：根据集水坑所在位置→选择【是】【否】扣减；在【取筏板/承台同向钢筋】行：选择【是】【否】扣减；在【汇总信息】行显示为：集水坑；其余如【保护层】【抗震等级】等参数在创建工程时已经选择，无需重复设置，可修改→展开【土建业务】行：显示⊡→⊡，可以进入"计算规则"设置页面：有设置、选择扣减关系等更多功能，如无特殊要求程序按照默认计算规则计算。集水坑【属性列表】页面的各行属性参数设置完毕。

在主屏幕上部（程序默认为）【点】式功能在电子版平面图上按照图纸所示位置绘制集水坑。如遇弹出提示1：绘制的集水坑位置非法，不能超出所在（所依附的筏板）图元的范围→返回到"异形截面编辑器"页面：修改集水坑的平面尺寸。如遇弹出提示2：集水坑板顶标高非法，坑板顶标高不能大于父图元顶标高→【关闭】→在主屏幕左下角有基础层的"层高"，也就是筏板的最大厚度，筏板的顶标高范围→在此集水坑构件的【属性列表】页面的"坑板顶标高"行：选择为"筏板顶标高"，再在原位置已能绘上集水坑。

筏板基础绘制完毕，在主屏幕上部→【工程量】→【汇总选中图元】→单击需要计算的构件图元、变蓝色→右键确认，计算运行后→确定→【查看工程量】，弹出"查看构件图元工程量"页面，如图12-5-6。

图12-5-6 筏板基础构件图元的工程量（体积）

还可以查看集水坑的钢筋工程量，方法同上。

最后绘制筏板钢筋→在"常用构件类型"栏下部：展开【筏板基础】→【板受力筋】或【板负筋】绘制方法与楼板钢筋绘制方法基本相同，详见第9章各节。如果需要把筏板集水坑构件的钢筋数量单独列出、计算查阅，操作方法按照 13 章各节。

智能布置筏板基础垫层。在"常用构件类型"栏：【垫层】→【定义】→在【构件列表】页面→【新建】▼→【新建面式垫层】（为在后续的筏板基础下大开挖土方做准备）。在【构件列表】和【属性列表】页面同时产生一个 DC：垫层构件→在【属性列表】页面：把 DC 修改为筏板基础垫层，目的是与以前建立的其他垫层构件区别）→在【构件做法】界面→【添加清单】→【添加定额】参照其他章节有关部分操作。

筏板基础垫层的清单、定额子目、工程量代码选择完毕，关闭【定义】页面。

在主屏幕右上角→【智能布置】▼→【筏板】→框选平面图上的筏板基础图元、变蓝→右键确认，弹出"设置出边距离"对话框，如图 12-5-7。

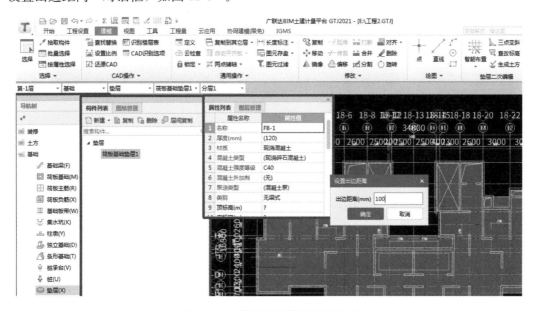

图 12-5-7　智能布置筏板基础垫层

在弹出的"设置出边距离"对话框中：输入垫层相对筏板边的出边距离，多数为 100mm→确定，提示：智能布置成功。筏板基础下的垫层已布置成功。

下一步布置筏板基础垫层下的大开挖土方→（在主屏幕右上角）【生成土方】：按 12.9 节的方法操作。

## 12.6　绘制筏板基础梁或单独基础梁

筏板、筏板集水坑绘制完毕，绘制筏板基础梁，最后绘制筏板钢筋，参照绘制楼板钢筋的方法即可。

在【图纸管理】页面：找到已经对应到基础层，并双击有基础梁的"基础平面图"的图纸文件名首部，只有此一张电子版图纸显示在主屏幕。还需要检查此图轴网左下角的"×"形定位标志的位置是否正确。

提示：主屏幕左上角的楼层数可以自动切换到基础层。

在"常用构件类型"栏下部：展开【基础】→【基础梁】（F）已绘制的筏板图元消失，只有电子版基础平面图→把主屏幕平面图中有关基础梁的内容拖动到易于观察的位置，方便在建立基础梁时对照输入构件的各项属性参数。

在【构件列表】页面：【新建】▼→【新建参数化基础梁】，如图 12-6-1。

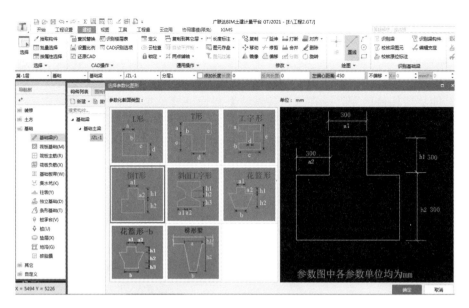

图 12-6-1　建立各种截面形式的基础梁

在显示的"选择参数化图形"（此页面如覆盖基础梁的有关图形、参数，可拖动移开）页面→选择基础梁的截面图形，有上翻梁、下翻梁、工字形梁等八种截面图形供选择，可在右边联动显示所选择基础梁的剖面图→凡绿色尺寸数字单击显示在小白框内→按照图纸设计输入各自的尺寸数字→确定。

在"选择参数化图形"页面设定的截面宽度、高度尺寸已显示在所建构件的【属性列表】页面：在此不能修改。在【构件列表】页面：另有【新建矩形基础梁】，可以在其【属性列表】页面，直接输入其截面尺寸数字；还有【新建异形基础梁】，在弹出的"异形截面编辑器"页面→【设置网格】→描绘基础梁的截面尺寸线，操作方法参照本书 3.3 节。

按照设计图纸，正常情况截面尺寸大的应是基础主梁，左键单击【属性列表】页面的【类别】行：显示▼→▼可选择：基础主梁或次梁（主梁与次梁相交时，主梁扣减次梁工程量）或承台梁。输入基础梁的名称、按属性页面各行要求输入各行的属性、参数（如果设置的截面尺寸有失误→单击【截面形状】行：显示┅→┅，可返回"选择参数化图形"页面重新设置）；还需要在属性页面输入跨数，输入【上部通长筋】、【下部通长筋】的配筋信息、选择或者输入梁的【起点顶标高】【终点顶标高】，如果有基础梁额外增加、或单独设置的箍筋→展开属性页面下部的【钢筋业务属性】→单击【其他箍筋】行，在此行尾部显示┅并单击┅→进入"其他箍筋"设置页面，如图 12-6-2。

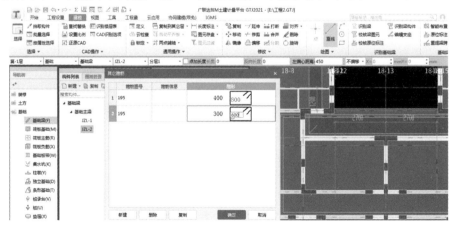

图 12-6-2　编辑需要另外增加的基础梁箍筋

（在此可以设置需要另外增加的基础梁箍筋）【新建】（表示增加）→选择箍筋图号→在【箍筋信息】栏：只需要输入钢筋的强度等级、直径如 C10，如果输入格式：C10-100/200，表示梁的加密区箍筋间距 100，非加密区间距 200→单击图形栏的 $H$ 截面高度，$B$ 截面宽度可输入高度、宽度尺寸，提示：输入的箍筋截面 $H$ 高度、$B$ 宽度尺寸应扣除两侧保护层尺寸（仅指此处的其他箍筋，如柱截面属性编辑的箍筋则不需扣减保护层的尺寸，直接输入柱的外形尺寸即可，程序有扣除保护层功能）→确定。

所建构件【属性列表】页面的属性参数设置完毕，下一步在平面图上绘制基础梁，在主屏幕上部程序默认为用【直线】功能绘基础梁，基础梁绘制完毕，梁构件图元为红色，没有提取梁跨，在主屏幕上部：单击【重提梁跨】▼→【重提梁跨】（另有【设置支座】【删除支座】功能）→框选平面图上需要重提梁跨的红色梁图元、选上的梁图元变蓝→右键，选上的梁图元全部由红色变为绿色，等于"批量提取梁跨"。

重提梁跨后，在主屏幕右上角→单击【原位标注】尾部的▼→（【原位标注】与【平法表格】可在原位置转换）→【平法表格】，在主屏幕下部显示（空白的）"梁平法表格"页面→光标放到已绘制的绿色梁图元上，光标呈"回"形可显示此构件名称并单击，此梁的跨数、起点、终点标高、各跨长度、截面尺寸（$B \times H$）及配筋值等信息已显示在"梁平法表格"内，如图 12-6-3。

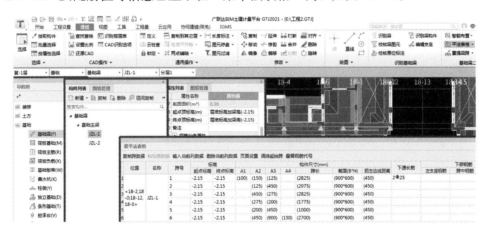

图 12-6-3　在"梁平法表格"中补充输入基础梁的箍筋等信息

在此表格中一行表示梁的一跨→单击表格中一行中的【跨长】，平面图中与之对应的梁跨显示为黄色→拖动表格下部的"滚动条"，找到需要补充输入的如箍筋→单击【箍筋】栏显示⬚→⬚，弹出"钢筋输入小助手"对话框：按照提示的格式→把箍筋配筋值输入到【钢筋信息】行如 C12-150（4），括号内的 4 表示 4 肢箍，如图 12-6-4。

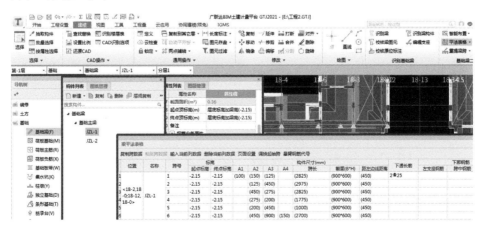

图 12-6-4　使用"钢筋输入小助手"功能设置基础梁增加的箍筋

箍筋信息输入完毕→确定。输入的箍筋信息已显示在梁平法表格对应的【箍筋】栏，软件可以根据梁的截面尺寸、箍筋肢数、标准构造、间距，自动计算出所需要的箍筋数量、每个箍筋长度、总长度、每种规格钢筋的重量、总重量。

在主屏幕上部→【工程量】→【汇总选中图元】→单击平面图上需要计算的构件图元，变蓝→右键确认（计算运行）→确定→【查看钢筋量】，可以查看构件的各种钢筋重量。

梁的各项属性、参数设置完毕→使用主屏上部的【直线】功能绘制并提取梁跨后；使用主屏幕右上角的【应用到同名梁】功能，把梁的截面尺寸、配筋等信息复制到其他梁→【应用到同名梁】→单击平面图上已绘制成功，作为基准（又称源构件）的绿色梁图元→右键确认→左键单击需要复制到的目标梁图元→右键，弹出提示：有几道梁应用成功。作为基准梁的截面尺寸，配筋信息已经复制到目标梁上。

使用主屏幕右上角的【梁跨数据复制】功能：把选中的梁跨数据、原位标注信息，复制到其他（目标）梁图元上，只要梁跨的原位标注相同，不同跨长但原位标注信息相同，均可以使用此功能把梁的相同数据复制到其他梁图元上，此功能适用于基础主、次梁。操作方法：在主屏幕右上角→【梁跨数据复制】→移动光标放到作为基准梁（又称源构件）图元上，光标变为"手掌五指"并单击此梁图元，变为红色→右键确认→光标放到其他（又称目标）梁跨，光标变为"手掌五指"并单击此梁构件图元，梁图元变为黄色→移动光标任意处右键确认，提示：复制成功。

使用主屏幕右上角的【生成架立筋】功能设置梁的架立筋：在弹出的"生成架立筋"页面：在此页面上部→【按梁截面尺寸】，下部主栏显示【梁宽】如：200～250；【梁高】：450～500；【架立筋】如：B12，可以根据需要修改，如有疑问→单击页面下部的【查看说明】，可以显示说明信息。

另有【生成侧面筋】【生成架力筋】【生成侧腋】【生成土方】更多功能。

返回"常用构件类型"下部→在【筏板基础】主菜单界面：如果平面图中不显示筏板与基础梁组合的画面→在大写状态：单击键盘上的【F】是【显示】【隐藏】基础梁功能快捷键→【M】：是【显示】【隐藏】筏板基础构件图元的快捷键→【动态观察】并转动光标，可以看到筏板基础与基础梁组合的三维立体图，如图 12-6-5。

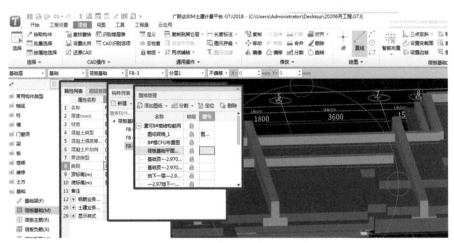

图 12-6-5　绘制的基础梁与筏板三维立体图

## 12.7　绘制条形基础、垫层，生成基槽土方

在【图纸管理】页面：找到已对应到基础层、绘有条形基础的图纸文件名，并双击此图纸文件名称首部，只有此一个电子版图纸显示在主屏幕，还要检查此图纸轴网左下角的"×"形定位标志的位置是否正确。

提示：主屏幕左上角的楼层数可以自动切换到基础层。

在"常用构件类型"栏下部：展开【基础】→【条形基础】（T）→在【构件列表】下部【新建】▼→【新建条形基础】（为新建条形基础的一级也称上级构件）→在右边【属性列表】页面：可把构件名称改为中文条形基础→回车，【构件列表】下的构件名称与之联动改变为中文名称的条形基础。把【属性列表】页面下的【结构类型】选择为"主条基"或"次条基"，按设计要求输入轴线距左边线距离，设置起点、终点底标高，有两种工况：条形基础的底标高＝在楼层设置页面的基础层层底标高，无高差，需要把起点、终点底标高均选择为层底标高；当有高差时正值为向上，负值为向下，只输入高差值。在条形基础的一级构件名称为当前构件，发蓝时，在其【属性列表】页面→展开【钢筋业务属性】：可以选择【全部扣除】【不扣除】【隔一扣一】筏板基础相同标高处的钢筋→单击【计算设置】行：显示□□□→□□□，弹出"计算参数设置"页面，如图12-7-1。

图 12-7-1　在"计算参数设置"页面设置条形基础的钢筋参数

在"计算参数设置"页面→展开条形基础。

序号4：条形基础边缘第一根钢筋距基础边的距离；可以按照设计值选择或输入。

序号5：条形基础受力筋长度计算设定值，程序默认为2500mm，可修改。

序号6：条形基础宽度大于等于2500mm设定值时，受力筋长度为0.9倍基础宽度或0.9×（条形基础宽度－2倍保护层）或基础宽度－2保护层，供选择。

序号7：相同类别条形基础相交时受力筋的布置范围："＋"字形相交纵向分布筋贯通设置。

序号8：非贯通条形基础分布筋伸入贯通条形基础内的长度：程序默认为150mm，可按照设计修改。

序号9：非贯通条形基础受力筋伸入贯通条形基础内的长度 $h_a$：基础宽度/4。

序号10：条形基础与基础梁平行重叠部位是否布置条形基础分布筋：可以根据设计要求选择是或否。

序号11："L"形相交的条形基础分布筋均不贯通：程序默认是，可以按照设计要求修改。

序号12：条形基础受力筋、分布筋的根数计算方式：可以选择向上或者向下取整数加1或者选择四舍五入。

序号13：条形基础无交接底板端部构造，有"按照《混凝土结构施工图平面整体表示方法制图规则和构造详图（独立基础、条形基础、筏形基础、桩基础）》（16G101-3）计算"或者按照常用施工做法计算。

当单击某行在下部软件均有标准答案供参考。

属性页面的宽度、高度在此无需操作设置（需在下边建立二级条形基础构件的【属性列表】页面输入）。条形基础的一级构件属性参数设置完毕。

还是在【构件列表】页面→【新建】▼→【新建参数化条形基础单元】，如图 12-7-2。

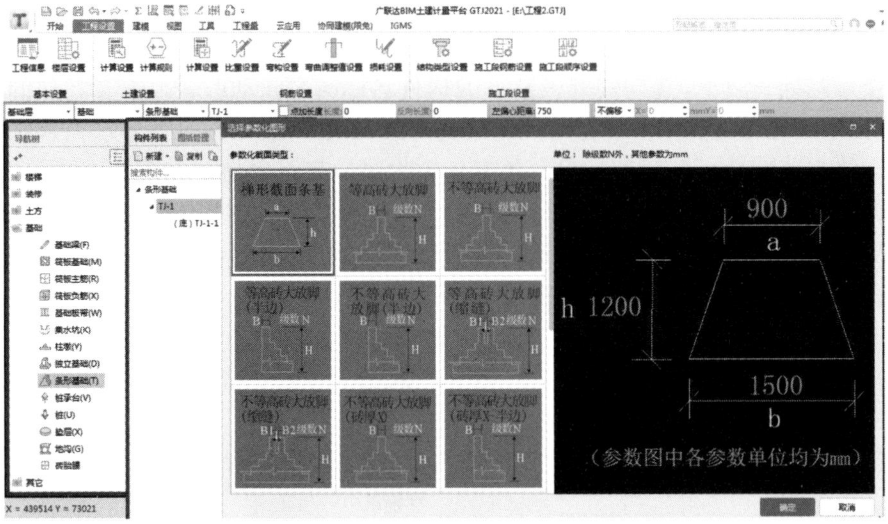

图 12-7-2　建立各种截面形式的条形基础

进入"选择参数化图形"页面（带"单元"二字的为上述新建条形基础的二级也是下级构件）：有梯形、等高、不等高大放脚、半边、伸缩缝双条形基础等多种条形基础截面形状供选择。在"选择参数化图形"页面，选择一种条形基础图形，右边联动显示所选择条形基础的剖面图，凡绿色尺寸数字均可单击，按图纸设计数字输入在小白框内，各绿色尺寸数字设置完毕→确定。在参数化图形页面设置的尺寸数字已显示在右边二级条形基础构件的【属性列表】内，并可自动计算并显示条形基础的截面积，继续输入受力筋、分布筋信息等属性页面的各行参数，如需要增加其他钢筋可展开【钢筋业务属性】，在【其他钢筋】栏输入。条形基础的二级构件属性各行参数设置完毕。

单击【构件列表】此条形基础的（上级）一级构件名称→在此构件的【属性列表】页面（如条形基础布置在筏板基础之间并且在同一标高）下部展开"钢筋业务属性"→选择是否扣减筏板钢筋和扣减方法，条形基础的上、下级构件属性各行参数定义完毕。只有在条形基础的二级又称下级构件为当前构件状态→【定义】，进入【定义】页面→【构件做法】，如图 12-7-3。

图 12-7-3　条形基础构件选择清单、定额

【添加清单】→【查询清单库】→展开【钢筋混凝土】分部→现浇混凝土基础→双击"带形基础"清单使其显示在上部主栏内，在工程量表达式栏，可自动带有"TJ"，表达式说明栏显示"条基体积"→【添加定额】→【查询定额库】→进入按照分部分项选择定额子目的操作：展开【混凝土及钢筋混

凝土】→展开【现浇混凝土】→【基础】（以河南定额为例，其他地区也需要参照本方法操作），双击5-3 现浇带形混凝土基础，使其显示在上部主栏内，双击 5-3 的"工程量表达式"栏→单点行尾部小显示的▼，选择"条基体积"→在混凝土分部下的【模板】→展开【现浇混凝土模板】→【基础】→找到并双击 5-180 现浇钢筋混凝土带形基础模板，使其显示在上部主栏内→双击"工程量表达式"栏，单点行尾部小三角，选择"条基模板面积"。清单、定额子目、工程量代码选择完毕。（在此只讲操作方法，针对实际工程需要选择什么清单、定额，按地区规定、图纸设计、实际工况和经过批准的施工组织设计、施工方案确定）→关闭【定义】页面。

在【构件列表】页面：单击"条形基础"的一级构件名称，变蓝，使其成为当前操作的构件→用主屏幕上部的【直线】功能菜单绘制条形基础。

在平面图上绘制条形基础的构件图元后→【工程量】→【汇总选中图元】→单击已绘制或者识别的条形基础构件图元，此构件图元变蓝，可根据需要连续单击或者框选平面图上已产生的全部条形基础构件图元，所选构件图元变蓝→右键确认，计算运行、计算完毕，提示：计算成功→确定→【查看工程量】，在弹出的"查看构件图元工程量"页面→【做法工程量】显示选择的清单、定额子目、工程量如图 12-7-4。

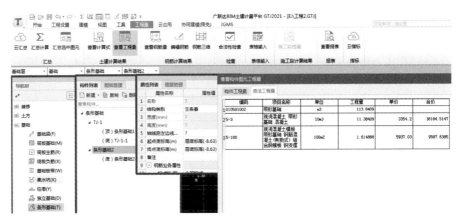

图 12-7-4　条形基础的清单、定额子目工程量

如果在条形基础一级构件属性的起点、终点底标高值选择的是层底标高，动态观察时，三维立体图条形基础底标高与红色轴网在同一平面。同样方法可以查看条形基础各种钢筋的用量，如图 12-7-5。

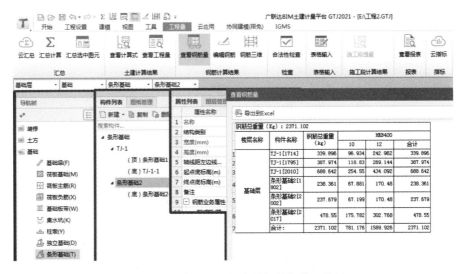

图 12-7-5　条形基础的各种钢筋规格、数量

智能布置条形基础垫层：在"常用构件类型"栏下部，展开【基础】→【垫层】→在【构件列表】页面→【新建】→（新建条形基础垫层应选）【新建线式矩形垫层】，在【构件列表】页面产生一个垫层构件。在主屏幕上部→【智能布置】→【条基中心线】→在主屏幕平面图上框选全部条形基础构件图元、选上的条形基础变为蓝色→右键，在弹出的"设置出边距"对话框中输入出边距100，如图12-7-6。【确定】，提示：智能布置成功。

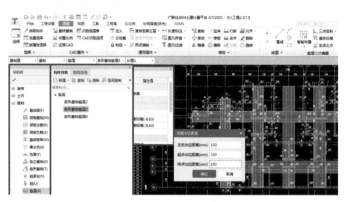

图12-7-6　智能布置条形基础垫层

在【构件列表】下等于复制了一个垫层构件→把左边产生的【属性列表】中把垫层名称改为"条形基础垫层"→回车。【构件列表】下部的垫层构件名称与之联动更正与属性列表构件同名。构件属性厚度默认为100可修改，宽度在此无需操作，起点、终点顶标高程序默认为基础底标高，也可按条形基础实有底标高输入，属性列表各行参数选择、输入完毕。

【定义】。进入定义页面：在【构件做法】下部→【添加清单】在【查询匹配清单】下选择（以河南定额为例）五分部垫层清单号并双击使其显示在上部主栏内，工程量表达式栏自带"TJ"垫层体积→【添加定额】→【查询定额库】→进入按分部分项选择并双击5-1现浇混凝土垫层定额子目，使其显示在上部主栏内→双击5-1的工程量表达式栏：显示▼→▼→选择"垫层体积"→双击5-171现浇混凝土垫层模板使其显示在主栏内→双击5-171的"工程量表达式"栏，显示▼→▼→选择"垫层模板面积"，在此需把所需定额子目全部选齐。关闭【定义】页面。

在【建模】界面，主屏幕上部→【智能布置】→【条基中心线】→选择条形基础图元或者框选全平面图，条形基础图元变蓝→右键，在弹出的设置出边距对话框中：输入单边出边距如100（如起点、终点出边距离为变距离，需要输入起点、终点出边距）→确定，条形基础的垫层已绘制成功→【工程量】→【汇总选中图元】→在主屏幕电子版图上单击已布置上的条形基础垫层构件图元，计算运行，查看垫层构件图元的工程量，如图12-7-7。

图12-7-7　条形基础垫层构件的工程量

还是在此页面上部→【做法工程量】，可以看到垫层已经添加的清单、定额子目之工程量。

生成垫层基槽土方，条形基础垫层图元绘制完毕，在主屏幕右上角→【生成土方】，如图 12-7-8。

图 12-7-8　自动生成条形基础垫层基槽土方

在弹出的"生成土方"页面：有基坑土方、大开挖土方。例如：按河南定额土石方工程分部计算规则和图纸设计工况需要选择基槽土方，选择起始放坡位置；生成方式：手动或自动；选择生成范围：基槽土方、灰土回填，两项可同时选择。如同时选择灰土回填：需要设置灰土回填属性：有灰土比例，分层厚度，左、右边工作面宽度，左、右边放坡系数；还需要定义土方相关属性：左、右边工作面宽度，左、右边放坡系数→确定。注意：【手动生成】，需要选择平面图上的垫层构件图元（可多次单击选择）才能够生成土方；如果选择【自动生成】→确定。可根据本层已有的全部垫层图元自动生成土方，土方图元已生成。

展开"常用构件类型"栏下部的【土方】→【基槽土方】→【定义】，进入【定义】页面。在【构件列表】下部已产生基槽土方构件，在左边基槽土方的【属性列表】页面，可以修改构件名称为：条形基础垫层土方→回车，【构件列表】下对应的构件名称与之联动更正。在条形基础垫层土方的属性页面，选择土壤类别，可自动显示沟槽扣除室内外高差的实际深度，但是在"生成土方"页面已设置的工作面宽度、放坡系数不能联动显示在属性页面，需要重复操作按原数字输入，选择挖土方式：人工或正、反铲挖掘机，还需要展开"土建业务属性"把各行参数定义完毕，如图 12-7-9。

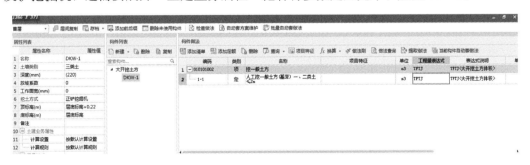

图 12-7-9　设置条形基础的土建业务属性

在右边【构件做法】下部→【添加清单】→在【查询匹配清单】下找到并双击挖沟槽土方清单，使其显示在上部主栏内，在工程量表达式栏可自带工程量代码"基槽土方体积"→【添加定额】→

【查询定额库】→展开"土石方工程"→展开"土方工程"，可与左边【属性列表】下的土壤类别、挖土方式相对照选择定额子目，双击使其显示在上部主栏内，再按所选择定额子目分别在每行双击定额子目的"工程量表达式"栏→单击此栏尾部显示的▼→【更多】→进入"工程量表达式"选择页面，各定额子目工程量代码选择举例：1-125基底钎探，双击工程量表达式栏，单点行尾部显示的小三角→选择"基槽土方底面积"；1-49挖掘机挖槽、坑土方，双击"工程量表达式"栏：单点栏尾部显示的▼→选择"基槽土方体积"；1-133机械回填槽坑土方→双击"工程量表达式"栏：单击此栏尾部显示的▼→选择"素土回填体积"；余土外运：1-62挖掘机装车外运土方，双击"工程量表达式"栏，单点行尾部显示的▼→更多→进入"工程量表达式"页面：选择【显示中间量】，在工程量代码列表下部有更多工程量代码，双击"基槽土方体积"，使其显示在此页面上部工程量表达式下部：再单点"素土回填体积"→【追加】→双击已选择的"素土回填体积"，此代码与上次已选择的工程量代码用加号组合，把两代码之间的加号删除改为减号，在工程量表达式下部组成计算式为：基槽土方体积－素土回填体积＝余土外运体积。在此可选择编辑工程量代码四则计算式→确定，此计算式已显示在1-62定额子目的"工程量表达式"栏（其余方法同）。定义页面构件属性设置、清单、定额、代码选择完毕，关闭【定义】页面。

单击已绘制的条形基础垫层土方构件图元，变蓝→右键→【汇总选中图元】→计算运行→右键（下拉众多菜单）→【查看构件图元工程量】，在显示的"查看构件图元工程量"页面中的【构件工程量】页面，可显示基槽土方体积、基槽挡土板面积、基槽土方侧面积、基槽土方底面积、基槽长度、素土回填体积六种数据，如图12-7-10。

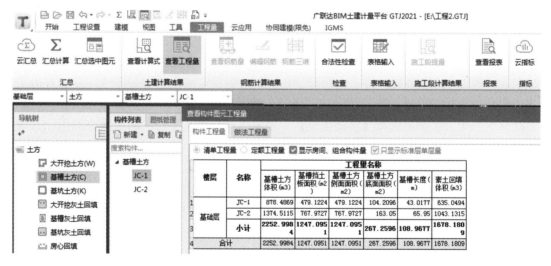

图12-7-10　条形基础垫层基槽土方的【构件工程量】

同样方法可以查看条形基础垫层基槽土方的清单、定额工程量（略）。

地沟或者基槽土方量的手工计算方法，一般采用截面法，也就是按照地沟或者基槽的截面积×长度＝地沟或者基槽的土方量。对于各段不同截面积，只有某一种或两种构造尺寸不同的基槽，可先计算出地沟基槽的加权平均综合深度值，再计算出地沟基槽的土方量，用加权平均值计算地沟基槽的综合深度。

加权平均值综合深度＝$(h_1 \times L_1 + h_2 \times L_2 + h_3 \times L_3 + h_n \times L_n \cdots \cdots) / L$

式中：$h_1$、$h_2$、$h_3$、$h_n$表示按照不同深度分段的地沟基槽深度，单位m。$L_1$、$L_2$、$L_3$……表示$h_1$、$h_2$、$h_3$各段的分段长度，单位m。$L$表示地沟基槽总长度，单位m。

地沟基槽的宽度×加权平均综合深度×总长度＝地沟基槽的土方量（$m^3$）。

加权平均值综合放坡系数计算方法详见本书：手算技巧用于对量的章节。

## 12.8 绘制地沟，创新方法生成地沟基槽土方

在【图纸管理】页面：找到已对应到基础层、绘制有地沟的图纸文件名并双击此文件名称首部，只有此一张电子版图纸显示在主屏幕，还需要检查图纸轴网左下角的"×"形定位标志的位置是否正确。

提示：主屏幕左上角的楼层数可以自动切换到基础层。

在"常用构件类型"栏下部：展开【基础】→【地沟】（G）→在【构件列表】页面→【新建】▼→【新建参数化地沟】（另有【新建异形地沟】→进入设置网格→描绘任意形状的地沟操作，方法可参照 3.3 节）→在弹出的"选择参数化图形"页面，如图 12-8-1。

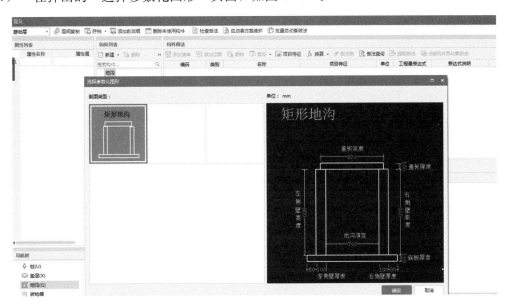

图 12-8-1　在"选择参数化图形"页面，设置地沟截面尺寸

在此只有一种形式的地沟图形可选择，在矩形地沟截面大样图中，凡绿色尺寸数字单击，可在显示的小白框内按设计要求，修改、输入尺寸数字→左键结束。上、下、左、右可根据需要输入不同的尺寸数字，可设置对称、不对称，可设置为矩形、梯形、偏心等各种截面形状的地沟→确定。

在【构件列表】页面：总地沟名称下产生四个分构件，从上向下依次首部有（顶）字标志的是地沟盖板，中部是二个侧壁，下边首部有（底）字标志的是地沟底板。在【构件列表】页面→单击上部的总构件名称，变蓝成为当前操作的构件→在【属性列表】页面：联动显示此总构件的名称、属性参数，在此显示的【宽度】【高度】尺寸数字是在参数图中设定的、不能修改，只能修改轴线偏移尺寸、底标高。

在【构件列表】页面：分别单击总构件名称下的分构件→在【属性列表】页面联动显示分构件的名称、属性、参数，例如第一层地沟构件名称的代号：DG，在【类别】行显示为地沟盖板，材质按照设计可选择为现浇或预制混凝土，选择混凝土强度等级，地沟盖板的宽度、高（厚）度、截面面积数字是在参数图中设定、程序自动计算出的，在此不能修改，盖板"相对地沟中心线的偏心距离"，相对底标高可以按照设计要求修改。单击盖板下部的【其他钢筋】行：显示▭→▭，进入"编辑其他钢筋"页面：按照本书有关章节钢筋编辑的方法操作。

在【构件列表】页面：单击第二层地沟构件名称 DG，在【属性列表】页面，联动显示地沟的名称代号，在【类别】行显示的是左侧单边地沟侧壁，材质可选择现浇、预制混凝土、混凝土强度等级

（如材质选择为砖，下边自动显示为选择砂浆等有关有信息）。下边的截面高度、宽（厚）度、截面面积是按照在参数图中设置，在此自动计算生成不可修改。在下边单击"其他钢筋"再单击行尾部⋯→⋯，进入"其他钢筋编辑"页面→进入编辑地沟侧壁钢筋的操作，同上述。

在【构件列表】页面：单击第三层地沟构件名称 DG 地沟代号，在【属性列表】页面：联动显示的是右边地沟侧壁，按上述二层地沟侧壁的方法操作。

在【构件列表】页面：单击首部有（底）字标志的第四层地沟构件名称 DG 地沟代号。在【属性列表】页面：联动显示地沟底板的构件名称、属性、参数。

在【类别】行：显示为地沟底板，可选择材质、混凝土强度等级，截面尺寸、截面面积是在"参数图"中设定的，在此不能修改，如果设计有钢筋，可以在"其他钢筋"界面操作，方法同上。

【属性列表】与参数图结合可根据设计需要，设置为多种矩形、偏心矩形、梯形截面和不同材质、配筋的地沟。（在此不能设置的截面形式可在【新建异形地沟】界面下操作）地沟盖板、侧壁、底板各级构件属性、配筋信息，设置完毕→【定义】，进入【定义】页面。

在【构件列表】页面→单击上部地沟的总构件名称、发蓝成为当前操作的构件，在右边→【构件做法】→【添加清单】→【查询清单库】：如果找不到地沟的清单，在【查询匹配清单】的下邻行，尾部有小镜子图标的前边，输入"地沟"二字→回车，右边主栏显示的全部是与地沟有关的清单：有砖、石明地沟、电缆沟→双击电缆沟清单，使其显示在上部主栏内，计量单位：m，在【工程量表达式】栏：可以选择【地沟长度】。在【构件列表】页面：选择首部有（顶）字标志的地沟盖板【添加清单】→双击电揽沟清单，使其显示在上部主栏，双击此清单的【工程量表达式】栏：【更多】→【显示中间量】：找到【原始长度】并双击→确定，此工程量代码已显示在应有位置，后边有代码的文字说明→【添加定额】→【查询定额库】→在最下一行【专业】栏选择"建筑工程"→进入按分部分项选择定额子目的操作：（以河南定额为例，其他地区也需要参照本办法操作）展开"混凝土及钢筋混凝土工程"分部→展开"预制混凝土"，地沟盖板须选择预制混凝土板→选择并双击定额编号5-61：预制混凝土沟盖板，使此定额子目显示在上部主栏内，因在【工程量表达式】选择界面无需要的工程量代码，双击【工程量表达式】栏，在此可直接输入计算地沟沟盖板的计算式（如果没记住盖板的尺寸，在其上边有显示）→【参数图】：可以看到已经设定的地沟大样图；还可以在后续绘制地沟构件图元后→【汇总选中图元】（计算后）在【查看构件图元工程量】的【构件工程量】界面：可查到地沟的长度数值，再返回到【定义】界面，在5-61定额子目的"工程量表达式"栏：输入地沟盖板的计算式：宽度：1.1×厚度：0.15×总长度：单位米（下同）→回车，在后边表达式说明栏显示计算结果=地沟盖板的体积，已经过验证：计算结果很准确。

在【构件列表】页面：分别选择两个地沟侧壁→【构件做法】：也要选择清单，如双击清单编号504001直形墙，使其显示在主栏上部→【添加定额】：再选择并双击 5-24 现浇混凝土直形墙，使其显示在上部主栏内→双击工程量表达式栏，因没有对应的工程量代码选择，操作方法同上，可直接输入地沟侧壁体积的计算式：侧壁高度2×厚度0.1×（单边）总长度，在表达式说明栏显示计算结果=地沟壁的单侧体积；地沟底板选择定额子目5－32现浇混凝土平板，计量单位立方米，双击工程量表达式栏，在此可直接输入地沟底板工程量体积的计算式：底板宽度1.3×厚度0.1×总长度 m→回车，在表达式说明栏显示计算结果=地沟底板的体积。还有地沟抹灰等，方法相同，在此只讲操作方法，选择什么定额，需要按图纸设计、经过批准的施工组织设计、施工方案。

地沟各构件属性、参数，清单、定额、工程量代码选择完毕。关闭【定义】页面，用主屏幕上部的【直线】功能绘制地沟→【动态观察】，可以看到已绘制地沟的三维立体图形，如图12-8-2。

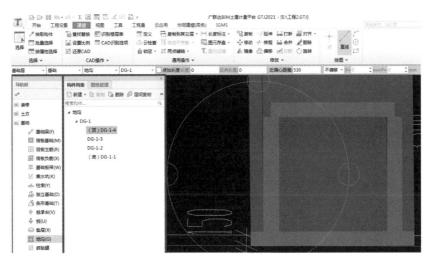

图 12-8-2　已绘制地沟的三维立体图

单击主屏幕上部的【工程量】→【计算选中图元】→单击已绘制的地沟图元，变蓝→计算运行→【查看构件图元工程量】，在"查看构件图元工程量"页面：可以看到所选择的清单、定额子目的工程量。创新方法用虚设地沟垫层的方法，以达到能够自动生成地沟基槽土方。

地沟图元绘制成功后。在"常用构件类型"栏下部→【垫层】，此时平面图中已绘制的地沟构件图元消失→单击键盘上的【G】：地沟构件图元隐藏、显示快捷键，可以恢复显示已绘制的地沟图元。在【构件列表】页面→【新建】▼→【新建线式矩形垫层】，在【构件列表】下部产生一个不带中文地沟字样的垫层构件→在【属性列表】页面：修改构件名称为用中文表示的"地沟垫层"→回车，连同【构件列表】下新建的构件名称与之联动更正为中文"地沟垫层"。把【属性列表】页面的"厚度"修改为 20mm 的最小厚度，以减少对后续土方计量的影响，并记住此值在后续计算地沟土方量时扣减相同的深度数值，其余操作方法同一般垫层。因为此垫层是虚设的，实际上没有，不需【添加清单】、【添加定额】，关闭【定义】页面。在主屏幕右上角→【智能布置】→【地沟中心线】（平面图上可恢复显示已经消失的地沟构件图元）→左键选择地沟图元可多次选择或框选全部平面图，地沟图元变蓝→右键，在弹出的"设置出边距离"对话框：输入出边距 mm，此出边距应是地沟底板相比地沟侧壁的出边距→确定，弹出提示：智能布置成功，提示可自动消失，虚设的地沟垫层图元已布置上。如图 12-8-3。

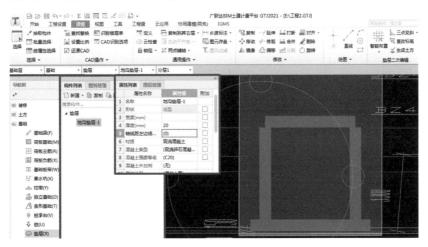

图 12-8-3　智能布置的地沟垫层

在主屏幕右上角→【生成土方】，弹出"生成土方"页面：后续操作方法同条形基础垫层基槽土方，需要记住扣除因虚设地沟垫层增加的沟槽深度、土方量。

## 12.9　大开挖土方设置不同工作面、放坡系数

需要把±0.00以下的全部构件、筏板基础、垫层等各种构件图元全部绘制完毕后进行，程序才能够计算：挖土方体积－埋入各种构件体积＝素土回填体积。

建立大开挖土方：在"常用构件类型"栏下部，展开【土方】→【大开挖土方】（W），在【构件列表】页面→【新建】▼→【新建大开挖土方】，在【构件列表】下产生一个DKW"大开挖"土方构件→在"大开挖土方"构件的【属性列表】页面：修改构件名称为中文构件名→回车，【构件列表】下的构件名称与之联动改变为中文"大开挖土方"构件名。如图12-9-1。

图 12-9-1　建立大开挖土方

在【属性列表】页面：选择土壤类别，并且可以在【深度】行自动显示程序计算出的土方深度＝基础层底标高－室内外高差。选择或输入放坡系数、工作面宽度、选择挖土方式（人工、正铲、反铲挖掘机），输入土方顶标高，一般是层底标高＋默认显示的土方深度、选择底标高（有层底标高、层顶标高、基础底标高、垫层底标高）。如图纸设计有特殊要求→展开【土建业务属性】→单击【计算设置】行：显示⊡→⊡，在弹出的"计算设置"页面：单击【清单】，在下部的"大开挖土方工作面计算方法"行：可选择【不考虑工作面】或者【加工作面】。

在"大开挖土方放坡计算方法"行：单击可以选择"不考虑放坡"或者选择"计算放坡系数"→确定。

在【土建业务属性】下部：单击"计算规则"行，显示⊡→⊡，在弹出的"计算规则设置"页面，如图12-9-2。

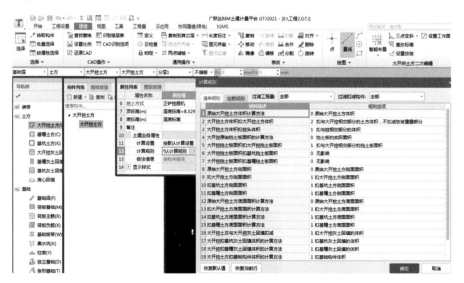

图 12-9-2　选择【清单规则】、定额规则和扣减关系

在这里有许多选项，对于计算结果有较大影响，需要与图纸设计对照、认真对待，如果不做选择、设置，程序会按照行业常规做法的方法计算。

【属性列表】页面：各行属性、参数设置完毕→【定义】，进入定义界面→在【构件做法】下部→【添加清单】→在【查询匹配清单】下部找到对应的清单，双击所选择清单，使其显示在上部主栏内，凡清单一般均可在"工程量表达式"栏显示匹配的工程量代码 TFTJ 大开挖土方体积。

【添加定额】→【查询定额库】→可与属性页面的参数对照，进入按分部分项选择定额子目的操作（以河南定额为例，其他地区也需要参照本办法操作）→展开"土石方工程"→展开"土方工程"→在"机械土方"找到定额编号 1-46 挖掘机挖一、二类土，并双击使其显示在上部主栏内，双击 1-46 的"工程量表达式"栏：单击栏尾部显示的▼→选择"大开挖土方体积"TFTJ；找到定额编号 1-61：装载机装土，并双击使其显示在上部主栏，在其"工程量表达式"栏，单击显示▼→【更多】，进入"工程量表达式"选择页面：在【工程量名称】下部找到【大开挖土方体积】并双击使其显示在此页面上部→【显示中间量】→单击【素土回填体积】，在此页面下部→【追加】→双击已选择的【素土回填体积】，使其与已显示在上部的【TFTJ】大开挖土方体积用加号码连在一起，把它们之间的加号改为减号，如图 12-9-3。

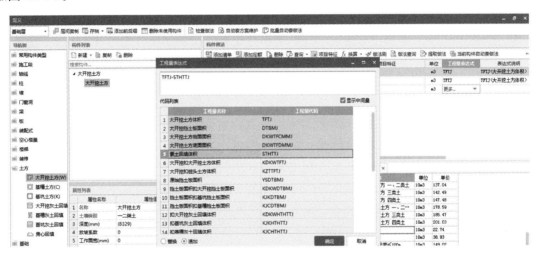

图 12-9-3 在"工程量表达式"页面：选择、组成的工程量代码计算式

单击确定，组成的工程量代码计算式已经显示在上述定额的工程量表达式栏。

找到定额编号 1-65 自卸汽车运土运距小于等于 1km，并双击使其显示在上部主栏内，方法同定额编号 1-61；找到定额编号 1-66 自卸汽车运土运距每加 1km 并双击，使其显示在上部主栏内→双击 1-66 的"工程量表达式"栏：单击栏尾部显示的▼→更多→进入【工程量表达式】页面：勾选【显示中间量】显示更多工程量代码，→双击"大开挖土方体积"TFTJ，使其显示在此页面上部→单击"素土回填体积"STHTTJ→【追加】双击已选择的"素土回填体积"，使其与前面已经显示在【工程量表达式】下部的工程量代码用加号连接在一起→删除加号改为减，组成计算式：大开挖土方体积－素土回填体积＝余土体积→确定，此计算式已显示在 1-66 的工程量表达式栏内；如需计算护坡面积：展开【地基处理及边坡支护】，找到并双击 2-94 喷射混凝土护坡、初喷混凝土厚度 50mm，使其显示在上部主栏内，双击 2-94 的"工程量表达式"栏，单击栏尾部显示的小三角，选择"大开挖土方侧面积"；找到 2-96 喷射混凝土护坡每增减 10mm，选择工程量代码方法与 2-94 同，不同之处在于需要单点 2-96 在其尾部输入×2（说明：增加厚度 10mm×2）→左键，在此定额子目名称栏尾部显示单价×2。定额子目、工程量代码、换算操作设置完毕，关闭【定义】页面。在此只讲操作方法，清单、定额的选择，需按设计工况、当地规定、经批准的施工组织设计、施工方案。

在主屏幕上部→【智能布置】▼→【面式垫层】，如图 12-9-4。

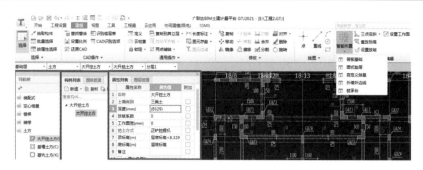

图 12-9-4  按【筏板基础】面式垫层智能布置大开挖土方功能窗口位置图

有"按筏板基础、面式垫层、自定义独基、桩承台、外墙外边线"布置功能：方法一：【外墙外边线】→选择【直线】布置，沿主屏幕电子版图纸，大开挖土方底边线绘制多线段形成封闭，大开挖土方图元绘制成功，下一步可按照下述的方法增加工作面、设置放坡系数。方法二：【智能布置】→（在筏板基础下的）【面式垫层】→单击筏板基础垫层图元→右键，大开挖土方已布置成功。

还有【设置工作面】、【查改标高】以及修改等更多功能。大开挖土方图元绘制完毕，可以根据现场地形，进一步修改、调整基坑土方图元尺寸，主要功能有：在主屏幕右上角【三点变斜】▼（改变基坑顶标高）→【三点变斜】（按照下部提示区的提示）：光标左键单击大开挖土方图元，不要选择到土方图元中其他构件的图层，在土方图元各角点显示当前基坑底标高为负值→依次单击需修改的角点标高值使其显示在小白框内→按现场实测值输入，输入数值为：实际开挖深度＝当前显示的基坑底标高－基坑顶实测的高差值。在显示的小白点内输入目标值→回车，达到修改、调整土方图元各角点深度与实际深度相一致的目的。缩小大开挖土方图元可看到图元全部各角点→按逆时针方向逐个角点单击→右键确认。土方图元中显示的白色线条变为示坡箭头指向基坑深处。

大开挖土方图元绘制完毕，在主屏幕右上角→【查改标高】（根据软件的版本不同，）方法一：在绘制的大开挖土方图元中快速调整底标高→单击大开挖土方图元，显示土方图元内各角点当前底标高，分别单击需要修改底标高的数值，显示在小白框内→把目标值输入到小白框内→回车。检查无误后→右键确认。单击大开挖土方图元→选择基准边（白色基准边边线有动感）与升、降抬起点→在弹出的对话框中输入基准边底标高目标值，正值向上，负值向下→确定，显示坡向箭头。方法二：在主屏幕右上角→【查改标高】：此时平面图上的土方构件图元变为红色（在绘制的大开挖土方图元中快速调整底标高）→移动光标放到土方图元中显示的基坑底标高蓝色数字上，单位 m，光标变为"手掌五指"并单击→在显示的小的框内输入需要修改的目标数值→回车，此处的基坑底标高数值已改变。

【三点变斜】→【抬起点变斜】：设置土方图元抬（升、降）点使其与实际开挖的土方图形相符：在土方图元上→移动光标可显示大开挖基坑的底部边线和土方图元中的集水坑的坑底边线→可以分别单击一条边线，仔细观察找到此边线的转角点、显示有"×"标志并单击，在弹出的"抬起点定义斜大开挖"对话框，如图 12-9-5。

图 12-9-5  用【抬起点变斜】功能改变基坑的底标高

在"抬起点定义斜大开挖"对话框中的【基准边底标高】行：自动显示基坑的原有标高值，单位m。可以在其下邻【抬起高度】行：输入正值为向上，负值为向下→确定，原有基坑构件图元已按照输入的数值改变。

在主屏幕右上角→【设置工作面】：在主屏幕上邻行选择【指定图元】（可一次性修改或设置土方图元全部各边相同宽度的工作面）；选择【指定边】可在同一土方图元各边设置不同宽度的工作面。可用于大开挖土方、大开挖灰土回填。操作方法：【设置工作面】→①选择【指定图元】→左键单击大开挖土方图元→右键，在弹出的"设置工作面"窗口：输入需要设置的工作面宽度→确定，大开挖土方图元全部各边已经设置了相同宽度的工作面；②选择【指定边】，如图 12-9-6。

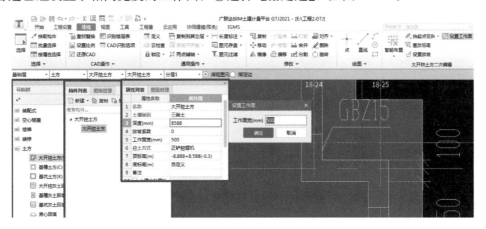

图 12-9-6　大开挖土方设置不同的工作面宽度

单击需要修改或设置工作面土方图元的一条底边线→右键，在弹出的"设置工作面"对话框中输入工作面宽度→确定，工作面宽度已按输入数值改变→单击下一个需设置不同工作面宽度的指定边→右键，在弹出的"设置工作面"对话框中输入工作面宽度。

【设置放坡】：在主屏幕下邻行单击选【指定图元】→光标左键单击需要设置或修改放坡系数的土方图元变蓝→右键，在弹出的"设置放坡系数"窗口：输入需要的放坡系数如 0.33→确定，已设置所有各边相同的放坡系数。

放坡系数＝（放坡宽度也就是坡底至坡顶的水平投影宽度）/基坑深度

设置各边不同的放坡系数：【设置放坡】→选择【指定边】→光标左键选择土方图元基坑底边线（有动感）并单击→右键，在弹出的"设置放坡系数"对话框：输入放坡系数→确定，只有选择的一条边设置了放坡系数。选择基坑底的另一条边，重复上述操作，可在同一个土方图元的不同边设置不同的放坡系数。还可以在土方图元中选择设置如集水坑等局部土方图元的放坡系数→右键（下拉菜单）有更多功能。

如果各层的土质不同，需要根据各层不同厚度的土质设置不同的放坡系数，可以输入或者选择一个加权平均值放坡系数＝ $(h_1 \times K_1 + h_2 \times K_2 + h_3 \times K_3 \cdots\cdots)/H$。

式中：$h_1$、$h_2$、$h_3$ 分别表示从上向下各层不同土质的厚度，单位 m；$K_1$、$K_2$、$K_3$ 分别表示相对应土层的放坡系数，均小于 1，放坡系数＝坡顶放坡宽度/基坑深度。

$H$ 表示基坑的总深度，单位 m。如果筏板基础垫层下一个大的基坑，有不同深度，还可以使用"设置施工段"的方法划分为数个不同深度的基坑，操作方法参见 18 章。

## 12.10　识别桩、绘制桩承台、自动生成基坑土方

识别桩：在【图纸管理】页面，双击"桩基础平面图"的图纸文件名称首部，只有此一张电子版图纸显示在主屏幕，还需要检查此图纸轴网左下角的"×"形定位标志的位置是否正确。

提示：主屏幕左上角的楼层数可以自动切换到"基础层"。

在"常用构件类型"栏下部→展开【基础】→【桩】（U）。在主屏幕上部→【识别桩】，识别桩的数个识别菜单显示在主屏幕左上角，如果被【构件列表】、【图纸管理】等页面覆盖可以拖动移开，如图12-10-1。

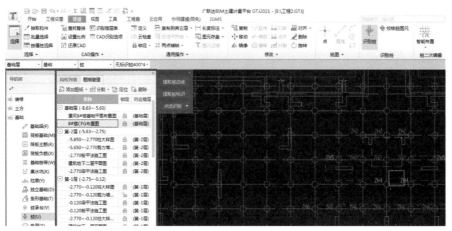

图 12-10-1  识别桩功能窗口位置图

【提取桩边线】→左键单击平面图中某一根桩的圆圈线，全部圆圈线图层变蓝（有没变蓝的可再次选择并单击，使此图层全部变蓝）→右键，变蓝的消失。

【提取桩标识】→任意选择并单击平面图中桩的名称为桩标识，本图如ZHn。（说明：桩标志应该以"桩统计表"中的桩名称为准，有的图纸在"桩统计表"中把桩名称标注为"桩1、桩2、桩3……"，也可以单击平面图中的桩1→桩2、桩3等全部桩名称为桩标志变为蓝色→右键，变为蓝色的图层全部消失、识别有效），还可以单击桩图形圆圈线中的填充图案，全部变为蓝色→右键，变蓝色的图层消失。

单击【点选识别】尾部的▼→【自动识别】（识别运行），弹出"校核桩图元"页面，此时平面图上消失的桩名称、桩圆圈线已恢复显示，并且在桩的圆圈线内已经产生填充图案为实体。可以先关闭"校核桩图元"页面→【动态观察】→转动鼠标，可看到平面图上识别产生的众多桩构件三维立体图形如图12-10-2。

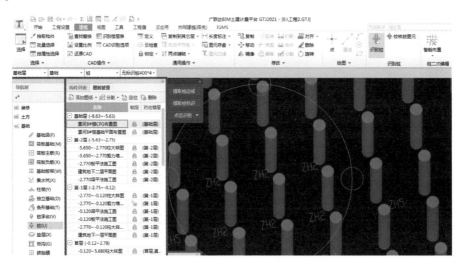

图 12-10-2  平面图上识别产生的桩三维立体图

检查识别效果，在【构件列表】页面，可以看到识别产生各种桩的构件名称→单击主屏幕上部的【校核桩图元】，（校核运行）如有错误图元信息，在弹出的【校核桩图元】页面：分别勾选【尺寸不匹配】、【未使用的边线】、【未使用的标识】、【无名称标识】，其下部主栏可以显示各自的错项信息。当勾选【无名称标识】时，在校核页面主栏内显示错项信息如：无标识桩（截面尺寸）如400×400，基础层，无名称标识，反建构件→双击此错项信息，平面图中此错项构件图元自动放大呈蓝色显示在主屏幕，同时在【构件列表】页面：此错项构件名称发蓝、成为当前纠错的构件→光标放到平面图中蓝色构件图元上，光标由"十"字变为"回"形，并可显示与【校核桩图元】页面、【构件列表】页面和平面图中错项构件图元上，相同的错误构件名称→把【构件列表】页面：识别产生的构件名称与平面图上"桩统计表"中的构件名称对比检查。此时如果平面图中的"桩统计表"信息消失，在【图层管理】页面：勾选"CAD原始图层"，"桩统计表"和消失的图层信息可恢复显示。【构件列表】页面的错误构件名称应该是比"桩统计表"中缺少的桩名称ZH1，因为平面图中只有此构件未标注构件名称→把【构件列表】页面的错误构件名称，在其【属性列表】页面修改为缺少的、正确的构件名称ZH1→回车，【构件列表】页面的此构件名称已联动更正为同名称。在【校核桩图元】页面右下角→【刷新】，【无名称标识】界面下的全部错项信息消失，纠错成功。

如果平面图中桩的蓝色圆圈线内有填充图案，只是光标放到此填充图案上，显示的构件名称与平面图中应该是的构件名称不同→右键（下拉众多菜单）→【修改图元名称】，在弹出的"修改图元名称"页面的右边：选择应该是的构件名称并单击→确定→单击校核页面下部的【刷新】菜单，错项信息消失，纠错成功。

还有一种情况，在"校核桩图元"页面错项提示如：桩边线－n，未使用的桩边线→双击此错项提示，在图中可自动显示此桩的圆圈线内为空白，无实体填充图案→在【构件列表】页面：找到应该是的桩构件名称并单击→使用主屏幕上部的【点】功能菜单画在此桩的圆圈内，如果位置不对，可用【移动】功能纠正，单击校核页面下部的【刷新】菜单，错项信息消失，纠错成功。

勾选【校核桩图元】上部的【未使用的标识】，显示错项信息为：桩名称，基础层，未使用的桩标识→双击此错项信息→在图纸下部的中文文字说明中，自动显示与校核页面相同的构件名称为蓝色，如ZH3，因为此处就不应该有桩构件，是程序把此构件名称错误识别为桩构件，无需纠错→也可以在【图纸管理】页面：单击此图纸名称尾部的"锁"图形，使其在开启状态（作用是可以修改平面图上的信息）→在平面图中双击此呈蓝色的构件名称，使其显示在小白框内→使用主屏幕上部的【删除】功能删除此不应该有的、蓝色构件名称，在校核页面下部→【刷新】，【校核桩图元】页面此错项信息消失，弹出提示：校核通过，提示可自动消失，纠错成功。

还需要在识别产生的各种桩构件【属性列表】页面，逐行检查属性、尺寸、参数、桩长度，一般不会错，如有错误可按照下述操作方法修改。

修改方法一：在【定义】界面→单击【构件列表】页面：选择需要修改的构件名称→（在【构件做法】菜单的左邻）单击【参数图】，识别产生桩的图形、尺寸数字已经显示在此页面，如图12-10-3。个别情况如与图纸设计的桩直径、深度尺寸不同→单击显示在小白框内，修改为正确数字→左键确认。

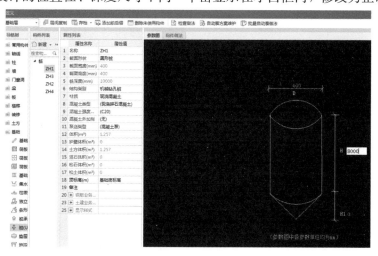

图12-10-3　在构件的【参数图】界面修改桩的直径、深度尺寸数字

修改方法二：不要进入【定义】页面，可以直接单击此构件【属性列表】页面左下角的【参数图】窗口，在弹出的"参数图"页面。优点是可以对照"桩统计表"中的桩直径、深度尺寸修改。

修改后的尺寸数字已经显示在此构件的【属性列表】页面，在此显示的属性参数多是蓝色字体、共有属性，只要修改了属性页面蓝色字体的属性、参数，平面图上此类构件的属性、参数会联动改变。

下一步在【构件列表】页面：选择一个构件→【构件做法】→【添加清单】、【添加定额】：可以参照本书各章讲解的方法操作。

在主屏幕上部→【工程量】→【汇总计算】→【查看工程量】→框选全部桩平面图，在弹出的"查看构件图元工程量"页面：在【构件工程量】界面下部的合计栏，显示的总桩数量与平面图上"桩统计表"中的桩数相同→【做法工程量】，如图 12-10-4。

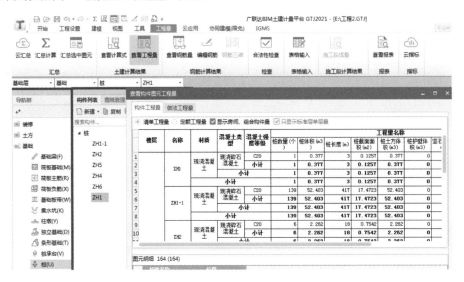

图 12-10-4　识别产生桩构件的工程量

单击此页面上部的【做法工程量】，还可以看到已经添加桩构件图元的清单、定额子目工程量。

绘制桩承台：在"常用构件类型"栏下部，展开【基础】→【桩承台】→【定义】，进入【定义】界面：在【构件列表】页面→【新建桩承台】，在【构件列表】页面：产生一个桩承台 ZCT（桩承台的一级又称上级构件）→【新建桩承台单元】，在弹出的"选择参数化图形"页面，如图 12-10-5。

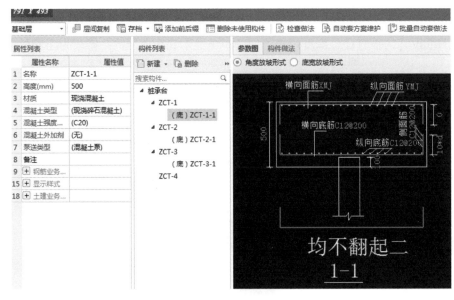

图 12-10-5　绘制桩承台

显示有 17 个桩承台图形，根据设计需要选择一个桩承台图形，右边联动显示所选择承台的平面、剖面大样图，凡绿色尺寸、配筋信息单击可按设计要求的数值输入在小白点内，各尺寸、配筋信息修改、输入完毕→确定，关闭【定义】界面。在主屏幕上部→【智能布置】▼，有【基坑土方】、【轴线】、【柱】、【桩】，选择【柱】，框选平面图上的全部桩图元、桩图元变蓝→右键，提示：智能布置成功。所选择的桩顶已布上了桩承台。

在【建模】界面的右上角：有【设置承台放坡】、【取消承台放坡】、【编辑承台加强筋】、【生成土方】（本书有关章节有详细描述）的功能。遇到高、低承台可以按照筏板变截面的方法处理，见本书 12.5 节的描述。如果承台上设计有集水坑，可以把建立的集水坑构件直接用【点】功能菜单绘制到承台上。

在【构件列表】和【属性列表】分别产生一个新建承台的下级也称二级承台构件→【定义】，在"参数图"页面设置承台的尺寸、配筋信息、自动计算出的承台截面积已显示在新建承台二级构件的【属性列表】页面：（双击"截面形状"栏可返回"选择参数化图形"页面），此二级承台属性页面的长度、宽度、高（厚）度数字不能修改，右边"参数图"中进一步显示的大样图中绿色尺寸、配筋信息仍可修改，如有未设置的钢筋可展开"钢筋业务属性"：有【其他钢筋】、【承台（三边承台的一个边）单边加强筋】，输入格式：根数、级别、直径、间距。展开【土建业务属性】，在"类型"栏：选择"带形""独立"。把【属性列表】页面的各行属性、参数定义完毕→在右边【参数图】页面还可以选择【角度放坡形式】、【底宽放坡形式】→"参数图"右上角【配筋形式】可显示承台的侧面、剖面图，如图 12-10-6。

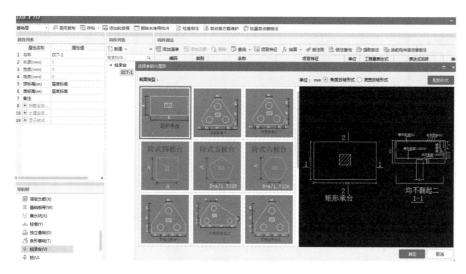

图 12-10-6  建立桩承台

在【构件列表】页面→单击 ZCT：桩承台的二级构件名称、使其发蓝成为当前操作的构件→【构件做法】→【添加清单】→【查询匹配清单】：有"桩承台基础"的清单编号（如找不到匹配清单）→【查询清单库】→进入按照分部分项查找清单（河南地区的桩承台清单在混凝土分部→现浇混凝土基础）→双击"桩承台基础"的清单，使其显示在上部主栏内，在其"工程量表达式"栏可自带"TJ"：桩承台体积。双击已选择的清单的"项目特征"，输入区别标志，可让此清单和下属定额子目汇总后，与其他相同清单及定额的工程量不合并，单独查阅此清单、定额子目的工程量→【添加定额】→【查询定额库】（也可直接输入定额子目编号）→按分部分项选择定额子目，如河南定额，展开【混凝土及钢筋混凝土工程】→【现浇混凝土】→【基础】→双击定额编号 5-5 现浇混凝土独立基础，（桩承台可选择独立基础定额子目）使其显示在上部主栏内，双击"工程量表达式"栏→单击行尾部的▼→选择"承台体积"；在左下边→展开【模板】→【现浇混凝土模板】→【基础】：双击 5-189 现浇混凝土独立基础复合模板，使其显示在上部主栏内，双击"工程量表达式"栏，显示▼，单击▼，选择"承台模板面积"：MBMJ。桩承台防水工程量的提取（如有时）→选择承台防水定额子目→选择承台防水工程量代码：（代码文字说明为）【底面积】＋【侧面面积】。定额子目、工程量代码选择完毕。关闭【定义】页面。在主屏幕上部→【点】功能菜单：有偏移、不偏移、角度、正交、输入 $X/Y$ 向偏移值→可在任意位置用【点】功能绘制桩承台图元。

在主屏幕上部→【智能布置】→【选择桩、柱、基坑】（只能选择一种）→【桩】→框选全平面图，所选择的桩构件图元，变为蓝色→右键，平面图上的桩已布置上桩承台。汇总计算后→【工程量】→【查看工程量】，已可以看到所选择的清单、定额子目工程量，如图 12-10-7。

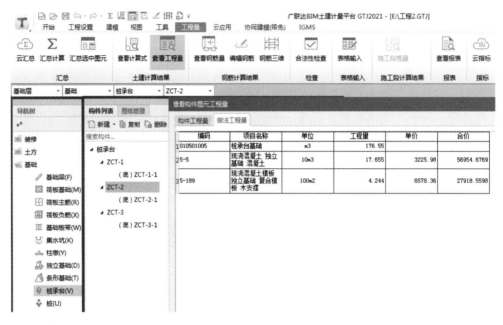

图 12-10-7　桩承台的清单、定额子目工程量

在此只讲解操作方法，需要选择什么清单、定额子目，需要按照图纸设计、当时工程情况，经批准的施工组织设计、经批准的施工方案。

下一步，自动生成承台基坑土方：桩承台图元绘制完毕，在主屏幕右上角→【生成土方】，在弹出的【生成土方】页面，如图 12-10-8。

图 12-10-8　生成桩承台土方

选择土方类型，有基坑、大开挖；选择生成方式，有手动、自动生成；选择生成范围，有基坑土方、灰土回填，两项可同时选择→【基坑土方】→输入【土方相关属性】：输入工作面宽度，选择或输入放坡系数。如选择【灰土回填】→【灰土回填属性】：设置工作面宽度，选择或输入放坡系数→确定。手动生成，手动选择桩承台图元，可多次选择，桩承台图元变蓝→右键确认，已生成基坑土方图元；自动生成，程序按主屏幕当前已有桩承台图元自动生成基坑土方图元。

展开上部【土方】→【基坑土方】→【定义】，在显示的【定义】页面下部【构件列表】页面：已有生成的基坑土方构件→在其【属性列表】页面产生的基坑土方构件下部已显示基坑底长、基坑底宽、基坑深度，在此需要选择土壤类别，在【属性列表】页面：把各行参数定义、设置完毕。

在【构件做法】的下部→【添加清单】，在【查询匹配清单】下部找到所对应的挖基坑土方清单并双击使其显示在上部主栏内，在"工程量表达式"栏可自带工程量代码：TFTJ 基坑土方体积。

【添加定额】→【查询定额库】，进入按分部分项选择定额子目的操作：展开【土石方工程】→展开【土方工程】，与左边构件的属性、参数相对照选择机械土方下属的 1-50 挖掘机挖槽坑土方三类土，并双击使其显示在上部主栏内→双击 1-50 的工程量表达式栏，单击栏尾部的小三角→选择基坑土方体积 TFTJ（需要按经认可的施工组织设计方案选择）→土石方工程下部的"回填及其他"→双击 1-131 夯填土人工槽坑，使其显示在上部主栏内→双击 1-131 的工程量表达式栏，单击显示的小三角→选择"素土回填体积"，清单、定额子目、工程量代码选择完毕→【工程量】→【汇总选中图元】→单击主屏幕电子版平面图上已布置的桩承台基坑土方图元，计算运行→查看构件图元工程量，如图 12-10-9。

图 12-10-9　桩承台基坑土方的清单、定额工程量

下一步，按照【做法刷】章节描述的方法操作，把全部桩承台构件的清单、定额都添加上→关闭【定义】页面。汇总选中图元，计算后，查看构件图元工程量，已显示所选择的清单、定额、工程量，如图 12-10-9 所示。

## 12.11　【表格输入】计算桩钢筋

在主屏幕左上角把楼层数选择为【基础层】→【工程量】→【表格输入】，在弹出的"表格输入"页面（此页面可移动）的"常用构件类型"栏：展开【基础】→【桩】（U），在"表格输入"页面左上角→【钢筋】→【构件】，其下部增加了一个构件→【参数输入】→在【图集列表】下部→选择需要单构件输入的构件名称→展开【现浇桩】：有【灌注桩】、【桩（处理加密与非加密）】、【人工挖孔灌注桩-1 型】、【人工挖孔灌注桩-2 型】，在此选择【桩（处理加密与非加密）】，在右边"图形显示"栏：同时显示所选择桩型的平面、剖面图→可放大此页面。凡绿色属性、参数→单击可在显示的小白框内按照设计需要输入、修改，各属性、参数设置完毕→【计算保存】。在主栏下部显示桩的各种钢筋【筋号】、【直径】、强度【级别】、【图号】、【图形】、【长度】、【根数】、下料大样图，单根重量等。

如果在前边已经建立了【桩承台】构件，在"常用构件类型"栏下部：展开【基础】→双击【桩承台】，可以进入【定义】界面→在【构件列表】页面：单击【桩承台】的下级构件，发蓝，成为当前操作的构件→在【参数图】下边，有双层钢筋指定格式：横向底筋信息/横向面筋信息；X 表示横向钢筋/Y 表示竖向钢筋，可以设置上翻长度，无上翻时可以把翻起长度修改为零。

在"常用构件类型"栏下部：展开【基础】→【承台】→在【构件列表】下新建桩承台（一级构件）→（在原位置）新建桩承台单元（二级构件）→弹出"选择参数化图形"，如图 12-11-1。

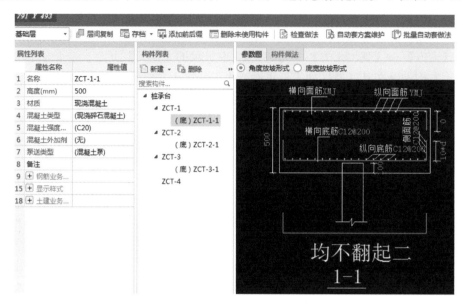

图 12-11-1　绘制参数化桩承台

在此页面上部可以选择【角度放坡形式】或者【底宽放坡形式】，有多种形式的桩承台供选择，在此选择一种形式的桩承台，右边联动显示此承台的平面、剖面图，单击图中绿色属性、参数，可以在显示的小白框中输入目标值→确定。

需要把桩承台定义为上级，下级两个构件，两个构件单元高度相加为承台总高度。

# 13 表格输入

## 13.1 表格输入的范围

在左上角把楼层数选择到需要的楼层。

在主屏幕上部的【工程量】界面：【表格输入】，在弹出的"表格输入"页面→【钢筋】→【构件】，其下部产生了一个构件→【参数输入】，在【图集列表】下部，可选择的构件类型有（也是单构件输入的范围）：各种楼梯、集水坑、阳台→展开【零星构件】有各种飘窗、各种挑檐、各种雨棚→展开【基础】：有独立基础、梁式条形基础、无梁式条形基础、杯形基础、各种桩、各种桩承台、墙柱或砌体加筋，各形构造柱，单、双牛腿等。适用于需要单独计算、单独列出查阅的情况。

在"单构件输入"→【参数输入】→【选择图集】→在选择标准图集页面，有各型楼梯、各型集水坑、A、B型阳台；零星构件下有飘窗、（多种）挑檐、雨篷，栏板；基础下有独立基础、有梁条形基础、无梁条形基础、杯形基础、各种桩，圈梁；过梁下有两种过梁，外墙圈梁、内墙圈梁；普通楼梯下有各型有平台楼梯，无平台楼梯、有上、下平台楼梯；承台下有九种型式的承台；墙柱或砌体拉筋下有九种形式的柱墙拉筋；构造柱下有四种如基础层、中间层；顶层有、无女儿墙两种形式的构造柱；牛腿下有单侧1、单侧2、双侧牛腿；11G101-2楼梯下有几十种型号的楼梯详图供选择，名副其实的功能强大。

在此选择一种图形，右边联动显示此构件的平面、剖面图→单击绿色属性、参数，可在显示的小白框内输入目标值→【计算保存】。

在下部主栏可显示此构件的各种钢筋直径、强度级别、图号、图形、单根长度、根数、单根重量（kg）。

## 13.2 表格输入计算楼梯钢筋量

楼梯钢筋还可以在【工程量】界面的【表格输入】中设置。

在弹出的【表格输入】页面：【钢筋】→【构件】：可以把产生的构件名称修改为楼梯→【参数输入】→"在图集列表"下：展开所需要的【楼梯型号】→选择一个楼梯型号，右侧显示所选楼梯的平面、剖面大样详图，如图13-2-1。

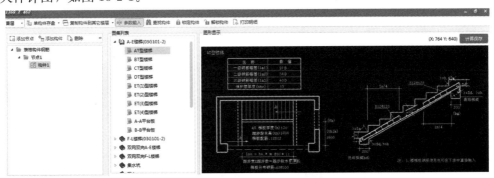

图13-2-1 表格输入计算楼梯钢筋工程量

上接【表格输入】：在主屏幕上部的【表格输入】→添加【构件】→【参数输入】→【选择图集】→在显示的"选择标准图集"页面：展开拟选择的楼梯型号→左键单击需选择的楼梯→此楼梯的平面图、剖面图已显示在主栏目，可放大观察→进入楼梯有各种参数输入、修改的操作：凡绿色字体、配筋信息、尺寸数字，左键单击此数值显示在小白框内，可根据需要修改→修改完善后→【计算保存】。

计算出楼梯的各种钢筋和下料大样图，已显示在下部的钢筋下料单中，其中各尺寸数字、计算公式还可以根据需要修改，左键单击某行的序号，全行变灰成为当前行→右键，有【插入】、【删除】、【复制】等多种功能供采用。在左上角→【复制构件到其他层】，在弹出的"复制构件到其他层"页面，左边的【钢筋表格构件】下部→选择在【表格输入】中设置的构件名称："Ctrl＋左键"可以多次选择→在右侧【目标楼层列表】下部：选择需要复制的楼层→确定。

【参数输入】→可返回楼梯尺寸、配筋信息输入、修改页面。可以向下拖动【表格输入】页面，在主屏幕上部→【汇总计算】，在弹出的"汇总计算"页面→选择楼层→选择构件→确定（计算运行）→【查看报表】→【钢筋报表量】→【设置报表范围】→【表格输入】→可以从报表里某层的（表格输入）部分找到名称为楼梯的构件，查看到楼梯钢筋的数量。

关于楼梯平面、剖面图各尺寸、参数的说明：AT2 楼梯型号、构件编号，$h$：楼梯梯段板厚（梯段踏步总高/台阶数）。梯段两端上部钢筋；底部受力筋。F：分布筋，垂直与上、下板方向每个踏步 1根。顺楼梯板宽度方向底部受力筋根数＝楼梯板宽度/间距＋1。L：与台阶平行；S：平行与梯段上下方向。c10@150 双层双向可输为 c、10、一、150/150。

不需要的配筋当不能改为 0 或删除时→【计算退出】→在显示的钢筋尺寸、图形下料单页面→单击行首的序号→此行成为当前行→右键→删除或把其计算长度改为 0，只要此行不显示总重量，即可不汇总计入此数据。

## 13.3　【表格输入】计算多种构件的钢筋量

在主屏幕上部：【工程量】→【表格输入】，在显示的"表格输入"页面→选择楼层，有【钢筋】、【土建】两个界面→添加【节点】或添加【构件】，如果选择添加【构件】，在其下部增加了一个构件。在左下角其【属性名称】页面的构件名称栏：在此为了增加与已有同类构件的区别，可以把构件名称修改为如："第四集水坑"→回车，包括上部【钢筋表格构件】页面产生的构件名称同时显示为同名称构件→在【属性名称】页面的【构件类型】栏：可单击选择为"集水坑"，其下部的【汇总信息】栏：可同时显示为"集水坑"。在此页面右上角→【参数输入】→在【图集列表】下部→选择构件类型，展开【集水坑】，有四种型号的集水坑供选择，如图 13-3-1。

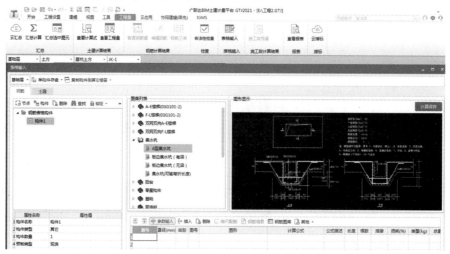

图 13-3-1　在表格输入界面建立集水坑

　　展开某个主构件→单击其下级构件名如【集水坑】→在右侧的"图形显示"页面，有所选择【集水坑】构件的平面、剖面图，可放大，凡绿色字体、参数单击，可在显示的小白点内修改→【计算保存】→在此页面下部已显示此构件的各种钢筋图形、下料单、重量，双击【根数】，在弹出的"计算参数表"页面，可设置左、右、中间加密或不加密，并且有【增加】、【删除】功能等→关闭【表格输入】页面，在主屏幕上部→【工程量】→【汇总计算】后→【查看报表】，在弹出的"报表"页面→【钢筋报表量】界面→展开【明细表】→【构件汇总信息明细表】，在右边主栏的"基础层（表格输入）"下部，可以查到已经建立的第四集水坑，有构件数量、钢筋总重量。

　　在此功能窗口可选择的构件种类很多，适用于需要单独列项查阅的构件、情形。

# 14 图形输入绘制坡屋面、老虎窗

主要操作过程可参照屏幕左下角的层高、层底、层顶标高。

1. 先建立支承坡屋面的柱、墙、梁，需要在各自的【属性列表】页面，定义柱的顶标高，需要有边柱，此柱的顶标高应该是坡屋面的起点、最低点标高；中柱，顶标高应该是坡屋面的最高值——板厚；建立梁、边梁的起点、终点顶标高应该是坡屋面的低端标高；中间梁的起点、终点顶标高应该是坡屋面的坡顶标高——板厚；斜梁的起点顶标高应该是坡屋面的低端、同边梁的顶标高，终点顶标高应该是坡屋面的顶标高、同中间梁的顶标高；输入墙的起点、终点顶标高。其余同绘制普通柱、梁、墙；先绘制支撑屋面板的竖向构件。

2. 画斜梁。

3. 绘制【现浇板】。在【构件列表】页面→【新建】▼→【新建现浇板】→在其【属性列表】页面：默认为层顶标高，需要把板顶标高修改为低于一个板厚度的坡屋面的顶标高，使板与中间梁结合为一个（有梁板）整体构件。其余同平板操作。绘制坡屋面板的方法如下：用主屏幕上部的【直线】功能，在平面图上按板的平面形状，顺序沿板边画封闭折线，先绘制成半个坡屋面的梯形平板构件图元。

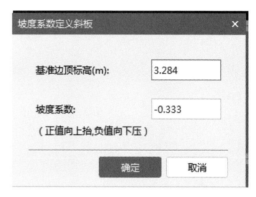

图 14-1-1　坡度系数定义斜板坡屋面

在主屏幕右上角→单击【三点变斜】▼，（另有【抬起点变斜】、【坡度变斜】）→选择【坡度变斜】功能→在平面图上单击需要改变为坡屋面的板图元→左键选择可作为基准边板图元高端的一条边，选上光标由"口"字形变"回"字形为有效，并单击，在弹出的"坡度系数定义斜板"对话框中，可显示板图元当前的顶标高，单位米，需要手工计算并输入坡度系数＝h（坡度高差）/A（坡屋面的水平投影宽度，也是轴线的进深尺寸），本例坡度系数为 0.333，如图 14-1-1。

输入的坡度系数正值向上抬起，负值向下倾斜→确定。如图 14-1-2。

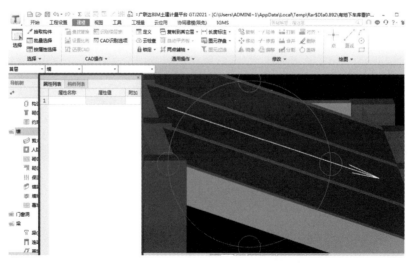

图 14-1-2　使用【坡度变斜】功能绘制的坡屋面三维立体图

箭头指向坡屋面的低处。还可以在主屏幕右上角→单击【三点变斜】▼→【抬起点变斜】→单击已经绘制的梯形平板图元，变蓝→单击板图元较低一端的板边，在板图元高端的两个角点位置均有蓝色"×"形标志，单击其中一个"×"形标志，在弹出的"抬起点定义斜板"对话框的上部【基准边顶标高 m】栏，显示的是当前板图元的高端顶标高值，在此需要手工修改为坡屋面低端的标高值，单位：米；在【抬起高度 mm】栏：把默认值修改为 h（坡屋面的高差值），单位：mm，正值向上抬起，负值向下降低；在下部【抬起点顶标高 m】栏：显示的是当前板图元高端的板顶标高，无需修改，如图 14-1-3。

图 14-1-3 使用【抬起点变斜】功能绘制梯形坡屋面

上述各行参数设置完毕→确定。梯形坡屋面已绘制成功，如图 14-1-4。

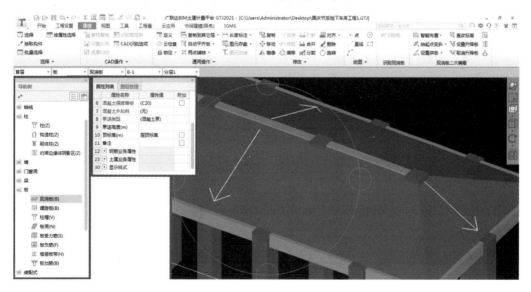

图 14-1-4 使用【抬起点变斜】功能绘制的四坡坡屋面三维立体图

需要根据坡屋面板图元的形状，在四坡坡屋面的两端山墙上部，大多数有三角形坡屋面，需要在主屏幕上部选择【三点变斜】功能→光标放到已绘制的三角形板图元上，可以显示等腰三角形的两条对称斜边，单击其中一条边，在三角形的三个角点，显示的是当前板图元最高点的标高值，单位 m→依次单击需要修改的标高值，此标高值已显示在小白框内→输入该点应有之目的标高数值，单位 m→回车，程序可以自动显示下一个需要修改的三角形坡屋面之角点标高：在此点输入多数为相同的标高值，不需要修改的标高值可直接回车。三角形坡屋面已经绘制完成。坡向箭头指向低处，如图 14-1-5。

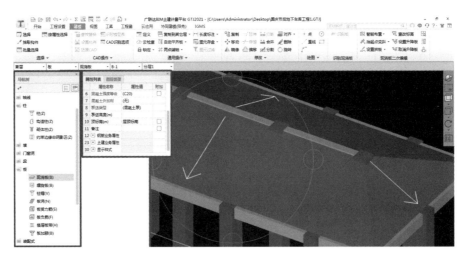

图 14-1-5　使用【三点变斜】功能绘制的三角形坡屋面三维立体图

提示：坡度＝坡度系数＝坡高（$h$ 又称作坡度的高差/$A$（水平投影长度又称坡宽）。

如果坡屋面板图元有外伸水平板带，左键单击板图元，变蓝→右键（下拉众多菜单）→【偏移】，在主屏幕上邻行有【整体偏移】、【多边偏移】，如果选择【整体偏移】→光标放在板图元边，光标由箭头变为"外扩"并且外伸宽度相同→输入偏移值，单位：mm→回车，板图元已经整体向外扩大。如只有某边外伸或各边外伸宽度不同，需要选择【多边偏移】→光标左键单击需偏移的板边→右键→向外移动光标有虚线（外移为扩大，内移为缩小）→同时输入偏移值（单位：mm）→回车，板图元已外伸（扩大），再按此方法处理另一个需外扩的板边。

河南定额规定：坡度≥0.5 按有梁板或平板的模板料及人工均乘 1.3 系数。

在主屏幕平面图上的坡屋面绘制完成后才能绘制老虎窗。在"常用构件类型"栏：展开【门窗洞】→【老虎窗】→【定义】，进入定义界面，在【构件列表】页面→【新建】→【新建参数化老虎窗】，如图 14-1-6。

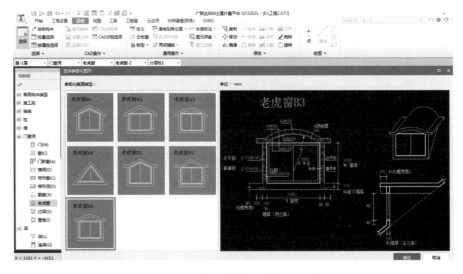

图 14-1-6　新建参数化坡屋面老虎窗

进入"选择参数化图形"页面：有 7 种老虎窗图形供选择，在此选择一种老虎窗图形，右边联动显示所选择老虎窗的正面、剖面图形，图中凡绿色尺寸数字，单击可在显示的小白框内修改，光标放到绿色字体上可显示输入格式，各参数修改、设置完毕→确定。在【属性列表】页面：可把用拼音字母表示的构件名称修改为用中文表示的"老虎窗"构件名称→回车→【构件列表】页面下的老虎窗构件名与之联动改变为同名→单击属性页面的"截面形状"栏→再单击行尾可返回"选择参数化图形"页面，重新选择老虎的图形，修改尺寸。

在【属性列表】页面的板长跨、板短跨加筋栏，输入加筋格式"根数＋级别"即"A、B、C＋直径"；在斜加筋行输入格式：根数＋级别＋直径；选择混凝土强度等级如 C25，有些在初始建立工程时已经设定，在此无需重复设置。展开"钢筋业务属性"，在平面、侧面大样图中无法设置的钢筋，可在"其他钢筋"行→单击→再单击行尾→在进入的"编辑其他钢筋"页面设置。

【属性列表】页面：各参数输入设置完毕。在【参数图】右边→【构件做法】→【添加清单】，【添加定额】，选择工程量代码，可以参照本书有关章节在此需要把老虎窗的全部清单、定额子目选齐（钢筋不需要选择定额子目，程序可自动套取定额子目）。清单、定额、工程量代码选择完毕，关闭【定义】页面，必须在坡屋面斜板上绘制老虎窗。已绘制坡屋面老虎窗三维立体图如图 14-1-7。

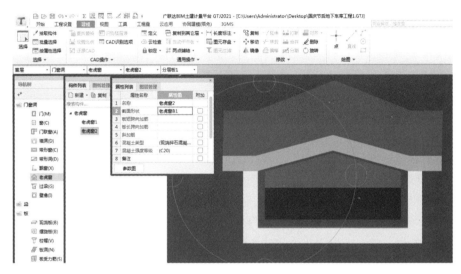

图 14-1-7　坡屋面老虎窗的三维立体图

# 15 绘制车辆坡道、转弯螺旋板

提示：绘制前应先有车辆坡道轴网或补充建立车辆坡道的轴网。

在"常用构件类型"栏：【梁】→在【构件列表】页面→【新建】▼→【新建矩形梁】→在【属性列表】页面：按各栏含义起名，输入截面宽度、高度、配筋信息等，操作方法同普通梁，不同的是需要按照图纸设计输入梁的起点、终点梁顶标高。当为有高差的斜梁时，应按剖面图的标高输入应有标高值。当梁与坡道方向垂直布置，同根梁的起点、终点顶标高相同，只是可能每道梁的标高不同，可按坡度、水平投影间距计算：图示坡度百分比×梁的水平投影距离＝梁顶高差。坡度系数＝两道梁之间的梁顶高差÷水平投影距离；定义各道梁构件名称、【属性列表】页面的各行参数输入完毕→用【直线】功能菜单→绘制各道梁图元并"重取梁跨"，使梁图元变蓝→动态观察→检查梁标高的三维立体图是否正确。

在"常用构件类型"栏：展开【板】→【现浇板】→在【构件列表】页面→【新建】▼→【新建现浇板】→在【属性列表】页面：起名、输入板的厚度。在【类别】栏，应选择为【有梁板】，设置板的标高时应该按最高端的梁顶标高值输入，板构件各行的属性、参数定义完毕→使用主屏幕上部的【直线】或【矩形】功能绘制板平面图形→绘制方法同普通板。此时绘制的板为一端悬空，与坡道坡度不符，没有依附在低端梁上。

调整平板图元的坡度：在主屏幕右上角→【三点变斜】▼（与【抬起点变斜】、【坡度变斜】在原位置切换）→【坡度变斜】→单击平面图上需要变为坡度的板图元→单击高端的梁板连接处为基准边，在弹出的"坡度系数定义斜板"对话框，【基准边顶标高】行，显示的是所单击梁板当前顶标高，如图 15-1-1。

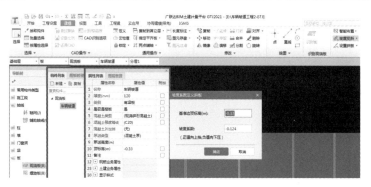

图 15-1-1　使用【坡度系数定义斜板】功能绘制车辆坡道

在此需要手工计算输入【坡度系数】＝$h$（车辆坡道的坡度高差/坡道的水平投影长度，坡度系数的正值是坡道从上述基准边向上抬起，负值向下降低）→确定，车辆坡道已经绘制成功，如图 15-1-2。

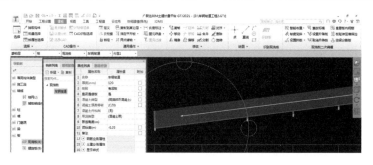

图 15-1-2　使用【坡度变斜】功能绘制的车辆坡道三维立体图

在绘制的车辆坡道上显示坡向箭头指向坡道低处，板图元已经依附在梁上。

绘制（车辆坡道转弯处）弧形螺旋板：直线段车辆坡道绘制完毕后，在"常用构件类型"栏下部→【旋螺板】→在【构件列表】页面→新建【螺旋板】→在螺旋板构件的【属性列表】页面：按照图纸设计输入坡道的宽度、厚度、内半径、旋转方向、旋转角度。在【横向放射筋】栏：单击，可以按照设计要求选择【螺旋板中线】；单击【横向放射底筋】栏：在弹出的"钢筋输入小助手"页面，可以输入放射底筋的钢筋级别、直径、间距→确定，放射底筋可以布置在已经绘制的螺旋板上。在【纵向底筋】栏、【横向放射面筋】栏、【纵向面筋】栏的操作方法同上述。在此应选择螺旋板的标高为"层底标高"，属性页面的各行参数定义完毕。

使用主屏幕上部的【点】功能菜单→单击已绘上的坡道底端内侧一个角点，先绘上螺旋板，再使用主屏幕上部的【旋转】功能，选择已绘上的螺旋板。需要选择坡道以外的螺旋板图元并单击，变蓝→右键确认，按照提示区提示：光标放到旋转点上可显示黄色小"口"字形标志，并单击→移动光标放到坡道下一个对应点，显示的黄色小"口"字形标志上并单击，螺旋板已绘制完毕，如果绘制的位置、方向、角度不合适，可以使用【旋转】、【移动】功能纠正，如图 15-1-3。

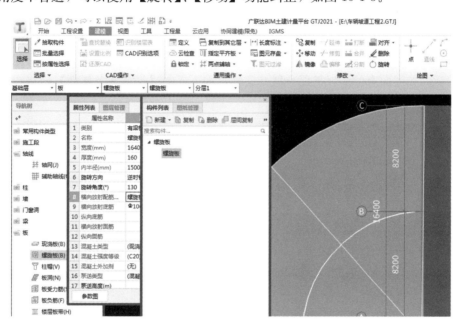

图 15-1-3　已绘制车辆坡道转弯处的螺旋板

车辆坡道转弯处弧形螺旋板绘制完毕→动态观察检查无误后→绘制直线段坡道板钢筋，绘制方法同普通现浇板的受力筋、负筋。

螺旋板的坡道构件图元（全部）画好后，绘制螺旋板的垫层。在"常用构件类型"栏→【垫层】→在【构件列表】页面→【新建】→【新建线式】或【矩形垫层】→在属性页面输入厚度等主要参数→（使用主屏幕上部的）【智能布置】→【条基中心线】→单击已画好的坡道图元，变蓝→左键→输入【出边距离】如 100→确定，垫层已画上。在垫层界面还可以【生成土方构件】。

# 16 屋面工程

## 16.1 平屋面铺装

在顶层的下一层把（楼板、包括楼板钢筋）绘制完成后，可以直接建立并绘制女儿墙、柱等构件，不同的是需要把女儿墙、柱等构件的底标高定义为当前层的顶标高，顶标高定义为当前层屋面的顶标高加女儿墙高度，需要把屋面周边的女儿墙、柱等构件绘制完成后进行。在"常用构件类型"栏下部展开【其他】→【屋面】（如果已绘制的板图元隐去、不显示，单击键盘上的【B】键可恢复显示）→在【构件列表】页面：【新建】→【新建屋面】，产生一个屋面（WM）构件→在此构件的【属性列表】页面：为了方便区别，可以把用字母表示的构件名称修改为中文"屋面"构件名称→回车。【构件列表】页面的字母构件名可与之联动改变为中文构件名。在【属性列表】页面，选择屋面的底标高，可选择"层顶标高"，如屋面有配筋保护层→展开属性页面下部的【钢筋业务属性】→双击【其他钢筋】，可进入"编辑其他钢筋"页面，如图 16-1-1。

图 16-1-1　建立屋面铺装的其他钢筋

单击行尾显示的小蓝框，在显示的"编辑其他钢筋"页面，设置屋面的钢筋，以上各节有详细描述，在此不再重复。属性页面各行参数设置完毕→【定义】，进入【定义】界面。

在右边【构件做法】下部→【添加清单】→【查询匹配清单】，如果没有显示匹配清单→【查询清单库】，进入【查询清单库】界面。提示：如果不知道屋面的清单在什么位置，可以在【查询匹配清单】的下邻行，尾部有小镜子图标的前边，输入"屋面"→回车，在右边主栏全部显示的是与"屋面"有关的清单→找到需要的清单，双击使其显示在上部主栏内，所选择的清单多数可在其"工程量表达式"栏：自动显示工程量代码，屋面计量单位多按面积计算。

【添加定额】→【查询定额库】，进入按分部分项选择定额子目操作，以河南地区为例，其他地区也需要按照本方法操作，平屋面为排除雨水多数设计有找坡层，保温层可兼作找坡层，保温或找坡层的工程量多按图示尺寸面积乘平均厚度以立方米计算，平均厚度是计算找坡或保温层工程量的重点，平均厚度计算有以下几种方法：

1. 各处厚度相同时，平均厚度等于设计厚度；

2. 当最薄处为零时，两边找坡屋面的平均厚度＝屋面坡度×（L/2）/2（L 表示双坡屋面水平投影总宽度或者单坡屋面的水平投影宽度）；

3. 最薄处为零时，单坡屋面的平均厚度＝屋面坡度×$L/2$；

4. 单坡屋面最薄处为 $h$ 时，平均厚度＝屋面坡度×$L/2＋h$；

5. 双坡屋面最薄处为 $h$ 时，平均厚度＝屋面坡度×（$L/2$）/2＋$h$；详见手算技巧用于对量中第13节的计算方法。

上接【添加定额】→【查询定额库】，进入按分部分项选择定额子目操作。

以河南定额为例：展开"保温隔热、防腐工程"→"保温隔热"→屋面：按设计要求找到定额子目 10-3 屋面加气混凝土砌块浆砌厚度 180mm，并双击使其显示在上部主栏内→双击 10-3 的"工程量表达式"栏，单点栏尾部显示的小三角→【更多】，进入"工程量表达式"页面：选择工程量代码的操作，双击屋面面积 MJ，使其显示在此页面的工程量表达式栏下部，手工输入"×平均厚度（单位 mm）"，在此可配合选择工程量代码、编辑工程量代码计算式→确定，此计算式已显示在 10-3 的"工程量表达式"栏内→在下部最底行【专业】栏：把【建筑工程】切换为【装饰工程】→展开"楼地面"→"找平层及整体面层"，双击 11-2 平面砂浆找平层在填充材料上，使其显示在上部主栏内→双击 11-2 的"工程量表达式"栏：单击栏尾部显示的小三角，选择"屋面面积"MJ→在最底行【专业】尾部选择【建筑工程】→展开"屋面及防水工程"→展开"防水及其他"→展开"卷材防水"→"改性沥青卷材"，找到 9-34 改性沥青卷材，热熔法一层平面，双击使其显示在上部主栏内，并保持 9-34 为当前定额子目→（上部与【添加定额】在同一行的右边）【换算】→【标准换算】，在主栏下部显示的换算信息栏：可以按照需要把"实际层数"1 层手动修改为 2 层（还有更多换算功能）→【执行选项】，在主栏中 9-34 子目编码栏程序自动显示"9-34"＋"9-36"，子目名称栏主要工作内容尾部显示实际层数 2→双击此子目的"工程量表达式"栏，点栏尾部显示的小三角→【更多】，进入"工程量表达式"页面：双击【代码列表】下的"屋面卷材面积"JBMJ，使其显示在此页面的"工程量表达式"下。单击"屋面周长"ZC→【追加】→双击已选择的"屋面周长"，使其与前边已选择的"屋面卷材面积"用"＋"号连接在一起，手动输入"×0.3（卷材上翻高度 0.3m）"，组成"屋面卷材面积＋屋面周长×0.3"的计算式→确定，组成的计算式已经显示在上述定额子目的"工程量表达式"栏。还需要返回【查询定额库】界面：在最底行的【专业】栏，把【建筑工程】切换为【装饰工程】，在左边主栏→展开【楼地面装饰工程】→【找平层及整体面层】→找到并双击 11-5 卷材保护层细石混凝土找平层，在工程量表达式栏用同样方法选择"屋面面积"；所需要的全部定额子目、工程量代码选择完毕→关闭【定义】页面。在此只讲操作方法，需要选择什么清单、定额，需要按照图纸设计、各地规定、实际工况。

主屏幕上部→【智能布置】有"外墙内边线、栏板内边线""现浇板""外墙轴线"等五种布置方法。如图 16-1-2。

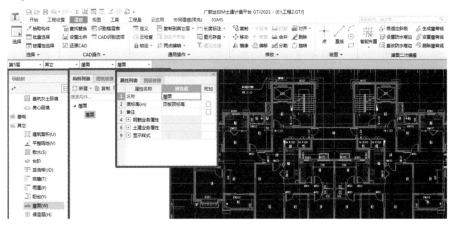

图 16-1-2　主屏幕上部【智能布置】屋面铺装的功能窗口位置图

智能布置外墙内边线、栏板内边线方法。在主屏幕上部→【智能布置】【外墙内边线、栏板内边线】→框选全部平面图，已有的构件图元变为蓝色→右键，提示：智能布置成功。屋面铺装已布置成功，成为粉红色，洞口除外。左键单击屋面图元、变蓝→右键（下拉菜单）→【汇总选中图元】→计算完毕→右键→【查看工程量】，在弹出的"查看构件图元工程量"页面→【做法工程量】有选择的清单、定额子目的工程量，在这里如有相同定额子目，程序有自动合并功能。

智能布置现浇板方法。在主屏幕上部→【智能布置】选择【现浇板】，平面图上才显示已经绘制的屋面楼板构件图元→框选图上的全部板构件图元，变蓝→光标放到已变蓝的板图元上→右键确认，弹出提示：智能布置成功，已经布置上的屋面工程显示为红色。在主屏幕上部：【工程量】→【汇总选中图元】→单击已经变为红色的屋面构件图元，变为蓝色→右键（计算运行毕）→确定→【查看工程量】，在弹出的"查看构件图元工程量"页面可以显示【屋面周长】、【屋面面积】、【屋面防水面积】、【投影面积】等七种工程量数据；在此页面上部的【做法工程量】：可以显示此屋面已添加的清单、定额的工程量，如图16-1-3。

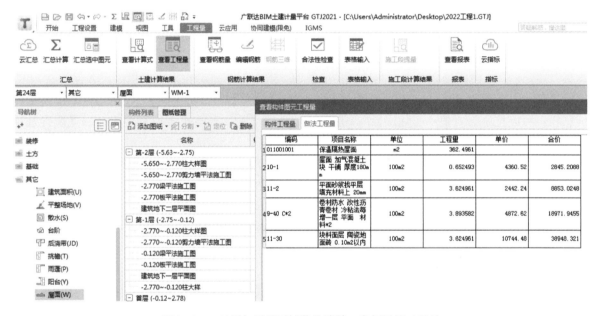

图 16-1-3  已添加平屋面铺装的清单、定额子目工程量

## 16.2  用自定义线绘制挑檐、天沟

绘制挑檐、天沟的新老版本操作方法基本相同，包括电脑画面功能菜单的位置都是一样的。绘制挑檐、天沟前的准备工作：如挑檐、天沟等节点详图的比例尺寸与其所在屋面或楼板平面图的制图比例尺寸不一致，需要把节点详图用【手动分割】的方法分割为单独一张图，再用【设置比例】的功能，把节点详图的制图比例修改得与平面图中制图比例一致。再描绘挑檐、天沟节点详图。

在某层电子版楼板平面图上，需要在天沟、挑檐大样详图的画面上绘制天沟、挑檐。在"常用构件类型"栏下部：展开【自定义】→【自定义线】→在【构件列表】页面→【新建】▼→【新建异形自定义线】→在显示的"异形截面编辑器"页面的左上角→【设置网格】，在"定义网格"页面：按挑檐或天沟节点详图的截面尺寸定义水平，垂直网格，用"多线段"功能描绘详图的截面外轮廓线形成封闭→右键确定。定义的网格尺寸以 100 或者 50 用逗号隔开，尾数忽略，可以在后续操作过程中修改，详图的外轮廓线描绘后可修改。更多更好功能方法可以参照本书 3.3 节编辑异形截面柱的操作方法。

也可不按详图的外轮廓水平、竖向尺寸定义水平、垂直网格，可以直接【在 CAD 中绘制截面图】

（使用于截面边框线没有形成封闭的大样详图）→按提示进入有挑檐或天沟的节点详图的楼板平面图中，找到该详图→用多线段画法描绘节点详图的外轮廓线形成封闭→右键，已把挑檐或天沟节点详图导入多边形编辑器，核对修改尺寸。方法为：光标移动到需修改尺寸的角点或节点，光标由箭头变为"回"形→双击左键→移动光标显示虚线，移动光标拉虚线至应有网格尺寸位置→回车→双击尺寸数字，修改为应有尺寸数字→确定。

【属性】→进入属性编辑页面，起名→（在属性页面中部）弹出→【配筋】→【纵筋】（并输入纵筋配筋值）→选择【含起点】（不勾选为不含起点）、【含】或【不含终点】（按提示）→左键光标单击起点、终点，生成点状布置的纵筋，按此方法分别布置截面大样图中水平方向、竖向方向分布的纵筋。如图 16-2-1。

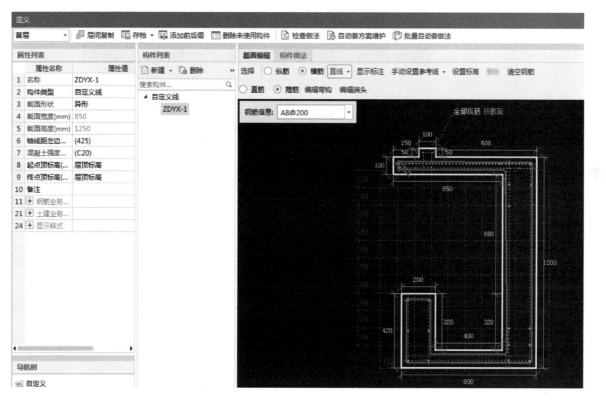

图 16-2-1　用自定义线功能绘制挑檐天沟

【横筋】（有时也称箍筋）→在配筋信息栏输入配筋信息值→左键确认→按提示，光标移动到截面图上需画横（或箍）筋的起点，单击左键→移动光标画横（或箍）筋，画出横筋为黄色线条，可按截面图示画转折钢筋线→右键结束，黄色线条变为红色钢筋线→（纵向、横向钢筋画完毕）【设置标高】→按提示：左键单击需修改或设置标高的截面外边线→在显示的小白框内输入标高值，此值为剖面图中竖向总标高值，单位 m→回车，输入的标高数字消失但有效→确认（截面详图绘制完毕）→（在此页面上行）【恢复】→返回属性编辑页面，属性页面各行参数输入完毕→【属性】（关闭属性页面）→【绘图】→按此详图在已有楼板或屋面平面图的所在位置画上挑檐或天沟→【动态观察】用以检查是否方向画反，可删除调整方向再画。位置不正→光标左键单点已绘制的详图，变蓝→右键→【偏移】，可调整位置。使用【F4】快捷键，可改变绘图插入点。绘制方向错误，选中已绘制构件→右键→【调整方向】，调整绘图方向→【局部三维】可以查看已绘制构件的三维立体图→【计算】，可查看其钢筋量。

提示：所画钢筋如无法删除，可在计算构件图元或汇总计算后→【编辑钢筋】→单击此详图→在屏幕下部显示的钢筋图形下料单中→单击行首全行变色→右键→【删除】；在此双击【根数】栏可以查看计算式。

还有一种操作方法，在【异形截面编辑器】页面→【从 CAD 选择截面图】，如图 16-2-2。

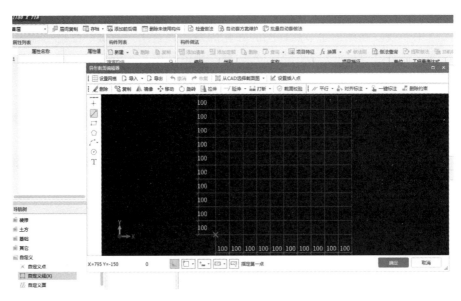

图 16-2-2　【从 CAD 选择截面图】功能窗口位置图

使用于截面边框线能够形成封闭的大样详图，通过选择封闭的 CAD 线条建立截面。进入并找到有挑檐，天沟的平面图，光标呈"十"字→框选挑檐或天沟节点详图，详图变蓝→右键→此节点详图已进入多边形编辑器→校核并修改此详图的截面尺寸。方法 1：单击截面尺寸数字可修改。方法 2：光标捕捉到不规则，挑出部位的角点光标由箭头变为"回"形→双击左键，移动光标显示虚线移动至应在位置→回车，并配合修改尺寸完毕→确定→返回属性编辑页面：按此页面栏目输入各行参数，单击截面形状栏空白处显示■→单击■可返回多边形编辑器页面，此详图截面尺寸校核、修改完毕→确定→【属性】→进入属性编辑页面→（在属性编辑器页面中部）【弹出】→【配筋】→【纵筋】→在配筋信息栏输入纵筋配筋值，其余操作方法同前面所述（属性 1）。

绘制成功的挑檐天沟三维立体图如图 16-2-3。

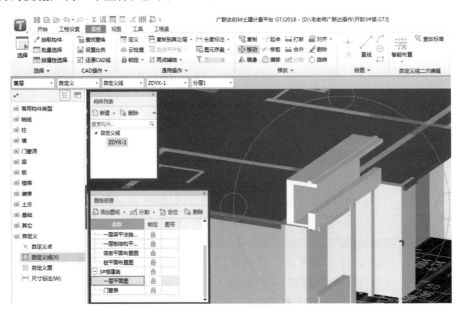

图 16-2-3　挑檐天沟三维立体图

在【自定义线】下部有【自定义面】、【自定义贴面】可用于计算装修工程量。

# 16.3　计算【自定义面】的工程量

在"常用构件类型"栏：展开【自定义】→【自定义面】，在主屏幕上部→【定义】，进入定义界面，在【构件列表】页面，【新建】▼→【新建自定义面】→在此构件的【属性列表】页面，为便于区别可把构件名称修改为用中文表示的构件名称如电器控制室地面或顶面→回车，【构件列表】页面的构件名称同时改变为用中文表示的构件名称。在此构件的【属性列表】页面，可把【构件类型】修改为装修面→修改【厚度】→选择【混凝土强度等级】→选择【标高】：有层顶标高、层底标高；如果配置有钢筋→展开【钢筋业务属性】→单击【其他钢筋】栏：显示⋯→⋯，在弹出的"编辑其他钢筋"页面下部→【插入】，在增加的行输入【筋号】，在【钢筋信息】栏，输入钢筋的强度等级：A、B、C、直径→双击此行的【图号】栏，可进入"选择钢筋图形"页面，如图16-3-1。

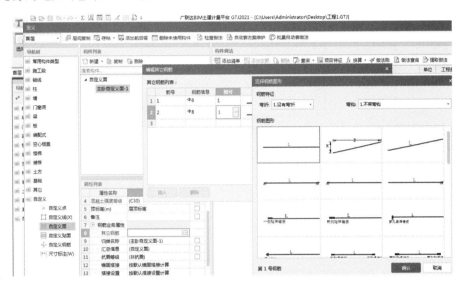

图16-3-1　选择【自定义面】的钢筋图形

在此有众多钢筋图形供选择，在此选择钢筋图形，输入钢筋尺寸，需要手工计算输入钢筋根数→确定。程序可以自动计算出各种规格钢筋的总重量、无需添加钢筋的定额子目，即可自动计算出所属钢筋定额子目的工程量。【自定义面】构件的各行属性、参数定义完毕。在【构件做法】下部→【添加清单】→【查询清单库】，如果找不到匹配清单，在左上角"搜索关键字"栏：输入关键字"面"→回车，在右边主栏已经显示全部带"面"字编号的清单→找到所需清单编号并双击，使所选择的清单显示在上部主栏→在此清单的"工程量表达式"栏→双击→选择【自定义面积】→【添加定额】→【查询定额库】，把最下部底行的【专业】栏的定额专业切换为"装饰工程"。进入按照分部分项选择定额子目的操作：（以河南地区的定额为例，全国其他地区也需要参照本办法操作）在左下边展开【楼地面装饰工程】→【找平层及整体面层】：在右边主栏内找到定额编号11-1平面砂浆找平层在混凝土硬基层上，并双击，使其显示在上部主栏内，在此定额子目的"工程量表达式"栏双击→选择【自定义面面积】（在左下方）→【橡胶面层】：在右边主栏找到定额编号11-47橡塑面层——塑料板，并双击使其显示在上部主栏内→双击此定额子目的"工程量表达式"栏→选择【自定义面积】，在此需要把所需清单、定额子目、工程量代码全部选择完毕后，关闭【定义】页面。

在主屏幕上部→【智能布置】▼→有【墙梁轴线】→选择【外墙梁外边线、内墙梁轴线】，平面图上的墙、梁构件图元恢复显示为蓝色，可以根据需要→框选全部或者局部平面图，选上的墙、梁构件图元变为蓝色→右键确认，提示：智能布置成功，提示可自动消失。还可以使用主屏幕上部的【直线】、【矩形】、【三点弧】功能，在平面图中按照房间形状绘制自定义面。

　　【自定义面】的构件图元绘制完毕，在主屏幕上部→【工程量】→【汇总选中图元】→单击已经绘制的构件图元，变为蓝色→右键，计算运行→【查看工程量】，如图 16-3-2。

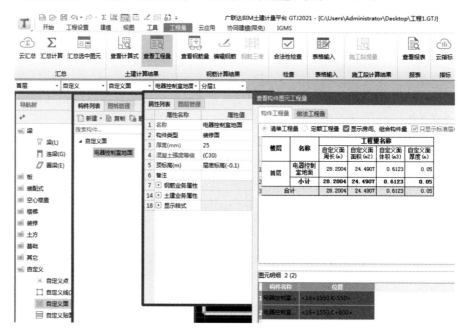

图 16-3-2　使用自定义面功能绘制构件的工程量

　　有自定义的周长、面积、厚度等多个数据供查阅，在此页面上部→【做法工程量】，还可以查看已经添加的清单、定额子目的工程量。

# 17  装修工程

## 17.1  识别装修表

### 一、按构件识别装修表

在【图纸管理】页面找到建筑总图纸文件名称并双击其首部，使此建筑总图纸文件名下的全部电子版图纸显示在主屏幕。

在【建模】界面的"常用构件类型"下部展开【装修】→【房间】，在主屏幕右上角有【按构件识别装修表】，作用是把 CAD 图纸中的装修表识别为装修构件。在主屏幕有多个建筑专业电子版图纸状态→找到装修表（又称构造做法表，识别前应仔细看清楚此装修表是按构件排列还是按房间排列的）→单击主屏幕右上角的【按构件识别装修表】（如果设计者设置了多个装修表，一次只能框选一个装修表）→光标放在"装修表"左上角，光标呈【＋】字→框选装修表，装修表变为蓝色→左键，装修表被黄色粗线条框住→右键，在弹出的"按构件识别装修表"页面，如图 17-1-1。

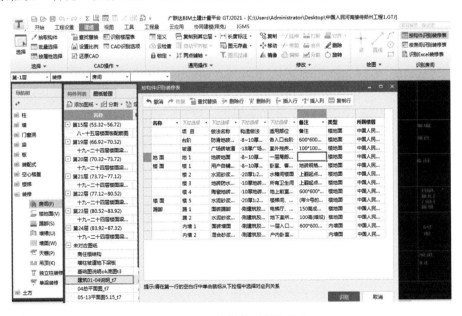

图 17-1-1　按构件识别装修表

单击表头左上角的▼→选择为【名称】，删除表头下邻行重复的表头，删除表头下邻行的空白行，如果首列是多余的可以使用【删除列】功能删除（因为许多装修表的图面排列格式并不是按照一行一个装修构件排列，有许多地方可以修改）。如果有的竖列尺寸比较窄，造成装修的做法内容不能全部显示→光标放到装修表头上邻空白行的各列界线上，光标呈微型水平双箭头→横向拖动可扩展各列的宽度。如某个装修部位有多层做法→双击此部位，使此部位变为蓝色，按住键盘右下角的向左或向右方向键，可以滚动观察此部位的多层做法文字内容（下述【按房间识别装修表】也有此功能）。在表头尾部【类型】栏下部，逐行依次双击显示▼→▼选择为与每行首列名称相同的【楼地面】、【踢脚】、【内墙裙】、【内墙面】、【天棚】等，需要按照横向每行一个装修构件，竖向每列一层装修做法的格式排列；也可以在表头下部从【名称】栏开始，使用【复制】、【粘贴】功能把【类型】栏各行的【楼地面】、【踢脚】、【内墙裙】、【内墙面】、【天棚】等复制到与其水平对应的首列各行。复制方法：在【类型】栏下部各行，如：在显示【楼地面】▼状态，双击首个字体使此行数个字体变为蓝色→右键→【复制】→把此构件名称【粘贴】到与其对应的同一行左边的首列【名称】栏，使前边的【名称】与后边的【类型】栏构件名称相同，中间各列是装修构件的各层做法，如果有某个部位做法与图纸设计不相符，可修改。

可以使用【插入行】、【插入列】功能增加行或列；使用【删除行】、【删除列】功能删除行或列。装修构件各部位、各层做法设置完毕，在最后【所属楼层】栏下部分别双击各行显示【…】→【…】，把装修构件选择到应有的楼层。

在表头上部空行从左向右依次单击空格，全列发黑，对应竖列关系→【识别】，提示：识别完成，共有多少个构件被识别（如果是第二次框选识别装修表，提示：有同名称构件，需要选【追加】，不要选择【跳过】，如果选择【跳过】，本次识别无效）→确定。

检查识别效果。在"常用构件类型"栏：【房间】，在【构件列表】页面，可以显示识别产生的各个房间构件；分别选择→【楼地面】、【踢脚】、【墙裙】、【墙面】、【天棚】等各自界面，可显示已识别成功的所属多个装修构件名称、属性、参数，还可以在"常用构件类型"栏展开【其他】→【屋面】（W）→查看已识别成功的【屋面】构件名称、属性。下一步可以按照17.2节有关部分的讲解操作。

## 二、按房间识别装修表

作用是把CAD图纸中的装修表识别为包含装修构件的房间，适用于装修表中的构造做法按照房间排列组合的情况，可修改调整。具体做法如下。

单击主屏幕右上角的【按房间识别装修表】→框选平面图上的装修表，装修表变蓝色（不要框选不应该识别的内容）→右键，在弹出的"按房间识别装修表"页面：单击表头左上角的▼→选择为【房间】；单击表头第二列的▼→选择为【楼地面】；单击表头第三列的▼→选择为【踢脚】；单击表头第四列的▼→选择为【内墙裙】；在表头依次用同样方法分别按照图纸设计选择为【内墙面】、【天棚】等→在下部表内根据设计需要把各行的首列向下依次选择或输入房间名称如主卧、次卧、客厅、厨房、卫生间、楼梯间、地下室等。格式按照一行作为一个房间排列，一列作为每个房间的一个构件。如图17-1-2。

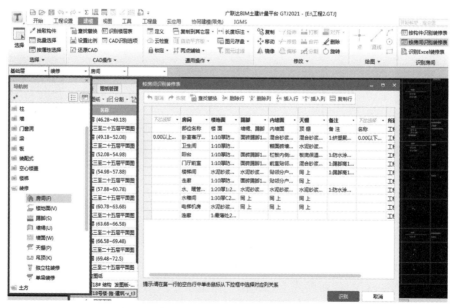

图 17-1-2　按房间识别装修表

可以根据实际需要增加、删除列、行。各房间如果某个部位做法不符合要求可以使用【删除】、【复制】、【剪切】、【粘贴】到需要部位。各行的房间做法设置完成后，单击装修表上部首行的空格，从左向右逐个单击空格，全竖列发黑，作用是对应竖列关系→【识别】，弹出"按房间识别装修表"页面，提示：共识别房间、地面、天棚、踢脚、墙裙……构件多少个→确定。

检查识别效果→单击"常用构件类型"栏的【房间】→在【构件列表】页面，可以显示已经识别产生的房间名称→单击【楼地面】，在【构件列表】页面，可以显示已经识别产生的许多楼地面构件→【踢脚】：在【构件列表】页面，可以显示识别产生的墙裙、踢脚构件；【墙面】、【天棚】同上述。

在【属性列表】页面可显示此房间的属性内容；在【房间】下部分别单击→【地面】→【踢脚】→【墙裙】→【墙面】→【天棚】的各自界面，可以显示识别成功的各层做法、属性内容，如有不详细的可修改完善。可在【构件列表】页面分别显示已经识别成功的【房间】、【地面】、【踢脚】、【墙裙】、【墙面】、【天棚】的构件名称、图集号。

在"常用构件类型"栏下部→【房间】，在【构件列表】下部选择一个房间→在右边【构件类型】栏可以分别选择【楼地面】、【踢脚】、【墙裙】、【墙面】→在【依附构件类型】栏→显示的【踢脚】界面，可以修改踢脚的高度；在显示的【墙裙】界面：可修改墙裙高度；在显示的【墙面】界面：可修改起点、终点底标高高度＝层底标高＋墙裙高度，输入【墙面】的起点、终点底标高。并且需要把在各自【属性列表】页面的参数也要修改为与各自【依附构件类型】页面的相同数值。如果有些数值记不清楚，关闭【定义】页面，在主屏幕左下角可以看到当前楼层的层高、扣除建筑面层厚度的楼层底标高到层顶高度。

下一步在"常用构件类型"栏：【房间】，在【构件列表】下选择一个房间作为当前操作的房间→在【构件类型】栏下选择【楼地面】→【构件做法】→【添加清单】，可以按照 17.2 节的【添加清单】、【添加定额】的方法操作。

以下是手工定义、建立房间各级构件的操作方法：【定义】→弹出【定义】页面：在"常用构件类型"下部展开【装修】，在【房间】的下部（按照装修表提供的构造做法）→单击【楼地面】→在【构件列表】页面→【新建楼地面】→输入有房间或使用部位标志的楼地面名称，作用是用于在后续操作过程中的区别，下同；在【房间】下部单击【踢脚】→在【构件列表】页面→【新建踢脚】→输入有房间或使用部位标志的踢脚名称；在【房间】下部单击【墙裙】→在【构件列表】页面→【新建内墙裙】→输入有房间或使用部位标志的内墙裙名称；在【房间】下部单击【墙面】→在【构件列表】页面→【新建内墙面】→输入有房间或者使用部位标志的内墙面名称；在【房间】下部单击【天棚】→在【构件列表】页面→【新建天棚】→输入有房间或者使用部位标志的天棚名称；在【构件列表】和【属性列表】页面分别产生带有房间或者使用部位标志的【楼地面】、【踢脚】、【内墙裙】、【内墙面】、【天棚】构件。

在主屏幕左上角→【工程设置】→【计算设置】，在弹出的"计算设置"页面：在【清单】或【定额】界面操作方法相同，在此页面左边→【墙裙装修】，在右边主栏序号 1，内墙裙抹灰底标高计算方法：0 从踢脚开始算起（与实际不符）→双击此行显示▼→▼，选择 1 从地面开始算起（还有外墙裙的【计算设置】）。

在左边主要构件栏下的→【墙面装修】，在右边主栏内序号 1，内墙面装修抹灰底标高计算方法显示为 0 如果有墙裙，从墙裙算起，否则从地面算起；序号 3，内墙面装修块料底标高计算方法，双击此行显示▼→选择为"如果有墙裙，从墙裙算起，否则高度从地面开始算起"，其他需要逐行检查以保证计算出工程量的精确度。

## 17.2　房间装修，原位复制全部构件图元到其他层

在【图纸管理】页面：找到已经识别或者绘制完成墙、柱、门窗、梁、楼板并形成房间的建筑专业墙平面图的图纸文件名称、并双击此图纸文件名称首部，使这个电子版图纸显示在主屏幕，还需要检查此图纸轴网左下角的"╳"形定位标志的位置是否正确。

提示：左上角的楼层数可自动切换到主屏幕图纸应该是的楼层数。

在【定义】界面的"常用构件类型"栏下部：展开【装修】→【房间】→在【构件列表】页面→【新建】▼→【新建房间】，在【构件列表】下产生一个房间构件→在此房间的【属性列表】页面同时显示此房间的属性、参数，在【属性列表】页面输入房间名称如：卫生间→回车，【构件列表】页面的房间名称可与【属性列表】页面的房间名称同时联动改变为同名称构件。

在"构件列表"右边的"构件类型"栏下部→【楼地面】→在最右边的"依附构件类型"栏下→单击【新建】，在构件名称下自动产生一个【楼地面】→单击产生的【楼地面】尾部的▼，在此有记忆功能，可选择在 17.1 节已识别产生的各种楼地面构件，也可以在其【属性列表】页面，删除此构件名称，另外新建"楼地面"构件→在左下部此【楼地面】构件的【属性列表】页面（多是黑色字体私有属性），可以把构件名称修改为带有房间名称标志的构件名称，用于在以后操作过程中与其他房间地面的区别→回车，最右边依附构件下部的楼地面构件名称与之同时联动改变为同名→单击其下邻行的【地面】。

在【依附构件类型】右邻→【构件做法】→【添加清单】→【查询匹配清单】→找到并双击所选择清单，此清单已显示在上部主栏内，并且可以自动显示工程量代码，如果没有显示工程量代码→单击此清单的"工程量表达式"栏：显示▼→（可以根据实际工况选择）【地面积】或者【块料地面积】。

【添加定额】→【查询定额库】→在最下部底行【专业】栏：选择【装饰工程】→进入按分部分项选择定额子目的操作→（以河南地区为例，全国其他各地也需要按照本方法操作）双击应选定额子目如：11-30 块料面层，陶瓷地面砖，使其显示在上部主栏内，在此楼地面如有几层做法，需要把楼地面所需全部定额子目选齐全→在各定额子目行的工程量代码栏：分别选择工程量代码，同有关章节的操作，无工程量代码所选择的清单、定额子目无效。如图 17-2-1。

图 17-2-1　房间装修

在【构件类型】栏下部：【踢脚】或【墙裙】→最右边【依附构件】下部【新建】→在构件名称栏下自动产生一个踢脚或墙裙构件（在此有记忆功能，可选择在 17.1 节已经识别的踢脚或者墙裙构件，也可以选择以前在其他房间建有的同类构件）→在自动产生的此构件【属性列表】页面修改构件名称：房间名＋踢脚或墙裙，方便在后续操作过程中，与其他房间同类构件的区别→回车，依附构件下部产生的踢脚或墙裙名称同时联动改变为同名→提示：在【属性列表】页面，选择的踢脚或墙裙需要按设计要求输入踢脚或者墙裙的高度（mm），并需要选择起点、终点底标高，应是当前楼层的层底标高；"顶标高"应选择墙底标高＋墙裙的高度，单位：m，并且在联动产生、显示的最右边【依附构件】下，也要输入踢脚或墙裙行的高度，并在起点、终点底标高栏，也要输入相同的数值→（在【依附构件】右侧）【构件做法】→【添加清单】→【查询匹配清单】→双击所选择的清单，此清单已显示在上部主栏内，并且可自动带有工程量代码→【添加定额】→进入按分部、分项选择定额子目的操作，方法同前。

提示：如果记不清当前楼层的层底标高，关闭【定义】页面，在主屏幕左下角（如果【属性列表】页面覆盖，影响观察可以拖动移开）可以查到当前楼层的层高，查到扣减建筑面层厚度的层底、层顶标高值，单位 m，方便输入。

在【构件类型】下部：【墙面】→在【依附构件类型】栏下部→【新建】→在【构件名称】下部自动产生一个墙面：QM（内墙面）构件→在最左边属性列表页面联动产生一个内墙面：QM 构件，如图 17-2-2。

图 17-2-2　房间装修建立内墙面

把此可以选择在 17.1 节识别的装修构件，可修改或者删除后重新建立构件名称，并修改为带房间名称（标志）＋（内）墙面，用于在后续操作过程中与其他房间同类构件相区别→回车，依附构件下部的内墙面：QM 构件名称可联动改变为同名称。重要提示：必须把此构件【属性列表】页面的起点、终点底标高修改为踢脚或墙裙的顶标高值＝当前楼层的底标高＋踢脚或墙裙的顶标高，单位：m→在依附构件下部的构件名称的起点、终点底标高也要修改为相同数值。当前楼层的底标高值，向上移动定义页面，可在电脑屏幕左下角查到→（右边【依附构件】右侧）【构件做法】→【添加清单】→【查询匹配清单】→选择清单→【查询定额库】……方法同上，像这样内墙面有多层做法的情况，需要把所需定额子目全部选上。

在【构件类型】栏下部→单击【天棚】（在右侧【依附构件类型】页面下）→【新建】，在构件名称下产生一个"天棚"构件，（在此有记忆功能，单击其尾部可选择以前在其他房间已建的天棚构件）→在【属性列表】页面：自动产生一个"天棚"构件，在此宜把构件名称修改为带房间名称＋天棚，用于在后续操作中与其他房间相区分→回车，与依附构件下的构件名称可联动改变为同名→（在【依附构件】右侧）【构件做法】→【添加清单】→【查询匹配清单】→找到并双击匹配清单……→【查询定额库】，在【装饰工程】专业的定额内，天棚分部下找到匹配定额子目，双击使所选择的定额子目显示在主栏内，天棚如有多层做法在此需要把所需定额子目全部选择上→分别在已经选择定额子目的"工程量代码"栏：双击进入选择工程量代码操作。

房间装修已经选择清单、套用定额子目效果的复核操作方法如下。在【定义】页面，单击【房间】→在【构件列表】页面→单击已定义的房间，变蓝，使其成为当前操作的构件→向右边【构件类型】栏下部，依次逐个单击"楼地面"，在最右边把【依附构件类型】切换到【构件做法】界面：已联动显示"楼地面"所选择、套用的清单、定额子目，可复核→（在【构件类型】栏下部）踢脚或者墙裙，在右边【构件做法】下部已联动显示踢脚或墙裙的清单、定额子目→在【构件类型】栏下单点

"墙面"，在右边【构件做法】下部联动显示墙面的清单、全部定额子目。以此类推，即可核对。

关闭【定义】页面，在"常用构件类型"栏下部：【房间】，显示已定义的房间名称下，用主屏幕上部的【点】功能菜单在平面图上绘制房间，如所绘制的房间不封闭，需在"常用构件类型"栏下部：展开【墙】→【砌体墙】在【构件列表】页面→【新建虚墙】→用主屏幕上部的【直线】功能画虚墙（虚墙无工程量），使房间封闭后再画房间。房间画上粉红色。

在主屏幕上部→【工程量】→单击已绘制的房间构件图元，变蓝→右键（下拉众多菜单）→【汇总选中图元】（计算运行）→【查看工程量】→在弹出的"查看构件图元工程量"页面→【做法工程量】，可显示此房间的地面、踢脚、墙裙、墙面、天棚，已经选择清单、全部定额的工程量，如图17-2-3。

图 17-2-3　计算出房间的清单、定额子目工程量

此页面下部有【显示、隐藏构件明细】、【导出到 Excel】功能。下一步可以把已经绘制的房间构件图元原位置复制到其他层：在【定义】界面的左上部→【复制到其他层】▼→【复制到其他层】→框选平面图上已有的全部构件图元，已经绘制的全部房间构件图元变为蓝色→右键确认，在弹出的"复制图元到其他层"页面，选择需要复制的构件，选择需要复制的目标楼层，如图17-2-4。

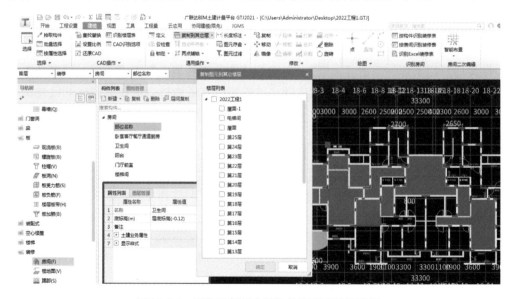

图 17-2-4　原位置复制全部构件图元到其他楼层

勾选需要复制的构件，选择需要复制的目标楼层→【装修】，装修下部的构件已全部选上，在此页面下部选择【同时复制构件做法】（此方法可以复制构件已添加的清单、定额）→确定，在弹出的"复制图元冲突处理方式"页面：有【新建构件，名称＋n】、【覆盖目标层同名构件所有属性】、【保留目标层同名构件所有属性】、【保留目标层同名构件公有属性、私有属性，取当前图元】。上述功能根据实际工况只能选择一种，下同。在此页面下部的【同位置图元选择】栏下部：根据实际工况可以选择【覆盖目标层同位置同类型图元】或者选择【保留目标层同位置同类型图元】→确定，（复制运行）提示：复制成功后。在 ⊕ ：动态观察功能窗口竖列→单击最下部的 1 个功能窗口如下图 " ⊞ "，在弹出的"显示设置"页面→【楼层显示】，可以选择需要显示的【相邻楼层】或者【全部楼层】→关闭此页面→【动态观察】→转动光标，可以查看已经复制成功的所有楼层构件的三维立体动态图形，如图 17-2-5。

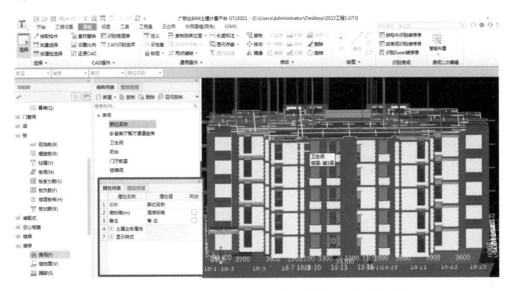

图 17-2-5　复制成功的多个楼层全部装修房间三维立体图形

上述操作只能把房间构件图元按照在平面图中的原有位置复制，并且无需修改踢脚或者墙裙的起、终点顶标高，无需修改墙面的起、终点底标高→查看构件图元工程量，有选择的清单、定额子目和工程量。

## 17.3　计算外墙面装修、外墙面保温的工程量

在"常用构件类型"栏：展开【装修】→【墙面】（W）→【定义】，在弹出的【定义】页面有【属性列表】、【构件列表】、【构件做法】三个分页面。

在【构件列表】页面：【新建】▼（有【新建内墙面】、【新建外墙面】）→【新建外墙面】，因为是在【装修】界面的【房间】下部，在【构件列表】页面，产生一个"某房间墙面（外墙面）"构件→在【属性列表】页面：可修改构件名称为"外墙面"→回车，【构件列表】页面的构件名称可与之联动更正为用中文表示的"外墙面"→在【属性列表】页面，可按照图纸设计要求选择或输入起点、终点顶标高，起点、终点底标高。如果本次只绘制当前楼层的外墙面→关闭【定义】页面。在主屏幕左下角有当前楼层的层高、层顶标高、扣减建筑面层厚度的层底标高。也可以直接输入剖面图上的标高值（单位：m），在属性页面的各行属性、参数，选择或输入完毕→在右边的【构件做法】下部→【添加清单】，在【查询匹配清单】下部→双击所选择的清单，使其显示在上部主栏内，已自带工程量代码，可修改；如果没有在"工程量表达式"栏自带工程量代码，双击此栏显示▼→可以按照图纸设计的实

际需要选择【墙面抹灰面积】或【墙面块料面积】等。

　　【添加定额】→【查询定额库】，在底部最下一行"专业栏"，选择【装饰工程】→按照装修专业的分部分项选择，并双击所选择的定额子目，使其显示在上部主栏内，在此外墙面如有几层做法，需要把所需定额子目全部选齐，再在各行定额子目的"工程量表达式"行，双击→选择工程量代码。如外墙面不同区块有不同做法可分别建立 N 个外墙面构件。在【构件列表】、【属性列表】、【构件做法】各行把所需要的参数选择、输入、操作完毕，关闭【定义】页面。

　　提示：如果设计有局部不同的外墙面，宜优先建立局部不同的外墙面构件，添加清单、定额，使用主屏幕上部的【直线】功能→在平面图中单击需要绘制外墙面的首点→移动光标拉出白色线条→单击绘制的终点，结束绘制→【动态观察】，在三维立体图形状态，已经绘制的局部外墙面构件图元为深红色→【Esc】，结束直线绘制，光标放到已经绘制的局部外墙面图元上，光标呈"回"形，可以显示此处的外墙面构件名称。

　　绘制局部不同、较小的外墙面装修构件图元后，再建立并绘制整个、全部大外墙面。在绘制大墙面时→选择【不覆盖】，不会覆盖局部已布置的小墙面装修构件图元。

　　在主屏幕上部→【智能布置】→【外墙外边线】，在弹出的"按外墙外边线布置墙面"页面→选择需要布置外墙面装修的楼层，如图 17-3-1。

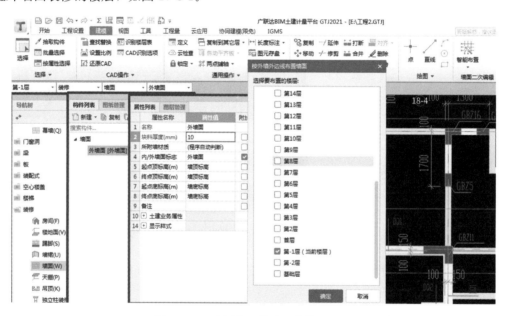

图 17-3-1　选择布置外墙面装修的楼层

　　在弹出的"按外墙外边线布置墙面"页面选择楼层后→确定，弹出"同位置图元处理方式"对话框：可根据当时工况，如已经布置有外墙装修面，应该选择【保留目标层同位置同类型图元】，否则需要选择【覆盖目标层同位置同类型图元】→确定，弹出提示：智能布置成功，可以自动消失。装修面已经布置在外墙上→【动态观察】，转动光标，布置上的外墙装修面为黄色→右键，动态观察的大圆圈标志线消失，光标放到黄色外墙面上，光标呈"回"形，可以显示布置上的外墙面构件名称，不显示的装修构件名称是没有布置上的。如果弹出提示"第 n 层，没有找到封闭区域"，是由于内、外墙画混或者外墙构件图元不封闭造成的，可以按照本书 5.1 节讲解的方法修改、调整画错的内外墙后，再布置外墙面。还可以使用主屏幕上部的【直线】功能，沿外墙面绘制封闭折线、布置装修面。

　　提示：单击键盘上的【Z】是隐藏、显示柱构件图元快捷键，可以用来检查识别、绘制的外墙构件图元有无缺口、是否封闭。

　　在主屏幕上部→【工程量】→【汇总计算】（计算运行），计算后→【查看工程量】，在弹出的"查看构件图元工程量"页面：可以显示所选择的清单、定额子目的工程量，如图 17-3-2。

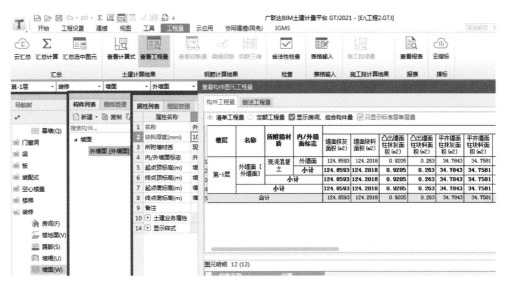

图 17-3-2　智能布置成功的外墙面装修构件工程量

在此页面上部→【做法工程量】：可以看到已经添加清单、定额子目的工程量。如绘制错误，框选全平面图→右键→【删除】，可删除全部已绘制成功的外墙面构件图元，外墙构件不会删除，可以重新绘制外墙装修面。

布置外墙面保温步骤如下。

在"常用构件类型"栏下部：展开【其他】→双击【保温层】（H）（或定义）均可进入【定义】页面，有【属性列表】、【构件列表】、【构件做法】三个分页面。在【构件列表】页面：【新建】▼→【新建保温层】，在【构件列表】页面，产生一个 BWC：保温层构件→在此构件的【属性列表】页面：可修改构件的字母名称为中文"保温层"构件名称→回车，【构件列表】页面的构件名称可与之联动改变为中文构件名。在【属性列表】页面的材质行，选择材质，有加气块、珍珠岩，可按照图纸设计选择聚苯板，输入厚度，起点、终点底标高，起点、终点顶标高，程序默认为当前层的层底、层顶标高，也可按设计要求输入剖面图中跨层顶、层底部的标高值，正常情况起点与终点底标高数值相同；起点与终点顶标高为相同值，单位：m。展开"土建业务属性"，分别双击【计算设置】或【计算规则】，可以分别进入计算设置或计算规则设置界面，有选择起点标高、扣减关系等更多功能，如不选择程序按行业通用条件默认的规则计算。在【属性列表】页面有蓝色字体公有属性、黑色字体私有属性之分，属性页面各行参数定义完毕。

在右边【构件做法】下部→【添加清单】（以河南定额为例，其他全国各地也需要按照本方法操作）→在【查询匹配清单】下部（如找不到匹配清单→【查询清单库】→展开【保温、隔热、防腐工程】→【保温、隔热，按分部分项选择清单）找到"保温隔热墙面"的清单并双击使其显示在上部主栏内→双击此清单的"工程量表达式"栏：单击此栏尾部小三角→【更多】，进入"工程量表达式"页面：选择【显示中间量】，在代码列表下部有更多工程量代码供选择，双击"保温层面积"：MJ，使其显示在此页面的"工程量表达式"下→【追加】，双击"门窗洞口侧壁保温层面积"：MCDKCBBWC-MJ，使其与上部已显示的 MJ 用加号连接在一起，组成：MJ＋MCDKCBBWCMJ 工程量代码计算式→确定，此计算式已显示在所选择清单的工程量表达式栏。

【添加定额】→【查询定额库】→展开【保温隔热、防腐工程】→展开【保温隔热】→【墙、柱面】，可以按照施工图纸设计的需要找到定额子目 10-79 单面钢丝网聚苯板厚度 50mm 的定额子目，并双击使其显示在上部主栏内→双击 10-79 的"工程量表达式"栏，单击此栏尾部显示的▼（小三角）→【更多】，方法同前。在最下部底行把【专业】栏的【建筑工程】定额选择为【装饰工程】→展开【墙柱面装修与隔断】→【面砖】，找到定额子目 12-53，墙面块料方法同上述。如图 17-3-3。

图 17-3-3　添加外墙面保温的清单、定额子目

如果记不清楚所选择的定额子目在什么分部、分项，找不到所需要的定额子目，可在分部分项栏顶行尾部有小镜子图标的行前边输入定额子目的关键字→回车，在右边可显示所有与此关键字的全部定额子目在此只讲操作方法，具体选择什么清单、定额子目，需按照图纸设计、当时工程情况选择。在此需把所需要的定额子目、工程量代码全部选齐毕，关闭【定义】页面。

在主屏幕右上角→【智能布置】▼→【外墙外边线】→在弹出的"按外墙外边线智能布置保温层"页面：勾选楼层→确定，弹出：智能布置成功，可自动消失。如果弹出提示信息：第 n 层，没有找到封闭区域，关闭此提示，是因为外墙不封闭或者内、外墙画混所致，需要按照本书 5.1 节讲解的方法，纠正内、外墙画混或者使外墙封闭后再布置外墙保温→【动态观察】，已布置上保温层的外墙面为深红色→右键，【动态观察】的大圆圈标志线消失→光标放到外墙面上，光标由箭头变为"回"形，可显示布置成功的外墙保温层之构件名称。

在主屏幕上部→【工程量】→汇总计算后→【查看工程量】，在弹出的"查看构件图元工程量"页面的【构件做法】界面：可显示已选择的清单、定额子目、工程量，如图 17-3-4。

图 17-3-4　智能布置外墙面保温的清单、定额子目工程量

## 17.4　独立柱装修

展开"常用构件类型"栏下部的【装修】→【独立柱装修】，在主屏幕上部→【定义】，在显示的【定义】页面：有【属性列表】、【构件列表】、【构件做法】数个分页面。

在【构件列表】页面：【新建】→【新建独立柱装修】，在【构件列表】下产生一个"独立柱装修：DLZZX"构件→把【属性列表】页面的构件名称修改为中文构件名称：独立柱装修→回车，构件列表下的字母构件名称联动改变为中文构件名。展开【属性列表】页面下的"土建业务属性"，单击【计算设置行】→单击行尾进入"计算设置"页面，如图 17-4-1。

图 17-4-1 选择独立柱装修的计算参数

在"计算设置"页面：独立柱装修栏已展开，有室内、室外独立柱装修抹灰底、顶标高计算方法，还有在"计算规则"行也是按照上述方法操作，在此把属性、参数定义完毕。

在最右边的【构件做法】下部：【添加清单】→在【查询匹配清单】栏下找到并双击选择的清单，可自动显示工程量代码在上部主栏内→【添加定额】→【查询定额库】→在最下部底行的【专业】行尾部，选择【装饰工程】→按分部、分项选择并双击需要选择的定额子目，在此需把此独立柱装修所需定额子目全部选择完毕，使其显示在上部主栏内，在已选择定额子目各行的"工程量表达式"栏选择工程量代码：如（河南省定额，其他地区也需要参照本方法操作）12-24 柱梁面一般抹灰，双击其"工程量表达式"栏，单击栏尾部的▼→选择独立柱抹灰面积。

重要提示：如独立柱从楼地面向上 1 米高度范围内设计有柱装饰面布置有龙骨基层包方柱不锈钢板（就是有柱墙裙，其上部为乳胶漆）→展开"墙、柱面装饰与隔断、幕墙工程"→"柱、(梁)饰面龙骨基层及饰面"→找到 12-178 定额子目并双击使其显示在上部主栏内→在此定额子目的"工程量表达式"栏→双击显示▼，单击▼→更多→进入"工程量表达式"选择页面：勾选【显示中间量】有更多工程量代码选择→在"代码列表"下，有柱墩、柱帽等更多工程量代码，双击【柱截面周长】，使此工程量代码显示在上部的"工程量表达式"栏下：输入"×1（高度单位：m）＝下部柱裙的面积"→确定，此工程量代码计算式已显示在 12-178 定额子目的工程量表达式栏，并且其尾部有工程量代码的文字说明→展开"油漆、涂料、裱糊工程"→展开"抹灰面油漆"→"乳胶漆"→找到 14-198（柱墙裙上部需要做的）乳胶漆→双击"工程量表达式"栏：单击栏尾部显示的▼→更多→进入"工程量表达式"选择页面：在"代码列表"双击选择"柱截面周长"使其显示在此页面上部：输入"×"→输入手工计算的柱裙以上柱净高度如 1.9（单位米），→【追加】，在此可编辑简单的加、减、乘、除四则计算式，还可以在"建筑工程"的【措施项目】栏：展开【脚手架工程】→展开【单项脚手架】→【里脚手架】→双击"定额编号 17-56"：单项里脚手架。使其显示在上部主栏内，独立柱内脚手架的定额子目，工程量代码计算式。清单、定额、代码选择完毕→关闭【定义】页面。

绘制独立柱装饰构件图元：在主屏幕上部→【点】（点式布置功能窗口）→单击已有独立柱图元，柱图元变蓝，可连续单击选择，变蓝→右键确认，独立柱装修图元已绘制到已有柱上→【工程量】→【汇总选中图元】→单击已布置装修的柱构件图元，变蓝，可连续单击选择→右键确认，计算运行，提示：计算成功→确定→【查看工程量】→单击已布置装修的柱构件图元，可连续单击选择或者框选全部柱构件图元，弹出"查看构件图元工程量"页面→【做法工程量】，如图 17-4-2。已有选择的清单、定额子目的工程量。

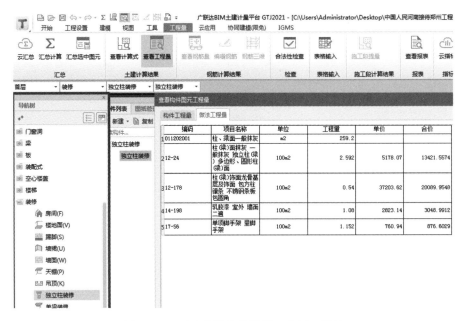

图 17-4-2　独立柱装修的清单、定额工程量

# 18　设置施工段

　　某层或数层的柱、墙、二次结构、梁、板包括楼板钢筋等全部构件图元绘制完成，并汇总计算后，如果需要划分施工段，在左上角→【工程设置】→【结构类型设置】，在弹出的"结构类型设置"页面，如图 18-1-1。

图 18-1-1　施工段设置结构归类

　　可以根据实际工况逐行单击每个构件的"结构归类"栏：显示▼→选择此构件的应有归类，如：柱、柱帽、剪力墙、梁、主肋梁、成孔胎模、连梁、现浇板、各种楼梯、人防门框墙、空芯楼盖板，应选择归类为【主体结构】（如果选择错误，此行显示为黄色，可以重新选择，构件有自动归类功能）。砌体墙、砌体柱、构造柱、保温墙、墙垛等可以选择归类到【二次结构】；各种门、窗、洞口、台阶、散水、坡道、后浇带可以选择归类到【其他土建】；大开挖土方、基坑、基槽土方、房芯回填、各种灰土回填可以归类到【土方工程】；筏板基础、基础梁、集水坑、柱墩、独立基础、条形基础、桩、桩承台、地沟、垫层可以归类到【基础工程】；楼地面、墙裙、天棚、吊顶、单梁装修等可以归类到【装修工程】。汇总计算后只对有对应关系的有效，并不会打断梁、墙等线性构件的整体性。如果操作错误，页面下部有【恢复默认值】功能。在后续查看表格时，程序会按照在此选择的归类情况，计算出的数据显示在对应的表格中。

　　结构类型归类完毕，需要按照经批准的施工组织设计、施工方案划分施工段，可以在主屏幕上部直接单击【施工段钢筋设置】，在弹出的"施工段钢筋甩筋设置"页面左侧，展开【剪力墙】→【水平筋】，在右边主栏软件提供有【不设置甩筋】（甩筋就是预留搭接、锚固的钢筋），按【≤25%】、【50%】、【100%】设置，如果选择按【50%】甩筋，可以在下部按照图纸需要选择或者输入第一批甩筋长度→回车，选择或者输入第二批甩筋长度→回车；剪力墙上部压顶钢筋的设置方法同上述。可以参考页面下部的文字说明。

　　展开【梁】：有【上部钢筋】、【下部钢筋】、【侧面钢筋】；展开【板】：有【底筋】、【面筋】、【中间层筋】、【温度筋】、【分布筋】，设置方法同上述。

各种类型构件的预留钢筋设置完毕→确定。

建立施工段：在"常用构件类型"栏→展开【施工段】；根据在【结构类型设置】界面已经设置的【结构归类】情况，需要分别在【土方工程】界面的【构件列表】页面：【新建】▼→新建土方工程1在联动产生的【属性列表】页面：为便于区别，可以把用拼音字母表示的构件名称修改为用中文表示的构件名称→回车→在【施工顺序号】自动显示1→【新建】▼→新建土方工程2，在联动产生的此构件【属性列表】页面，可以自动显示为用中文表示的构件名称→把【施工顺序号】修改为2→回车；根据需要新建土方工程3，把施工顺序号修改为3→回车。

在【基础工程】界面的【构件列表】页面：【新建】▼→新建基础工程1→在此构件的【属性列表】页面：可以把用拼音字母表示的构件名称修改为用中文表示的构件名称→回车，在【施工顺序号】自动显示1；在【构件列表】页面：【新建】▼→【新建基础工程2】→在此构件的【属性列表】页面：自动产生【基础工程2】→把【施工顺序号】修改为2→回车。因为在建立构件、绘制构件图元时已经添加过清单、定额，在此不需要添加清单、定额。

在【主体工程】界面、【二次结构】界面、【装修工程】界面、【其他工程】界面、【钢筋工程】界面操作方法同上述。【施工顺序号】1的预留钢筋会伸到【施工顺序号2的施工区域，施工段2的预留钢筋会伸入到施工段3的施工区域。

在主屏幕上部→【施工段顺序设置】，在弹出的"施工段顺序设置"页面左边，如图18-1-2。

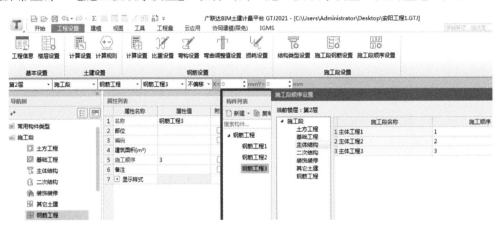

图18-1-2　已经设置的各个施工段构件

在"常用构件类型"栏的【施工段】下部：分别单击【土方工程】、【基础工程】、【主体工程】、【二次结构】、【装修工程】、【其他工程】、【钢筋工程】，可以看到各自已经建立的施工段构件。

绘制施工段步骤如下。

在【建模】界面的主屏幕上部有【智能布置】、【按后浇带分割】、【指定施工段】三种方法。方法1：【智能布置】→【按外轮廓】→框选全部平面图或者单击某个施工段区域，选上的构件图元变为蓝色→右键（计算运行），提示：智能布置成功。方法2：【按后浇带分割】，需要先绘制后浇带才能够使用此功能。方法3：【指定施工段】，根据实际工况程序支持使用主屏幕上部的【直线】、【矩形】、【画圆】、【三点弧】多种功能在平面图上分割、划分施工段区域。本工程使用主屏幕上部的【直线】功能，在平面图上用绘制多线段形成封闭的方法划分施工段区域，方法如下。

在"常用构件类型"栏：展开【施工段】→【主体结构】，在【构件列表】页面→【主体结构1】，在主屏幕上部→【指定施工段】→【直线】，用绘制多线段的方法，按照经批准的施工方案，在平面图上绘制多线段，遇转折点左键，继续绘制多线段→画回到起始原点形成封闭→右键结束。如果某个施工段区域绘制错误→单击此施工段，变蓝色，可以使用主屏幕上部的【删除】功能，删除已经绘制的施工段。

在【构件列表】页面：【主体结构2】→在与主体结构1相邻位置用绘制多线段的方法绘制下一个

施工段的区域。

绘制【主体结构3】的方法同上述。

在"常用构件类型"栏的施工段下部→【钢筋工程】→【指定施工段】(可根据实际工程情况,使用主屏幕上部的)→【直线】,按照经批准的施工组织设计、施工方案,在平面图上绘制多线段→转角点左键→绘制到起始点形成封闭,光标放到已经分割、划分过施工段的区域,光标变为"回"字形可以显示施工段名称如:钢筋工程1、钢筋工程2……汇总计算后,在主屏幕上部→【工程量】→【施工段提量】→【钢筋计算结果】→在平面图上单击已经划分过施工段的区域,在弹出的"查看施工段工程量"页面,如图18-1-3。

图18-1-3 钢筋工程施工段各种构件、各种规格的钢筋用量

单击此页面上部的【导出到Excel】,可导出此施工段各种构件的钢筋用量单独查阅。

单击主屏幕上部的【工程量】→【汇总计算】,在弹出的"汇总计算"页面:选择需要计算的楼层,选择需要计算的构件,此页面下部有【土建计算】、【钢筋计算】、【表格输入】→确定。

在主屏幕上部:【施工段提量】→单击已经绘制的施工段区域,变蓝色,在弹出的"查看施工段工程量"页面:可显示已经设置的【主体结构1】区域内各种构件的工程量,如图18-1-4。

图18-1-4 主体结构1区域内各种构件的工程量

如果继续单击施工段 2 区域，相同类型的构件工程量可以自动相加合并，程序是按照混凝土的强度等级显示各种构件的混凝土体积、模板面积。

在主屏幕上部→【工程量】界面：【查看报表】，在弹出的"报表"页面，有【设置报表范围】、【钢筋报表量】、【土建报表量】、【装配式报表量】多种功能，下部有多种报表可以查阅。还有导出、打印预览更多功能。

# 19　设计变更，包括现场签证商务、法律必读

## 一、工程设计变更

设计变更应该有必要的操作程序和正式批准手续。各单位手续、方式可能不同，但大同小异。一般来说需要有设计变更要求方提出，应该是参与建设工程的五大责任主体单位：规划、勘察、设计、施工、监理，提出书面设计变更申请，内容包括变更的工程名称、变更的节点、部位，变更理由，变更实施后对于工程的影响，包括性价比问题。

设计变更书面申请应该提交建设投资方的技术主管部门负责人同意、并签字认可，送交施工图设计单位，由设计单位技术负责人同意、提出正式设计变更书面文件并签字确认，才能作为正式设计变更文件由施工单位实施。

## 二、关于施工过程中的现场签证

现场签证是指在施工过程中经授权、有资格的发包、承包方现场代表或者受托人，要求承包人完成施工合同外、额外增加工作及产生的费用，作出书面签字确认的证据，具有以下属性：

1. 现场签证是施工过程中的例行工作，可以作为证据使用。

2. 是发包方与承包方的补充协议，对于双方均有约束力。

3. 现场签证所涉及的双方利益已经确定，应该作为工程结算的依据。

4. 特点是临时发生、内容零碎、没有规律性，但是是施工阶段对于工程成本控制的重点，是影响工程成本、造价的重要因素。

## 三、现场签证遇见的问题及处理方法

1. 存在问题：应该签证的没有办理签证手续，有些发包方在施工过程中随意、经常改动一些节点、部位的做法，既没有设计变更，也没有办理现场签证，还有个别承包方不清楚什么费用需要办理现场签证，在结算时补办困难，引起经济纠纷。

2. 处理办法：

（1）熟悉合同，应做好合同签订前的"合同评审"和合同执行前的"合同交底"，特别应该关注影响施工费用、工程造价的合同条款。

（2）解决签证手续不规范的问题：现场签证应该要求发包方、监理方、承包方三方经过授权的工程师在现场共同签字确认。

（3）防止采取不正当手段、违反规定获得的签证，这些签证不应认可。

（4）各方签证代表应经授权、具有资格，应该有必要的专业知识，熟悉施工承包合同、各种规范规定和有关政策法规。

（5）对于签证事项应该及时处理，很多工况需要签证的事项会被下道工序覆盖，或者有某方人员变动，以后难以取证，应实事求是、客观公正、一事一签证，及时处理不拖延。

## 四、现场签证工作应注意事项

1. 签证事项要齐全，必须注明：工程名称、节点或者部位、工作内容、工程量、单价及计价依据。

2. 签证时应该查看预算定额注明的工作内容，防止承包方使用较高单价的相近定额子目去做低单价定额子目的工作，获取较高的利润。

3. 现场签证项目内容要齐全：注明工程名称、时间、地止、节点、部位、事由，附上计算简图、注明尺寸、标上原始数据、工程量、单价、结算方式及关联内容。

4. 注意签证的时效性：按照承包合同规定的时限，承包方一定要在规定的时间内，把书面签证手续提供给发包方，避免超时被拒签。

5. 与预算定额中的主要工作内容重复的不应再要求签证。

6. 签证手续要齐全，按照事先约定的流程办事。

7. 签证单据应该专用，有编号，避免重复签发，必须有存根，避免改动。

8. 应该明确须采用的材料规格、品牌、质量标准、价格的确认权限。

9. 临时用工应注明用工的专业、技术等级，约定工日单价。

10. 现场签证办事工作流程示例：各专项工程应有各专业的承包方或者指令发包方技术负责人提出书面（变更）签证申请单→业主单位主管技术负责人按照审批权限签认→由施工单位实施→现场业主工程师、监理工程师、施工方工程师现场验收、签字→承包方由资料员把签证单编号登记，建立台账，造价工程师编制预算报表→业主造价工程师审核→业主主管领导审批后生效→竣工结算并入对应的工程款支付。

# 20 综合操作方法

## 20.1 绘制台阶、散水，场地平整，计算建筑面积

绘制台阶：建筑、结构专业各种构件图元绘制完成后，在【图纸管理】页面，找到首层的建筑图纸文件名，并双击其行首，使此一个电子版图纸显示在主屏幕。

在"常用构件类型"栏下部：展开【其他】→【台阶】→在【构件列表】页面→【新建】▼→【新建台阶】，在【构件列表】下部产生一个 TJ（用拼音字母表示的台阶）构件→在此构件的【属性列表】页面：可修改为用中文表示的"台阶"→回车，【构件列表】页面，此台阶名称与之联动改变为中文构件名。

在【属性列表】页面：构件名称的下邻行输入台阶总高度，单位：mm（如果记不清"室内外高差"的数值，在主屏幕左上角→【工程设置】→【工程信息】，在弹出的"工程信息"页面→展开【施工信息】，可以查看"室外地坪相对±0.00 的标高值，单位：m）→选择材质、混凝土强度等级，顶标高应该选择为【层底标高】，如有需要计入的钢筋时，展开【钢筋业务属性】单击【其他钢筋】栏→单击此行尾部，进入"编辑其他钢筋"页面，如图 20-1-1。

图 20-1-1　建立台阶构件、编辑台阶钢筋

在此页面输入钢筋号，在【钢筋信息】栏，需切换到大写输入状态，输入钢筋级别：A、B、C、钢筋直径，在【图号】栏：双击显示▼→并单击此栏尾部，进入"选择钢筋图形"界面：选择钢筋图形，有多种钢筋图形供选择，在此选择需要的钢筋后→确定，返回在钢筋图形栏：双击图形符号、在显示的小白框内输入钢铁图形尺寸 mm，需要人工计算输入根数。返回在此构件的【属性列表】页面，把各行属性、参数输入完毕→【定义】。进入【定义】界面，在最右边【构件做法】下部→【添加清单】→"查询清单库"→展开"混凝土及钢筋混凝土工程"→"现浇混凝土构件"→在右边主栏下拉滚动条找到台阶的清单编号并双击使其显示在上部主栏内，双击此清单的"工程量表达式"栏显示▼→选择【台阶水平投影面积】→【添加定额】→展开"混凝土及钢筋混凝土工程"→展开"现浇混凝土"→"其他"，在右边主栏有台阶的定额子目（参照前边有关章节的操作方法），在此把定额、工程量代码选择后→关闭定义页面，在平面图中应有位置绘制台阶。

绘制台阶需要先有布置台阶的平面投影尺寸、范围边线作定位台阶之用，如果没有，返回"常用构件类型"栏下部，展开【轴网】→【辅助轴网】→在主屏幕左上部→【两点辅轴】▼（下拉有众多功能菜单）→选择【平行辅轴】→光标呈"口"形放到外墙门口原有红色轴线上，光标由箭头变为"回"形→单击此轴线，在弹出的"输入轴线距离"对话框，输入轴线距离：正值为向上偏移轴线，负值为向下偏移轴线，在此输入的距离＝台阶踏步个数×踏步宽度＋台阶顶面水平宽度＋1/2外墙厚度＝轴线间距。另外此处还需要绘制 X 向、水平轴线间距＝台阶总宽度、应该大于或等于门口宽度。操作方法：在主屏幕上部把【平行辅轴】▼切换为【两点辅轴】设置台阶的宽度，单击外墙门口一侧，可以作为基准轴线的首点→Y 向移动光标单击已经绘制的平行轴线，在弹出的"请输入"对话框：输入轴线号（也可以不输入轴线号）→确定。台阶水平投影四边范围的定位轴线已经绘制完毕，返回"常用构件类型"栏下的【台阶】界面→绘制台阶。

使用主屏幕上部的【矩形】功能菜单从定位轴线方格的左上角向右下角画矩形台阶图元为粉红色。

在主屏幕上部：【设置踏步边】→单击选择台阶起步的外侧踏步边（如选择到外墙上的轴线有出错提示）→右键，弹出"设置踏步边"对话框：输入踏步个数→确定，台阶踏步已绘制成功→【动态观察】可查看台阶的三维立体图如图 20-1-2。

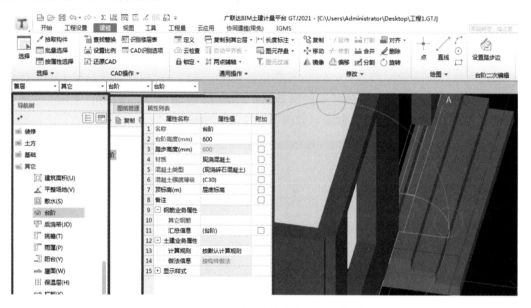

图 20-1-2　已绘制台阶踏步的三维立体图形

绘制散水的前提条件是：①必须在第一层；②外墙必须封闭，并且外墙不能与内墙画混，否则布置不上散水。如内、外墙绘制混淆，内墙画在外墙上，需要批量修改内墙构件图元为外墙，可以按本书 5.1 节描述的方法纠正。在此只讲绘制散水的操作方法。

在"常用构件类型"栏下部：展开【其他】→【散水】→【定义】进入定义页面：在【构件列表】页面→【新建散水】▼，产生一个"CS"（用字母表示的散水）构件→在【属性列表】页面：修改为用中文表示的散水构件→回车，【构件列表】页面：此散水构件名称可与之联动改变为中文构件名称。

在【属性列表】页面的构件名称下部：输入散水厚度（mm），选择材质、混凝土强度等级、底标高，如果记不清应该设置的散水底标高，关闭定义页面，在左下角可以查到当前层的底标高，在此输入的"散水底标高＋散水厚度"不能高于当前层的层底标高，单位 m。在此把各行属性、参数输入完毕→在最右边【构件做法】下部→【添加清单】找到匹配的清单编号并双击，使其显示在上部主栏内，还需要选择清单的工程量代码→【添加定额】→【查询定额库】（以河南地区为例，全国其他地区也需要参照本方法操作），如图 20-1-3。

图 20-1-3　选择散水构件的清单、定额子目

在此页面下部→展开【混凝土及钢筋混凝土工程】→展开【现浇混凝土】→【其他】，在右边主栏有散水、台阶等定额子目，找到并双击定额编号：5－49 现浇混凝土散水，使其显示在上部主栏内→双击此定额子目的"工程量表达式"栏→【更多】，进入"工程量表达式"选择页面→双击【散水面积】（在此还需要选择散水与外墙相邻的沉降缝之定额子目。在此定额的工程量代码选择栏，可选择【散水贴墙长度】；散水模板定额的"工程量代码"，可选择"散水外围长度"：手工输入"×0.3（模板深度）"。在此把清单、定额、工程量代码选择完毕，关闭定义页面。

在主屏幕上部：【智能布置】→"外墙外边线"→框选全部平面图、全部外墙外边线变为蓝色→右键→在弹出的"设置散水宽度"对话框中输入散水宽度，单位 mm→确定，提示：智能布置成功→【动态观察】检查已绘制台阶、散水的三维立体图形，检查散水与台阶的匹配情况。如散水的底标高定得低，三维立体图看到外墙与散水之间不连接，有明显间隙，说明散水的底标高与台阶的顶标设置错误，应该按设计值输入；如果散水覆盖台阶或看到的台阶不完整，是散水在其【属性列表】页面的【底标高】定得高了。因为在此显示的"属性值"是黑色字体"私有属性"，需要先选择并单击已经绘制的散水构件图元，变为蓝色，再修改【属性列表】页面的标高数值，散水构件图元属性才会变化，修改后→【Esc】结束修改，散水构件图元恢复为原有颜色。

平整场地。在"常用构件类型"栏，展开【其他】→【平整场地】→【定义】，进入定义界面，在【构件列表】页面→【新建】▼→【新建平整场地】，在【构件列表】页面：产生一个"场地平整"（用汉语拼音字母表示的）构件→在【属性列表】页面：把"平整场地"的字母改为汉字构件名称→回车，【构件列表】页面：用字母表示的构件名称与之联动改变为汉字构件名称。在【属性列表】页面的构件名下选择人工或者机械，展开【土建业务属性】在"计算规则"行有按默认的计算规则，单击此行，再单击行尾进入【清单规则】、【定额规则】选择页面：有按绘制的原始面积；场地计算外放 2 米的面积；绘制的多边形面积×1.4，应按照实际批准的施工组织设计、施工方案选择→确定。在【构件做法】界面：【添加清单】→展开"土石方工程"→"平整场地及其他"→找到平整场地的清单并双击使其显示在上部主栏内，在此清单的"工程量表达式"栏：双击显示▼→选择"平整场地面积"→【添加定额】→【查询定额库】，在左下角展开"土石方工程"（人工、机械场地平整的定额子目，以河南定额为例）在建筑工程定额土石方工程分部的"回填及其他"分项下，选择定额、选择工程量代码（有关章节已有讲解，在此不再赘述），定额子目、工程量代码选择完毕，关闭定义页面。在主屏幕上部【智能布置】→"外墙轴线"，弹出提示：智能布置成功，可自动消失→平整场地的构件图元仅仅在建筑的外墙内布置上→单击已绘制的平整场地构件图元，变蓝→右键（下拉菜单）→【偏移】→外移光标放大图元，输入：2000，单位：mm（偏移尺寸）→回车，图元已经向外扩大2m，是此楼建筑面积和图元向外扩大2m的面积之和，汇总计算后查看有选择的清单、定额子目、工程量。计算建筑面积：在"常用构件类型"栏，展开【其他】→【建筑面积】→【定义】进入定义页面：在"构件列表"下【新建】▼→【新建建筑面积】，【构件列表】页面：产生一个"建筑面积"（用字母表示的）构件名称→在【属性列表】页面：为便于区别，可修改"建筑面积"的字母名称为汉字名称→回车，构件列表下此"建筑面积"的拼音字母名称与之联动改变为汉字构件名称。在【构件列表】右侧→【构件做法】→选择清单、选择定额。在此计算出的建筑面积可用于以建筑面积为基数、计算综合脚手架等，如图20-1-4。

图20-1-4　用建筑面积为基数计算综合脚手架面积

在此把清单、定额、工程量代码选择完毕，关闭定义页面。

在主屏幕上部→使用【点】式功能布置建筑面积→光标选择并单击任意1个房间→平面图上全部建筑外墙内已经绘上【建筑面积】构件图元。如果个别房间没有布置上，是此房间外墙不封闭所致，还可以使用主屏幕上部的【矩形】菜单绘上。再分别单击已绘制上的各个建筑面积构件图元，变为蓝色→右键（下拉众多菜单）→【合并】，提示：合并成功。

如果需要局部绘制，可用【直线】功能在建筑平面图上描绘任意形状的封闭折线，或者用【矩形】菜单绘制后再合并。汇总计算后→【查看工程量】，有选择的清单、定额子目的工程量。在构件图元工程量页面：显示有建筑面积，显示建筑面积的周长，都有使用价值。

某层的建筑面积计算出来后，在主屏幕上部→【工程设置】→【楼层设置】，在已经产生的楼层表页面：把建筑面积输入到某层尾部的"建筑面积"栏内，作用是汇总计算后，可以使用【查看报表】功能，查看某层的单方工程量，详见20.5节"报表设置预览、导出"。

## 20.2　整体删除识别不成功、有错误的构件图元并重新识别

在"常用构件类型"栏，需要删除的某个主要构件界面：框选平面图上的此类全部构件图元，变为蓝色→使用主屏幕上部的【删除】功能→删除所选择的全部构件图元，删除后在【构件列表】页面：此类构件名称成为"未使用的构件"。

下一步还需要在【构件列表】页面右上角→【》】，有【存档】、【提取】、【添加前后缀】数个功能→选择【删除未使用构件】，在弹出的"删除未使用构件"页面，如图20-2-1。

删除未使用构件
全楼
工程1
第2层
柱
柱
KZ1
KZ1-1
KZ2
KZ3
KZ4
KZ4-1
KZ5
KZ6
KZ7
KZ8
KZ8-1
KZ9
KZ10
KZ10-1
确定
取消

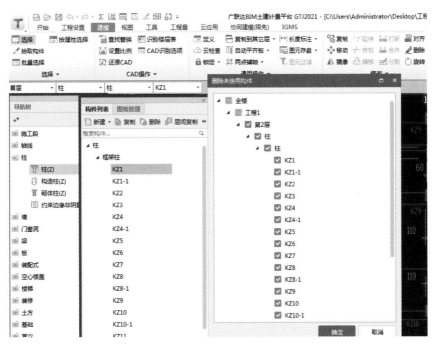

图 20-2-1 批量删除未使用构件

在上述页面选择楼层、选择需要删除的构件→确定，提示：删除没使用构件完成，【构件列表】页面的此类构件已经全部删除。

在主屏幕上部→【还原 CAD】→框选已经删除过构件图元的全部电子版图纸→右键，平面图上只剩有红色轴网→在【图纸管理】页面：找到当前的图纸文件名并双击其首部，在页面上部→【删除】，弹出提示：是否删除当前选中图纸→是。下一步在【图纸管理】页面下部的“未对应图纸”栏：双击总图纸文件名，使其全部图纸显示在主屏幕→找到需要重新识别的图纸→【手动分割】并对应到属于的楼层后，使此图纸显示在主屏幕→按照上述有关章节讲解的方法可以重新识别。

## 20.3 预算软件安装

新老版本软件安装方法基本相同。电脑桌面显示“我的电脑”的多为 32 位系统，只能安装软件模块显示 32 位的；“计算机”多为 64 位系统，应安装软件模块显示 64 位的。

画面向上光面向下插入光盘，如电脑不能读盘，不能显示“广联达整体解决方案”安装初始页面，双击【我的电脑】或者【计算机】→在同时显示有 C、D、E、F、H 等盘名称时，光标放到蓝色“广联达（H）图标”上，如图 20-3-1。

DVD/CD-RW 驱动器 (H:) 河南广联达
0 字节 可用，共 2.52 GB

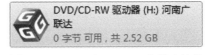

图 20-3-1 DVD/CD（H）广联达软件安装图标

单击此光盘→右键（下拉众多菜单）→【打开】，如图 20-3-2。

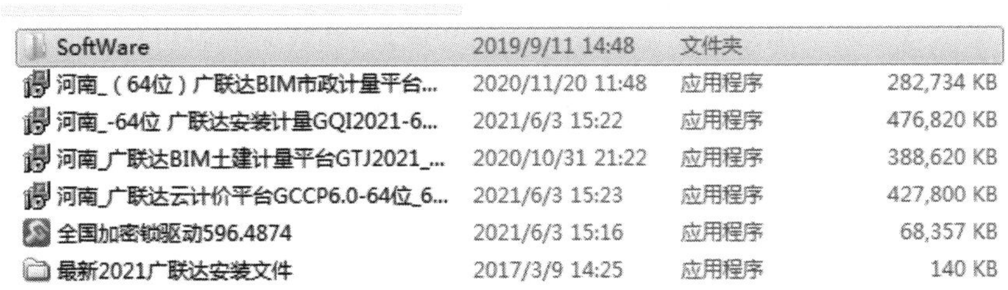

SoftWare 2019/9/11 14:48 文件夹
河南_（64位）广联达BIM市政计量平台... 2020/11/20 11:48 应用程序 282,734 KB
河南_-64位 广联达安装计量GQI2021-6... 2021/6/3 15:22 应用程序 476,820 KB
河南_广联达BIM土建计量平台GTJ2021_... 2020/10/31 21:22 应用程序 388,620 KB
河南_广联达云计价平台GCCP6.0-64位_6... 2021/6/3 15:23 应用程序 427,800 KB
全国加密锁驱动596.4874 2021/6/3 15:16 应用程序 68,357 KB
最新2021广联达安装文件 2017/3/9 14:25 应用程序 140 KB

图 20-3-2 广联达工程造价软件各模块的安装菜单

上述页面有：广联达 BIM 市政计量平台、广联达 BIM 安装计量 GQT-32 位、广联达 BIM 安装计量 GQT-64 位、广联达 BIM 土建计量平台、广联达云计价平台 GCCP6.032 位及 64 位等。

1. 可优先选择：双击广联达 BIM 土建计量平台 GTJ2021（不分 32 位、64 位）→双击此模块的【小电脑】图标（显示：正在初始化安装，请稍候）如图 20-3-3。

图 20-3-3　广联达土建计量软件安装画面

在上述画面程序默认为【全选】安装内容，默认已勾选【添加桌面快捷方式】，默认为【已阅读并同意】→（在此可以在安装路径下：删除【C】字改为【D】，安装到【D】盘，以后在系统升级时不受影响）→【立即安装】→运行，正在准备安装、解压，可能需要稍等几分钟→提示：安装成功。"广联达 BIM 土建计量"软件的【T】形图标已经显示在电脑桌面上。如果提示：GTJ2021 土建计量软件不支持在本系统安装和使用，本软件仅限在 WIN7 系统下安装使用。解决方法，将电脑系统升级为 WIN7 系统。

2. 双击安装算量（分 32 或 64 位）→（2021 版直接）双击此模块的"小电脑图标"→（安装运行）→全选安装内容，在安装路径行：删除 C 改为安装到 D 盘，以后系统升级不受影响→【立即安装】→正在解压、安装→提示：安装成功【→】返回初始安装页面。

3. 双击云计价 P6.0 分 32 或 64 位→（2021 版直接）双击此模块的小电脑图标（正在初始化安装，请稍候）→全选安装内容（在此可以修改安装盘）→【立即安装】→安装运行→提示：安装完成→确定。在电脑桌面已经可以显示有"广联达云计价 P6.0"图标。

4. 双击安装有"钥匙"图标的【加密锁驱动】（广联达 2021 版是先安装驱动，后安装授权）→【立即安装】，如果提示：已安装的版本太低，请先卸载后再安装（说明以前已安装有同类软件未卸载）→关闭安装画面，在电脑左下角→【开始】→【强力卸载软件】→在"搜索"行，输入"广联达加密锁驱动"，在下邻行显示【广联达加密锁驱动程序】→【卸载】，卸载完成后再双击安装【加密锁驱动】→【立即安装】，已经可以安装；如果你的电脑没有安装电脑管家。可以在左下角→【开始】→【所有程序】→单击"广联达建设工程造价管理整体解决方案"，有各个软件模块的【卸载】功能。

5. 在安装初始页面：双击安装【S 升级驱动 570】→【安装】→提示：安装成功，请重启电脑→确定，在左下角重启电脑。

两个驱动安装以后，还可以增加安装其他软件模块。如果有的模块出现问题不能使用，只需要卸载有问题的模块，再安装这个有问题的模块即可。

激活：软件安装后→打开软件，当提示"没有检测到加密锁"时才能使用。

在电脑桌面：双击（有锁图形的）"广联达新驱动"→弹出"广联达新驱动"页面：在停止服务状态→【激活】→提示激活成功。软件可打开。

其他方法激活加密锁驱动：双击电脑桌面有"锁"图形的【广联达新驱动】，弹出广联达新驱动【单机锁号】页面：有本机锁号显示→单击【＞】→【知道了】→单击【停止服务】变为【启动服务】，已可以打开软件。

在最下一行【我的授权】→【重新检测】→单击【停止服务】→【服务已启动】→【查看已购】→显示已购广联达造价软件各模块→【我的授权】→【加密锁设置】，显示服务器地址、号码、加密锁号码→【测试设置】→提示：测试当前设置失败，请检查加密锁是否插好，或广联达授权服务是否启动，然后再试→确定。插上加密锁，启动服务，安装成功。

## 20.4　邀请对方远程协助软件安装

插上网线→双击电脑桌面上的【腾讯 QQ】→输入 QQ 号、密码→【登录】，在弹出的有本人 QQ号、昵称的页面。

添加好友后，在对话页面上部有【语音通话】、【视频通话】、【远程演示】▼、【传送文件】▼、【远程桌面】▼、"【发起多人聊天】＋"等功能→单击【远程桌面】▼（有：【请求控制对方电脑】、【邀请对方远程协助】）→【邀请对方远程协助】，在此页面右下角可看到对方首次发的信息，需要本人接受才能显示"远程协助"栏下有两台电脑箭头横向移动画面，如图 20-4-1。

图 20-4-1　利用远程控制技术安装造价软件

已经进入"邀请对方远程协助"操作界面，操作完成→【取消】，结束远程协助操作。还可以【请求控制对方电脑】的操作。（【Shift＋Enter：回车】：停止授权）2021 版软件安装成功，插上加密锁如果提示：检测不到加密锁→双击电脑桌面上的红色【DX】授权→安装授权→提示：授权成功→确定。已经可以检测到加密锁，软件已可以打开。

## 20.5　设置报表预览并导出

在主屏幕上部→【工程量】→【汇总计算】，如果提示有错误信息→双击此错项提示信息，平面图中的错项构件图元自动放大显示为蓝色，删除此错误构件图元后，再原位置绘上应有、正确的构件图元，可以重新汇总计算。在主屏幕上部→【查看报表】，在弹出的"报表"页面上部，在【打印预览】

功能窗口的右边尾部有小镜子图标的前边，输入中文：建筑面积每平方米工程量→单击"小镜子图标"即【搜索】，在左下部主栏→【图形输入工程量汇总表】，可以显示各种以每平方米建筑面积为单位的工程量，又称作单方工程量，如图20-5-1。

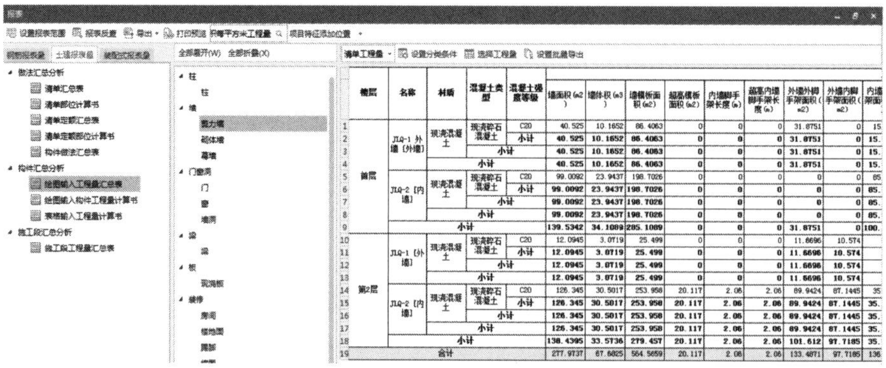

图20-5-1 查看各层每平方米建筑面积的工程量

在上述页面中间首行→【全部展开（W）】：可以分别查看各层柱、剪力墙、砌体墙等各种构件的单方工程量，表中各种数据尾部括号内显示 $m^2$，表示建筑面积每平方米的工程量，括号内显示 $m^3$，表示构件的每立方米数据。

在弹出的"报表"页面上部，有【打印预览】、【搜索报表】、【导出】▼功能。在其下邻行还有【钢筋报表量】、【土建报表量】、【装配式报表量】三个界面：每个界面都有众多报表可以查阅，并有导出报表功能。如果选择【设置报表范围】，在弹出的"设置报表范围"页面，有【绘图（含识别）输入】、【表格输入】两项功能→【绘图输入】：展开需要显示的楼层→选择构件，在此页面下部的"钢筋类型"有显示【直筋】、【箍筋】、【措施筋】功能，如图20-5-2所示。

在报表预览界面，有【钢筋报表量】、【土建报表量】、【装配式报表量】在此页面右侧如果选择【土建报表量】，有各种【做法汇总分析】表、【构件汇总分析】表、【施工段汇总分析】等各种报表。【设置分类条件】右侧上部有（定额）【做法汇总分析】，有各种报表供选择，下部【构件汇总分析】，有【绘图输入工程量汇总表】、【绘图输入构件工程量计算书】、【表格输入】等多个表格供选择查阅，不需要的可以取消，有【设置分类条件】，【选择工程量】导出、打印等众多功能，如图20-5-2。

图20-5-2 在报表预览界面查看各种报表的工程量

另有设置报表批量导出功能，在显示的【报表】页面选择【设置报表范围】，勾选钢筋类型栏的【直筋】，【箍筋】，【措施筋】→【确定】可按需要显示报表。查看工程量方法：【汇总计算】→【查看报表】，找到需要查看的工程量，如果怀疑某项工程量有问题→可以使用左上角的【报表反查】功能，在【构件汇总分析】→【绘图输入工程量汇总表】页面：查找、核对工程量。在云指标也称工程信息页面如果不显示指标，又称不显示单方经济指标信息，原因是在【楼层设置】页面的某层没有输入建筑面积。

结果查量：【工程量】→【查看报表】分别选【钢筋报表量】、【土建报表量】、【装配式报表量】通过设置"报表范围"，选择需要输出的工程量；过程查量：钢筋有【钢筋三维】结合【编辑钢筋】菜单；土建有【查看工程量计算式】和【查看三维扣减图】功能，可以直观地查看工程量计算式、计算过程。

## 20.6 【做法刷】与【批量自动选做法】

在【定义】界面之【构件列表】页面：需要先选择一个有代表性的构件，把此构件的清单、定额子目及工程量代码全部都选择、添加完毕。进入【做法刷】前需选择定额，单击需要选择定额子目行的"序号"，全行发黑为有效，可多次选择，如果是选择清单，因清单与其下部所选的多个定额子目是组合绑定的→单击已显示清单左上角的空格，使清单及下部所属定额子目全部发黑为有效。在此页面的上横行→【做法刷】（作用是把当前构件已选择的清单、定额做法复制、追加到全工程各楼层所有相同构件上），根据需要可以选择→【覆盖】或【追加】。如图 20-6-1。

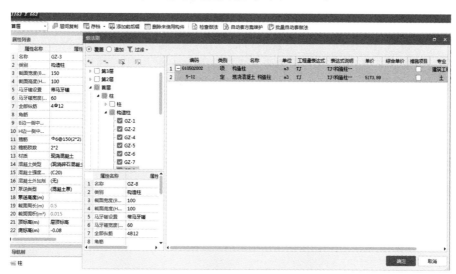

图 20-6-1 做法刷

如在【做法刷】页面带进不需要的清单、定额，在左上角→【过虑】▼→单击▼→"未套用做法构件"，不应带进、不应显示的清单、定额子目已消失，并且当前已选择的清单、定额的源构件名称在【构件列表】页面已消失，不会重复选择。可选择楼层→选择同类型的构件，源构件已选择的清单、定额已显示在【做法刷】页面。此页面外部左边是源构件的属性列表，页面内下部是动态选择构件的属性页面，程序会按照选择、动态显示，用以两个属性页面的参数相互对照区分，防止选错。在此可把全工程各层所有相同做法的构件全部复制、刷进来→确定，提示：做法刷操作成功→确定。此时再依次击【构件列表】页面：操作做法刷前没有添加清单、定额的构件，其右边已有添加上的清单、定额子目显示，作为检查核对。多选，错选的定额子目可删除。

在【定义】页面上部有【批量自动套做法】功能，必须先操作【自动套方案维护】→在弹出的

"自动套方案维护"页面：有【清单模式做法库】、【定额模式做法库】；需要在各主要构件先建立方案→【添加清单】或【添加定额】→选择工程量代码，先建立一个简易的工程模型，才能实行【批量自动套做法】操作。

【批量自动套做法】与【做法刷】的区别：做法刷是选择已套过定额的构件，把源构件的做法复制到其他同类构件上。

批量自动套定额做法：【自动套方案维护】→弹出自动套方案维护页面，如图 20-6-2。

图 20-6-2　批量自动套做法

可选择页面左上角有【清单模式做法库】和【定额模式做法库】两个界面，如选【清单模式做法库】，可显示广联达公司已预先做好的各主要构件的做法，已选套与之匹配的清单、定额的主要构件，用户在此也可新建、添加或修改，如选择展开某主要构件，在此构件的匹配条件和后边的构件做法栏为空白，说明此构件无与之匹配的做法（清单、定额），需用户自己建立，添加做法模板。

如此主要构件右侧有相匹配条件的构件做法（清单、定额）内容，用户也需检查是否与实际工况相匹配，可修改完善，完善毕可继续再选择并查看下个主要构件，查看是否与拟套用工况一致、匹配，不需的构件可删除。当与拟复制（追加）的工程一致时→【批量自动套做法】→选拟追加的目标工程→选拟追加复制的已生成构件图元的楼层→选目标构件→（在此页面左下角）选【覆盖】→已自动套做法（意思是把拟选目标楼层或目标构件已有做法删除、更新为新的做法）→确定→运行，【批量自动套做法】操作成功。本工程全部操作成功，退出前需要汇总计算、保存并记住顶部一行的工程名称和所保存的盘名。

# 21　广联达 GCCP6.0 计价软件的操作方法

## 21.1　进入广联达 GCCP6.0 计价软件创建工程

在电脑桌面找到  "广联达云计价平台 GCCP6.0" 并双击打开→（如果没有联网）【离线登录】，显示："云计价全面升级"画面，稍等画面可以自动消失。

在弹出的"离线模式"对话框中显示：离线模式使用软件，您将无须输入用户名和密码，也无须联网可以直接使用软件，但您同时也将无法使用与网络相关的功能，如我的数据库、云检查、智能组价等功能→【进入软件】，在广联达云计价平台 6.0 页面左边有：【新建概算】、【新建预算】、【新建结算】、【新建审核】等多个功能，如图 21-1-1。

图 21-1-1　在弹出的"广联达云计价平台新建预算工程"页面：输入、选择各行信息

如果是再次进入，继续做未完工程，在打开软件初始页面的左边，单击【最近文件】，可以显示已有的多个工程文件名称、日期，最后做的工程文件在上边→找到需要继续做的工程文件名称并双击打开，继续做未完工程。

如图 21-1-1，在【项目名称】栏，输入工程名称、项目编码；选择地区标准；定额标准、在【价格文件】栏尾部单击【浏览】窗口，可选择信息价的时间段→确定→【立即新建】，在弹出的"基本信息"栏：输入、选择各行信息，红色字体是必输内容。

可以根据需要选择招标、投标项目→选择【单位工程/定额】、【单位工程/清单】→【新建单位工程清单】→在"新建单位工程"页面→输入工程名称→在【清单专业】栏：有【建筑工程】、【仿古建筑工程】、【安装工程】、【市政工程】、【园林绿化工程】、【城市轨道交通工程】，本例应选择【建筑工程】；在【定额库】栏，（以河南地区为例，其他地区也需要按照本办法操作）可以选择"河南省房屋建筑与装修工程预算定额 2016"→单击"价格文件"行尾部，程序可以自动显示所在地区→在选择数据包页面，选择"信息指导价"→选某年某月时间段→确定，在"价格文件"

栏：可显示已选择的"信息指导价格文件"→在"计税方式"栏：可根据企业实际情况选择【增值税一般计税方法】或【简易计税方法】→【立即新建】，在显示的基本信息页面，输入各行信息。在弹出的"关于广联达科技股份有限公司计价软件测评合格编号"页面，显示某某省建设工程造价计价软件测评合格编号→【接受】（在此页面上部）→【分部分项】→使用"查询"或"插入"方式选择、添加清单或者定额→【插入】定额。也可直接输入定额子目、工程量。

## 21.2　把土建计量软件的计算成果导入到计价软件

在计价软件的左上角→【导入】（下拉菜单有：导入 Excel 文件，导入单位工程（有"建筑""装饰""安装""市政""装配"等专业）→【量价一体化】▼→【导入算量文件】（导入前应记住需要导入工程所保存的盘名和工程文件名称）→找到算量软件计算出工程量的工程文件所在的盘名→找到首部带有"T"形土建计量软件标志，后边有创建、修改日期的工程文件名称并双击，使其显示在下部的"文件名"（N）行→【导入】（导入运行），提示：单位工程导入成功→确定。在弹出的"选择导入算量区域"页面，在有楼房图标的下部，单击选工程名称如"工程 n"→在本页左下角还需要选择【导入做法】→确定，（生成工程数据文件运行），在弹出的"算量工程文件导入"页面：已经可以看到在算量软件计算出的清单、定额子目、工程量，如图 21-2-1。

图 21-2-1　把土建计量软件的计量结果导入造价软件

## 21.3　【项目自检】，生成报告书

在最上部一级功能菜单【编制】功能窗口，可以在主屏幕上邻行的【造价分析】、【工程概况】、【分部分项】、【措施项目】、【其他项目】、【人材机汇总】、【费用汇总】的任何界面，在左上角均可看到【项目自检】功能窗口→单击【项目自检】，在弹出的"项目自检"页面的【选择检查方案】下部，程序会按照在创建工程时选择的【清单计价】或【定额计价】模式，自动显示【清单计价自检选项】或者【定额计价自检选项】→【全部选择】，在【工程自检】下部的众多检查项目已经全部勾选，有【子目工程量为零】、【子目单价为零或小于零】、【同一工料机有多个价格】、【工料机用量为零】、【工料机单价为零】、【明细材料单价为零】多个选项，不需要的、没有意义的检查项目可以勾去不选择→【执行检查】（检查运行），在【项目自检】页面已经显示检查结果，在此页面右上角→【检查结果】，在弹出的"符合性检查结果过滤选项"页面，如图 21-3-1。

图 21-3-1　项目工程自检

如果上述页面主栏显示为空白，表示没有问题，自检通过。在弹出的"符合性检查结果过滤选项"页面，已经显示检查出有问题，需要纠正、处理的错项，在弹出的"符合性检查结果过滤选项"页面左下角→【全选】，不需要检查的在【是否选择】栏去勾→确定。

在【项目自检】页面的【筛选检查结果】栏下部，展开错项提示行首部的【+】为【-】，首个错项如清单项目编码为空或编码重复，双击此错项，程序可以自动切换到此错项应属于的如【分部分项】、【措施项目】、【其他项目】、【人材机汇总】、【费用汇总】的界面，并且在【项目自检】页面以外有自动定位功能，用黑色线条围合框住，如果【项目自检】页面覆盖，光标放到【项目自检】页面上部的蓝色带→拖动移开。错误原因是在【分部分项】界面此【整个项目】下邻行缺少"项目名称"→双击【项目自检】页面外自动定位、已经选上，并且在提示的处理方法之处，显示【…】→【…】，在弹出的"编辑（项目）名称"页面：输入项目名称→确定，纠错完成。

在【项目自检】页面的【筛选检查结果】栏下部，把某个错项"清单项目编码为空或编码重复"行首的【+】展开为【-】，例如发现下边有数个行是：清单，夜间施工增加费，并且金额相同，明显属于重复→双击此错项，程序可以自动切换到此错项所在界面并定位，用线条框住，（凡是重复、多余的都可以）直接右键（下拉有众多菜单）→【删除】，弹出"确认"页面：确定要删除当前选中行吗？→是（也可以→在主栏上部横行【删除】▼，弹出"确认"页面：确定要删除当前选中行吗？→是）。再次双击【项目自检】页面的此错项→提示：所选记录不存在，可能已被删除→确定，可防止错误删除。如果【项目自检】页面内没有重复，在页面外自动定位锁定的只余有一个同类项目、不能再删除，错误删除的不能恢复。如果提示："清单项目特征为空"，则不需要处理。

对于"清单项目编码为空或编码重复"的快速处理方法：把其行首的【+】展开为【-】，例如发现下边有数个行是：清单，夜间施工增加费，并且金额相同，明显属于重复→双击此错项，程序可以自动切换到此错项所在的界面并定位、用线条框住，可以在此行的备注栏→单击【统一调整清单编码】，进行快速修正。

例如：某错项自动提示的纠错处理方法为请输入清单简称，记住此提示→双击提示的处理方法，在【项目自检】页面外自动定位显示的处理方法行→双击"自动提示的纠错方法"，显示【…】→【…】在弹出的"编辑名称"页面，输入清单名称→确定，纠错完成。

又如错项提示"未组价清单"，把此行首部的【+】展开为【-】→双击下邻行的未组价清单，在【项目自检】页面外程序自动定位锁定此错项清单，原因是此清单下没有定额子目，属于无效清单，确属无用的用上述方法删除，如是有用的清单→（在主栏目上部横行）【插入】▼→【插入子目】，在此清单下插入一个下级空白行，直接输入应有的定额子目、工程量即可。

## 21.4 使用【图元公式】功能计算定额子目的工程量

在左上角的【编制】→【分部分项】界面，在【编码】栏已有定额子目下部的空白行，首先输入一个定额子目→单击已经输入定额子目的"工程量表达式栏"→在右上角单击【工具】▼→▼，显示【计算器】、【特殊符号】、【图元公式】、【五金手册】、【土方折算】→选择【图元公式】，在弹出的【图元公式】页面，如图21-4-1。

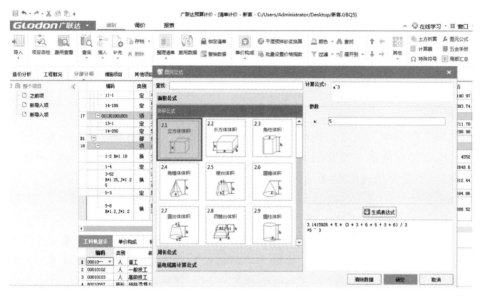

图 21-4-1　利用计价软件的【图元公式】计算工程量

需要根据已输入的定额子目的计量单位（面积、体积、长度），在弹出的图元公式页面，可以根据需要单击选择【面积】、【体积】、【长度】（周长）或者【送电线路计算公式】，如：单击选择【体积公式】→拖动右侧的滚动条，在主栏内找到并单击需要的体积计算公式图元，所选择的图形已显示在红色边框线内，同时在右侧顶行显示此图元的体积计算公式→在下部【参数】栏各行，按照红色边框线内显示的图形符号输入各行参数→【生成表达式】，在此页面下部已生成此图元的计算式→确定，计算式、计算值已显示在所选择定额子目的"工程量表达式"栏，并在"工程量"栏，显示计算出的工程量数字→再次单击右上角的【图元公式】，可以返回已消失的【图元公式】页面，原来选择的图元、计算公式还在，可用于复核。

## 21.5 【载入价格文件】，建立个人材料价格库、价差表

在最上部一级功能菜单→【编制】→在【分部分项】界面，可以导入或者输入清单、定额子目后→【人材机汇总】（在左上角第二行有"【载价】▼"功能窗口）→【载价】▼（下拉菜单有【批量载价】、【载入价格文件】、【载入历史工程市场价文件】、【载入 Excel 市场价文件】）→选择【批量载价】，在弹出的"广材助手，批量载价"页面：有【信息（指导）价】、【专业测定价】、【市场价】，如果选择【信息价】，可以根据实际需要和您的工程所在地→选择信息价的地区、时间段，在下邻行还有【添加备选地区】功能，光标放在此功能窗口上可以显示使用说明，还可以根据需要选择【覆盖已调价材料价格】→【下一步】，在"批量载价"页面，已经显示普工、一般技工、高级技工等各种人、材、

机的含税、不含税价，市场价、专业测定价，可以按照本工程需要选择→【下一步】，显示提示：本次载价为您节省多长时间，已为您调整材料价格多少条，如图 21-5-1。

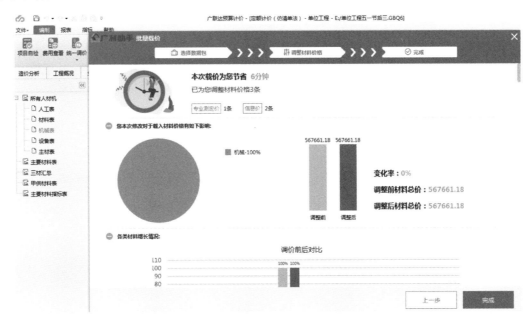

图 21-5-1　使用批量载价功能载入价格文件

还可以选择→【载入价格文件】，在弹出的"选择价格文件"页面，左上角勾选【加权模式】→单击【加权模式】行尾部的▼，软件提供有【市场价】、▼【定额计价仿清单法】、▼【定额库】、▼【某某地区 2008 序列定额】、【广材助手】（凡是文件名前有横向小三角的，展开均有下级菜单）等多种功能→单击【广材助手】，使其显示在上部【加权模式】行，在页面下部输入【加权后信息价文件名称】→勾选【仅载价】（光标放在此处有提示：不勾选仅载价，除了载入价格，同时载入名称、规格型号、单位→确定（如果【确定】二字是黑色的不能使用，可能是你没有购买此权限）。以后可以在【人材机汇总】界面左边的【主材表】下邻行显示"加权后信息价文件名称"→双击可打开。

此时在电脑主栏目的最下部显示【广材助手】页面，（如图 21-5-1）有【全部类型】、【信息价】、【专业测定价】、【市场价】、【广材网】、【个人价格库】、【人工询价】七个功能窗口，可以根据承包、发包双方在承包合同中的约定选择（如选择→【广材网】，有【全国】→选择你所在的地区如：【河南】→【信息价】→在【地区】窗口单击▼→选择地区，可以根据你购买软件所在地区、权限选择【全国】或者各个省市地区）→【信息价】，在地区窗口：可以自动显示"郑州"→在【期数】窗口单击▼，选择时间段，在选择时间段页面的上部→【＜】，年份向前→【＞】，年份向后→选择季、月数。

在右边主栏上部默认选择【显示本期价格】，在【广材助手】页面下部左边的"所有材料类别"栏下，选择一种材料，在右边就是所选择材料类别下的全部材料，并且在各行材料的行首显示（材料价格的来源又称"出处"）：【信】，并且显示材料的名称、规格型号、单位、【不含税市场价（裸价）】、【含税市场价】、【历史价】、【报价时间】→单击某行材料行尾部的【历史价】，可以分别显示此种材料的【除税价】、【含税价】的价格浮动趋势示意图。（如果是首次选择上【广材网】下载价格文件，需要→【登录】，在的弹出的【账号登录】页面，"请输入用户名"栏，输入手机号码→输入密码。如果记不清密码→在验证账号的账号栏，输入手机号码→【继续】，显示找回方式→输入系统发到你手机上的验证码→【提交】，重置密码，再次输入重置的密码→确认→登录完成→【返回主页】）。回到一级菜单【编制】→【人材机汇总】，下部显示有"广材助手"页面→【点击下载】如图 21-5-2。

图 21-5-2　载入价格文件

如果找不到【点击下载】菜单，光标放到此页面右下角空白处→右键，可显示【载价（或双击快速载价）】菜单。

还可以在【广材助手】页面右边上部→【信息价】→选择【结算调差】。在左边"所有材料类别"栏下，选择一种需要用于结算调差的主要材料类别（另有：黑色、有色金属；水泥及制品；砖瓦及砂石；沥青、防水保温隔热材料；门窗；机电管线等多种主要材料类型），在右边主栏显示的就是此类主要材料所属的全部材料，在各行材料行首部有【信】字（表示价格来源是【信息价】）、有材料名称、规格型号、单位、【不含税市场价（裸价）】、【含税市场价】（区别是多了个【计算价差】。此时如果在"广材助手"页面右上角的【搜索】栏默认显示【人工】二字须删除，在此【增值税】应该选择【不含税市场价】），可以根据需要→选择需计算价差的材料→单击【计算价差】（单击选择此行的【计算价差】字体变为黑色），在弹出的"广材助手，计算价差"页面（如果覆盖，影响观察可拖动移开），第一步，【价差设置】：此时在【投标价】栏默认显示的是在上部【人材机汇总】页面，已经选择材料的【市场价】（此【投标价】如果为了提高己方的竞争力，可作适度修改），因为批量载价载入的是"不含税价"，在此也就不需要再输入税率了，在税率栏应该显示为零。增值税（一般计税法）材料和机械的价格都是按照"不含税价格"计算的。

输入【风险范围】→输入【工程名称】，在"广材助手，计算价差"价差设置的第二步：（方式 1）【按照单期信息价调差】，可以向前、向后选择年份，（提示：在此显示的全部是在【结算调差】页面已选择材料的不同月份的同一规格型号、材料）→输入【进场工程量】，如果需要还可以选择其他月份的材料→输入【进场工程量】，如果需要还可以选择其他月份的材料→输入【进场工程量】→【计算价差】，在弹出的"广材助手，单位换算"对话框：输入换算系数，如输入：1（不提高，不降低）→确定，凡是输入【进场工程量】的材料均已显示已设置的"＋－风险范围""本期价格""含税价差合计"→【保存】，在弹出的"广材助手，保存成功"对话框，提示：已存档至"个人价格库－材料价差表"，价差表不会影响预算书的报价→【关闭】，如果选择→【跳转到价差表】，在主屏幕下部"广材助手"页面右上部→【个人价格库】（为蓝色），在左边"所有材料类别"下部显示已经建立的【材料价差汇总表】（按单期），单击【材料价差汇总表】（按单期）栏下部已建立的价差表工程名称，此表可以打开，在右边显示的就是此价差表的全部内容。

还是在→【信息价】→【结算调差】：在左边"所有材料类别"栏下选择一种主要材料类别→在右边选择 1 种材料→【计算价差】，在弹出的"广材助手，计算价差"的【第一步，价差设置】栏：在【投标报价】栏显示的默认值，是在上部【人材机汇总】页面所选择材料的【市场价】，根据乙方的风险负担能力和竞争力，设置【风险范围】→输入税率：0。

在第二步的上邻行（方式 2）→【按照平均价调差】→【设置期数及平均规则】→【<】，向前选择年份→【>】，向后选择年份。在"设置期数及平均规则"页面，单击左上角的空格，可以全部选择设置左边各期的加权比例，也可以逐个选择设置加权比例；右边设置各期加权比例的方法相同。选择设置后下部显示已经选择的总期数、加权比例→【下一步】，在弹出的"广材助手，计算价差"页面，第三步：输入工程量页面上部显示的×年×月、材料名称、规格型号、各期比例、本期价格；页面下部，显示设定的风险范围、投标价、需要输入工程量（有【上一步】，可以返回上一步检查）→【计算价差】，在弹出的"广材助手，单位换算"对话框：输入换算系数，1 等于不提高，不缩小→【确定】→【保存】，在弹出的"广材助手，保存成功"对话框，提示：已存档至"个人价格库——材料价差表"，不会影响预算书的报价。→【跳转到价差表】，在"广材助手"页面左边下部的【材料价差汇总表】（按平均价）栏下有此"价差表"，可以打开。

返回"广材助手"页面→【信息价】→【显示平均价】，操作方法与上述方法基本相同。

选择【显示本期价格】。如果选择【结算调差】，在材料各行尾部自动显示并单击【计算价差】，弹出【第一步】：价差设置，输入【投标价】、设置或修改【风险范围】→【税率显示为零】→输入【工程名称】。在材料各行的【进场工程量】栏：输入工程量→【计算价差】，各行显示【含税价差合计】的金额。

【第二步】方式 1：选择【按照单期信息价调差】→选择年份、月份→在各行输入【进场工程量】（没有的材料行可不输入）→【计算价差】，在弹出的"广材助手，单位换算"对话框，输入换算系数如 1（含义是不升不降，可以修改）→确定，凡是输入【进场工程量】数字的材料行均显示【含税价差合计】的数额→【保存】，在弹出的"广材助手，保存成功"页面提示：已存档至【个人价格库——材料价差表】→选择【跳转到价差表】→【导出价差表】，在弹出的"价差表导出"页面：左边选择盘名，可在此页面【文件名】行自动显示已建立的文件名称→【保存】，并且会在"广材助手"页面左边的【收藏】栏下显示此文件名称。

【第二步】方式 2：单击【显示平均价】，弹出"广材助手，设置加权规则"页面，可以输入、设置各月份的加权平均价所占的比例→确定。如果找不到【点击下载】功能窗口→光标放到最右下角空白处→右键，显示【载价（或双击快速载价）】。

在【人材机汇总】界面：所有人材机或者人工、材料、机械各页面的（需要拖动下边的滚动条）后边有【供货方式】→单击某行【供货方式】栏，（默认为自行采购）的某行显示▼→▼，有甲方供货、乙方供货，有甲方指定厂家品牌仍为乙方供货，如果选择【甲供材料】→在甲方供货数量页面会显示甲供材料的数量，程序会自动扣除这部分材料的价格数额，有显示部分甲供材料数量的功能。

## 21.6　【批量换算】、【插入】、【替换】人、材、机

在【分部分项】界面：框选或者【Ctrl＋左键】可根据需要多次选择数个清单或定额子目，使其成为当前操作项，此时在主屏幕下部的就是所选择清单或者定额子目的【工料机显示】等全部内容参数→把光标放到主栏目的清单、定额子目与下部动态显示的【工料机显示】等内容的分界处，光标变为上、下双箭头→向上拖动可向上提高、扩大显示下部的【工料机显示】等内容，便于观察下部的内容。在【工料机显示】栏内选择 1 个需要替换的人工、材料、机械→（在主屏幕上横行）【其他】▼→【其他】（下拉菜单）有：【批量换算】、【工程量批量乘系数】、【工程量批量输入】、【修改未计价

材料】、【提取模板子目】、【合并子目】、【清除空行】、【修改未计价材料】多种功能→单击选择【批量换算】，在弹出的【批量换算】页面：左上角有【替换人材机】、【删除人材机】、【恢复】三个功能窗口→【替换人材机】，弹出"查询/替换人材机"页面，在此页面的左上角默认为【人材机】，另有【我的数据库】→选择【人材机】，在第二行默认显示的是当前"某某地区房屋建筑与装饰工程预算定额（2016）"→单击其尾部▼可以切换到安装工程或者市政工程专业预算定额。在下邻的【搜索】行输入需要查询的人、材、机的关键字→左键确认，相邻右边主栏显示的全部是与之有关的人、材、机，可供查询、寻找。在【查询/替换人材机】页面以内的左侧展开需要替换人、材、机所属类别→在右侧主栏选择需要替换的人工、材料、机械→（右上角）如果选择【插入】，在原有人、材、机下部增加一种人、材、机；如果选择【替换】，在弹出的"单位替换系数"对话框中，输入换算系数→确定，在返回的【批量换算】页面下部的【设置工料机系数】栏下，可以根据需要分别输入或者修改【人工】、【材料】、【机械】、【设备】、【主材】、【单价】的换算系数→【高级】，在弹出的"工料机系数换算选项"页面，勾选"不参与系数调整的选项"有【甲供材料】、【甲定材料】、【暂估价材料】，三项可以根据需要全部选择或者部分选择→确定，在"批量换算"页面→确定。如果选择的是【插入】，在【工料机显示】栏原有的人、材、机下邻行增加一行材料；如果选择的是【替换】，原有的人、材、机已经删除更换为新的人、材、机。在主屏幕底部的【工料机显示】页面：红色是换算后提高的材料含量，蓝色是调整后降低的【市场价】数额。

## 21.7 使用【查询】功能选择清单、定额子目

单击最上部的一级功能菜单【编制】→在【分部分项】界面（在主屏幕上部第 4 行）→【查询】▼（下拉菜单有）【查询清单指引】、【查询清单】、【查询定额】、【查询人材机】、【查询我的数据】。选择→【查询定额】，弹出"查询"页面，如图 21-7-1。

图 21-7-1 利用【查询】功能选择清单、定额子目

在【查询】页面：需要按照在创建此工程时如果选择的是"单位工程/清单"，在这里也应该先选择"清单"再选择"定额"。在左上角显示：某某地区房屋建筑与装饰工程预算定额▼→▼，另有通用安装工程预算定额、市政工程预算定额、装配式建筑预算定额、绿色建筑预算定额、城市地下综合管廊预算定额、轨道交通工程预算定额、市政公用设施养护维修预算定额可选择。

在左边上部可以切换"建筑工程""装饰工程"，可以根据需要在下部按章节展开须选择的清单、定额子目所在的"分部分项"，在右侧主栏内显示的就是此分部分项的全部清单、定额子目→在右侧主

栏内双击所选择的清单或者定额子目，在弹出的（如有时）此定额子目的换算页面勾选需要换算的项目，还可以分别双击下部的砂浆、混凝土等行尾部，显示▼→▼，根据需要选择修改、换算砂浆、混凝土标号，还可以根据需要分别单击选择、修改"工料机类别"栏下部的调整系数→【使用技巧】，可以查看标准换算操作技巧→确定，返回【查询】页面，继续选择下一个清单、定额子目……关闭查询页面，选择的清单、定额子目已显示在【分部分项】的主栏内→在所选择的定额子目的工程量表达式栏输入工程量→回车。

## 21.8 使用【整理】功能让清单、定额子目排序

在最上部单击一级功能菜单【编制】→【分部分项】（上部第二横行）→【整理清单】▼下拉菜单有（注意：在创建工程时选择的【清单计价】或【定额计价】模式不同，下列菜单略有不同）【分部整理】、【清单排序】数个功能→【分部整理】，弹出"分部整理"页面：需要参考此页面下部说明，在需要整理的项目前单击勾选→确定，主栏目内的清单、定额子目已经按照设定的要求整理完毕，加上了各分部的标题名称，并按照分部章节的先后次序自动排序。

如果选择【清单排序】，在弹出的"清单排序"页面：需要参考页面下部的说明→只能选择一种排序方式，可以选择任意起始流水号码→确定。

如果选择【整理工程内容】，在弹出的"整理工程内容"页面，单击选择【显示所有工程内容】，对于未组价的工程内容自动添加一条空子目行。如果选择【只显示组价工程内容】，可删除所有空白行、删除没有定额子目的清单行。此页面下部的二项可根据需要全部选择或不选择。"补充人材机"方法同上述。

## 21.9 编制补充定额子目

在【分部分项】界面，单击某1个定额子目的行首部，确定插入位置，光标放在上部横行【补充】▼（功能窗口），显示：自定义补充规范中没有的清单、定额或者人工、材料、机械→单击【补充】▼（下拉菜单有）补充：清单、（定额）【子目】、【人材机】三个功能，选择→单击【子目】，在弹出的"补充子目"页面，如图 21-9-1。

图 21-9-1 补充编制定额子目

按照各栏名称输入，补充的定额子目编号尾部应该带大写"B"，表示补充二字→单击【专业章节】空格后边的【…】，在弹出的"指定专业章节"页面：单击分部分项的名称→确定，所选择的章节名称已经显示在【专业章节】栏下部，还需要输入定额子目名称，单击【单位】栏→选择计量单位，分别输入各栏的人工费、材料费、机械费、管理费、利润等金额，每输入一项，移动光标→左键，程序自动在此页面下部显示输入的费用代码，在代码行的名称栏输入工程操作内容并且自动计算显示定额子目的【单价】→在【子目工程量表达式】栏：输入工程量数字→确定。补充的定额子目已经显示在【分部分项】界面的插入位置，并且可以根据输入的单价、工程量自动计算、显示定额子目的合计金额。

【补充人材机】功能可以参照上述方法操作。

## 21.10　设置工程量计量单位精度（小数点后的位数）

进入计价软件后，在【分部分项】界面：首先选择需要设置工程量计量精度的清单、定额子目，也可以单击左上角的空格、全部选择（在左上角）→【统一调价】▼，有【指定造价调整】、【造价系数调整】→【造价系数调整】，在弹出的"造价系数调整"页面，如图 21-10-1。

图 21-10-1　按照人材机单价调整工程造价

可以按照左上角的说明，在左下选择【整个项目】或者【措施项目】进行人工、材料、机械、主材、设备含量的调整→可以在某个分部工程根据需要单击选择一项或者按住左键向下拖动、选择多项。

功能方法一：在右边主栏上部单击"人材机单价"，分别在【人工】、【材料】、【机械】、【主材】、【设备】各栏，输入大于 1 为扩大、小于 1 是缩小的调整系数，还需要在此页面右上角勾选或者去勾（不选择）→选择"需要锁定的材料"如：甲供材料不参与调整；暂估材料不参与调整；甲方指定材料不参与调整；人工不参与调整→调整。提示：建议备份后调整，可以直接调整。

功能方法二：还是在造价系数调整页面，在右边主栏上部单击【人材机含量】→在右边可选择或者去勾（不选择、需要锁定）不参与调整的材料、人工→在右边主栏，分别输入【人工】、【材料】、【机械】、【主材】、【设备】的调整系数，并且在最右边分别选择，甲供材料不参与调整；暂估材料不参与调整；甲定材料不参与调整；人工不参与调整；计量单位为整数的材料不参与调整；还可以选择保留或者不保留原有系数，在此页面下部有【工程造价预览】功能，可以观察产生的各项数据→【调整】，弹出提示：统一调价功能将改变当前工程造价，强烈建议备份当前工程，如果预览中调整后的价格与原价格对比，不是期望的倍数关系，则可能因某些子目存在数量锁定的人材机，可以选择【备份后调整】或者【直接调整】。

　　在左上角→【文件】▼"→▼（众多下拉菜单有【保存】、【另存为】、【保存所有工程】、【打开】、【新建】、【选项】、【设置密码】、【生成工程量清单】、【转为审核】、【找回历史工程】）→【选项】，在弹出的"选项"页面的左侧→"预算书设置"的下部，程序可根据在创建工程时所选择的【清单计价】或者【定额计价】模式，显示与之对应的【清单工程量精度】或【子目工程量精度】。如果选择【清单工程量精度】，只能在对应【清单工程量精度】项下选择，在此页面右侧有各种计量单位如：台、m、m²、m³、工日、吨、kg、km、组、辆、部、台班等→分别双击各行尾部显示▼→▼，可以根据需要选择如：整数、小数 1 位、小数 2 位→确定。如果选择的是【清单工程量精度】，只能在所选择的清单行的"工程量"栏：显示设置的工程量精度。

## 21.11　自动提取混凝土模板定额子目的工程量

　　在最上部单击一级功能菜单【编制】，在【分部分项】界面：自动提取模板子目前需要检查与之对应的混凝土定额子目是否存在，有没有无工程量的情况，需要补上工程量（在主屏幕上横行的最右边）→【其他】▼→【其他】（下拉众多菜单）→【提取模板项目】，在弹出的"提取模板项目"页面，如图 21-11-1。

图 21-11-1　自动提取与混凝土工程量相对应的模板定额子目

　　在弹出的"提取模板项目"页面的左上角，【提取位置】栏：程序默认为"模板子目分别放在措施页面对应清单项下"▼（另有"模板子目分别放在对应砼子目下"（应该按照各地规定）→▼，选择"模板子目分别放在对应混凝土子目下"（便于与已有的混凝土子目对照检查）→在下部主栏目的左侧显示的是当前【分部分项】界面的全部【混凝土项目】的定额子目；右侧显示的是与之对应的模板定额子目（有的混凝土定额子目后边分有二行，多出的一行，也就是多出一个定额子目的位置，是竖向混凝土构件高度超过 3.6m 的模板超高增加费定额子目）→分别单击右侧模板子目的"模板类别"栏：

显示▼→▼，选择模板类别后，定额子目编号按照所选择的模板类别可联动改变，此时各行模板定额子目的"工程量"数量显示为零→双击模板子目的【系数】栏，需要按照相关行业规定输入每立方米混凝土的模板折算系数（此系数大于1，多为1.3左右）→回车，此模板定额子目的"工程量"栏已显示自动计算出的工程量。

如果与某个混凝土定额子目右侧对应多出一个模板定额子目时，在右侧与之对应的模板定额子目编号是空白，无定额子目编号，需要单击空白定额子目编号行的"模板类别"栏，显示▼→▼，选择【组合钢模板，木支撑】或者【复合模板，木支撑】→回车，已显示所选择的模板定额子目编号→在此行的【系数】栏（按照有关地区规定及经验值，多数在1.3左右）双击→输入工程量系数→回车，已经显示此模板定额子目的工程量，操作全部完成→确定。在【分部分项】界面的每个混凝土定额子目下边均增加了对应的模板定额子目，有工程量→确定。提取的模板定额子目已分别显示在【分部分项】界面的混凝土定额子目下邻行。

还可以把已经自动提取的模板定额子目全部移送到【措施项目】界面，还是在上横行【其他】▼→【▼】→【提取模板项目】，弹出"提取模板项目"页面，如上图21-11-1所示→单击左上角【提取位置】行尾部的【▼】，选择"模板子目分别放在措施页面对应清单项下"→确定，弹出提示：未找到对应清单，是否需要自动生成，【是】：软件自动生成清单→是。在【分部分项】界面主栏内A.5分部混凝土定额子目下部对应的模板定额子目已全部移除消失→进入【措施项目】，在【措施项目】界面下部已经显示自动提取的全部模板定额子目，并且有工程量。此项操作需要复核，如果在【分部分项】界面有个别混凝土子目下还有模板子目，手工删除，在【措施项目】界面手动输入到应有位置即可。结论：措施项目的定额子目设置在【分部分项】界面对应的混凝土定额子目下，与设置在【措施项目】界面，对与在【费用汇总】界面的含税工程造价合计数额无影响，计算值相同。

## 21.12　自动提取商品混凝土数量、查看工程量代码对照表

在【分部分项】界面，把（包括桩的）全部清单、定额子目输入完毕，输入的有关混凝土定额子目应该有工程量、商品混凝土及标号→任意单击某个定额子目的行首，此定额子目全行已被蓝色线条围合框住→（在上部顶横行）【插入】▼（下拉菜单有【插入清单】、【插入子目】）→【插入子目】，在蓝色线条围合的定额子目下邻行产生一行空白行→双击此空白行的"工程量表达式"栏，显示【…】，单击【…】，在弹出的"编辑工程量表达式"页面的下部有众多"工程量代码""名称"对照列表→双击【SPTSL：商品混凝土数量】，此"工程量代码"已自动显示在页面上部，在此还可以单击需要追加的"工程量代码"→【追加】，后选择的"工程量代码"已经与前边选择的"工程量代码"用加号组合成计算式（可以根据实际需要删除两个代码之间的加号，在此可以编辑简单的加、减、乘、除四则计算式）→确定，所选择的工程量代码已经显示在定额子目的空白行的"工程量表达式"栏，并且可以显示自动计算出的工程量→在此空白行输入定额子目编号，以河南地区16定额应该是5-82现场搅拌混凝土调整费→回车，如果有，可以进入此定额的标准换算界面，选择换算的内容、输入【人工】、【材料】、【机械】、【设备】、【主材】的调整系数。更早的08定额可以选择4-195商品混凝土运输；4-196商品混凝土运输，运距每增加……；4-197现场搅拌混凝土调整费。

在此只讲操作方法，究竟选择什么定额子目，需要按照各地规定，经批准的施工方案确定。

## 21.13　【替换】、【删除】人、材、机

在【分部分项】界面：单击某个清单行首部的序号，此清单包括其下部所属全部定额子目已经被蓝色线条围合框住；或者单击某个定额子目的行首，此定额子目的全行已经被蓝色线条围合框住。在

主栏目下部→单击（【工料机显示】行尾部的）【说明信息】，可以显示在上部主栏内所选择清单的【清单注释】和【清单计算规则】；如果在上部选择的是定额子目，则在【说明信息】下部显示的是所选择定额子目的主要工作内容和附注信息。

在上部某定额子目为当前操作项时→在【工料机显示】界面→【标准换算】→在进入的【标准换算】页面：可以选择【换算内容】。如果在上部主栏内单击一行首部，选择了一个定额子目，【Ctrl】加左键可以跨清单多次选择定额子目。还是在主栏最下部的【工料机显示】界面：在主屏幕上部→【查询】→▼→【查询人材机】，在弹出的【工料机显示】页面→分别双击【人工】或者【材料】或者【机械】某行的【名称】栏显示【…】→【…】，在弹出的"查询"界面，如图21-13-1。

图 21-13-1　替换、插入（增加）或者删除人工、材料、机械台班

在弹出的"查询"界面的【人材机】页面：左上角顶行默认显示"某地区房屋建筑与装饰工程预算定额"▼→单击尾部的▼→还可选择"通用安装工程预算定额"或者"市政工程预算定额"等。

左侧显示的是主要项目类别，可以展开需要操作的选项，右侧显示的是可以替换的同类材料，根据需要分别单击需要【插入】或【替换】或者增加的人工、材料、机械台班的行首部序号，所选择全行已经用蓝色线条围合为选中→【插入】或者【替换】，（如果覆盖可拖动移开）在下部【工料机显示】界面当前操作的人工或材料，或机械已经替换、更新；如果选择→【插入】，则是增加了一项人工、材料、机械。

在【工料机显示】页面选择一种人工或者材料或者机械，在【分部分项】上部→单击【删除】菜单，提示：确定要删除选中的人、材、机吗？→是。可以删除当前选择的人工、材料、机械。

## 21.14　工程量批量乘系数

提示：扩大或缩小，适用于业务谈判的升降价、打折操作。

在【分部分项】界面：全部清单、定额子目输入完毕，首先根据需要选择要批量乘系数的清单或者定额子目，如果选择全部，可以单击最上边的清单或定额子目左上角的空格，全部清单、定额子目由蓝色线条围合为选上；也可【Ctrl＋左键】多次单击某个清单或者定额子目的行首部，多次选择的清单或者定额子目分别由蓝色线条围合为选上。

在上部横行右边→【其他】▼→【其他】（下拉菜单有【批量换算】、【工程量批量乘系数】、【工程量批量输入】等10种功能）→【工程量批量乘系数】如图21-14-1。

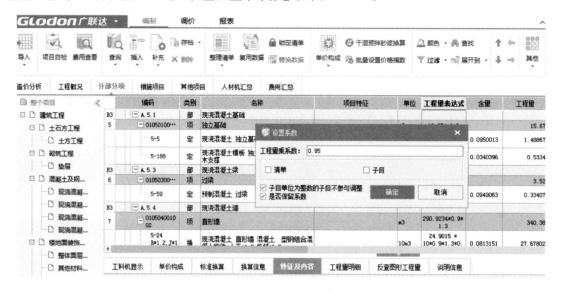

图 21-14-1　工程量批量乘系数

在弹出的"工程量批量乘系数"对话框中，可以根据需要勾选【子目单位为整数的子目不参与调整】、【是否保留系数】（如果选择不保留系数，在后续页面对应的各行不显示设置的系数）→在上部的【工程量乘系数】栏内，可以根据需要输入大于1或者小于1的系数→确定。在【分部分项】界面，所选择的各定额子目的"工程量表达式"栏的工程量后边已显示设置的系数。

【工程量批量输入】的操作方法同上述。

## 21.15　按照"指定的目标价"调整工程造价

单击主屏幕最上部的一级功能菜单【统一调价】▼→有【造价系数调整】、【指定造价调整】→选择【指定造价调整】，在弹出的"指定造价调整"页面，如图21-15-1。

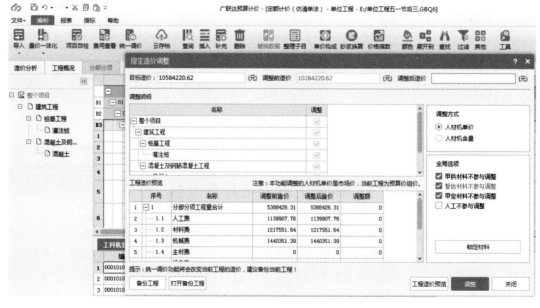

图 21-15-1　按照指定的目标价调整工程造价

在弹出的"指定造价调整"页面之上部横行中间显示的是【调整前造价】（也就是当前在【费用汇总】界面的【含税工程造价合计】）；在【目标造价】栏：默认为调整前的造价，在此可以输入需要调整的【目标造价】数额；【调整后造价】栏：显示为空白，说明：执行调价后与需要达到的目标造价可能会有少量误差。

需要先在"指定造价调整"页面右上角选择【调整方式】：可以选择调整【人材机单价】或者选择【人材机含量】，二者只能选择一种。

1. 方式一：在此页面的右边单击选择【人材机单价】调整，在下部的【全局选项】栏有【甲供材料不参与调整】、【暂估材料不参与调整】、【甲定材料不参与调整】、【人工不参与调整】。还可以根据需要单击【锁定材料】，在显示的"锁定材料"页面（如有覆盖可以拖动移开此页面），分别在此页面左边单击【人工】、【材料】、【机械】、【设备】、【主材】，在右边显示的各自人、材、机、设备、主材栏内单击、勾选各行尾部的【锁定】不参与调整价格的品种，对于在某个单项页面有【全部选择】或【全不选择】功能→确定，关闭"锁定材料"页面。

在返回的"指定造价调整"页面：在【目标造价】栏内输入需要调整的目标（又称作最终的"目的造价"）价后，在右下角→【工程造价预览】页面，显示【调整前造价】、【调整后造价】（有变动的显示为红色）、【调整额】→【调整】，提示：统一调价功能将改变当前工程的造价，强烈建议备份当前工程；如果预览中调整后的价格与原有价格不是期望的倍数关系，可能因为某些子目下存在锁定的人材机→可以选择【备份后调整】，在弹出的"备份工程"对话框，设置保存路径，输入备份的工程名称→确定。

也可以选择【直接调整】。进入【人材机汇总】界面，各行后边分别显示：【市场价合计】、【供货方式】已经设定的甲方、乙方供货（在上部横行）→【清除载价信息】，在弹出的"确认"对话框中，此功能将清除当前已载价材料的【价格来源】、【厂家】、【产地】、【品牌】信息，建议在执行此功能前备份工程，是否执行清除载价信息功能？选择"是"，备份工程后执行清除载价信息功能；选择"否"，不备份工程，直接执行清除载价信息；选择"取消"，将不执行清除载价信息功能。可以根据需要选择，使用【清除载价信息】功能后，各行对应的系数消失。

2. 方式二：按照"指定的目标造价调整"【人材机含量】调整，单击左上角的【指定造价调整】，在弹出"指定造价调整"页面，如本章图 21-15-1 所示。在右侧上部的【调整方式】栏下→单击选择【人材机含量】调整，在此页左边【调整明细】下部的各行已自动打勾、选择，有不需要的可以去勾不选择。在此栏下部的"全局选项"栏，可以选择【甲供材料不参与调整】、【暂估材料不参与调整】、【甲定材料不参与调整】、【人工不参与调整】、计量【单位为整数的不参与调整】、是否【保留系数】→【锁定材料】，在显示的"锁定材料"页面：可分别在此页面左边单击【人工】、【材料】、【机械】、【设备】、【主材】，在右边显示的各自人材、机、设备、主材栏，勾选各行尾部的【锁定】，不参与调整价格、数量的品种，对于在某个单项页面有【全部选择】或【全不选择】功能（可提高操作效率）→确定，已经关闭"锁定材料"页面。可以根据需要选择其中 1 项或者多项→【工程造价预览】，（调整运行）在本页的"工程造价预览"界面，已经显示【调整前造价】、【调整后造价】（为红色）、【调整额】→【调整】，弹出提示：统一调价功能将改变当前工程的造价，强烈建议备份当前工程；如果预览中调整后的价格与原有价格不是期望的倍数关系，可能因为某些子目下存在锁定的人材机→可以根据需要选择【备份后调整】或者【直接调整】。

进入【人材机汇总】界面，各行后边分别显示名称、数量、预算价、市场价、市场价合计、价差、供货方式等信息→【费用汇总】，在【费用汇总】页面，与正常的费用汇总信息相同，看不到调整前后的市场价，调整系数信息，在"含税工程总造价"栏，显示的是调整后的目标工程造价。

## 21.16　按照【造价系数】调整工程造价

单击左上角的一级功能菜单窗口【统一调价】▼→【造价系数调整】，在弹出的"造价系数调整"

页面，如图 21-16-1。

图 21-16-1　按照造价系数调整工程造价

在弹出的"造价系数调整"页面，可以按照此页面左上角的"说明信息"，可选择分部工程进行人、材、机含量调整，在右边主栏有【人材机单价】和【人材机含量】两个界面，需要按照当地定额站公布的信息指导价，可以分别在【人工】、【材料】、【机械】、【主材】、【设备】的调整系数栏，直接输入调整系数，系数大于 1 是提高、扩大；系数小于 1 是缩小。

在此页面最右边的"全局选项"栏，可以勾选不参与调整的项目→【锁定材料】，在弹出的【锁定材料】页面，如图 21-16-2。

图 21-16-2　使用【造价系数调整】功能"锁定"不参与调价的品种

在弹出【锁定材料】页面的左侧，可以分别单击选择【所有人材机】或者分别选择【人工】、【材料】、【机械】、【设备】、【主材】，在右侧主栏分别显示所选择的人、材、机、设备、主材的全部种类，可以根据需要在各行的【锁定】栏勾选不参与调整的种类，在此页面下部有【全部选择】、【全不选择】、【按名字过滤】功能，可以大大提高操作效率，还有"工程造价预览"功能，操作方法同有关章节，在此不再重复讲解→【调整】。

提示：统一调价功能将会改变当前工程的造价，强烈建议备份当前工程。如果预览中调整后的价格与原价格不是期望的倍数关系，则可能因为某些子目下存在锁定的人材机，可以根据需要→【直接调整】或者【备份后调整】。如果选择【备份后调整】，在弹出的"备份工程"对话框，需要记住备份路径→输入备份工程名称→确定。

进入【人材机汇总】界面，各行显示有：名称、规格型号、计量单位、数量、市场价、市场价合计、价差合计、价差等信息。计算方法：调前市场价×系数＝调后市场价。

在上部一级菜单的【编制】界面：【费用汇总】，进入【费用汇总】页面，与正常的费用汇总信息相同，看不到调整前后的市场价对比情况，看不到调整系数信息，在【含税工程总造价】栏显示的是调整后的【目标工程造价】。

## 21.17　营改增【批量载价】

各项清单、定额子目、工程量输入完毕（在上部第三行）→【人材机汇总】：在左侧"所有人材机"栏目下部→单击【人工表】（变蓝色，成为当前操作项），此时在右侧各工种的工日数量已经自动计算显示，如：2016 年定额普通人工工日定额的【预算价】是 87.1 元，定额【预算价】不能修改；在右侧有【市场价】87.1，并且双击此【市场价】87.1，按照双方约定例如：可输入【×1.3】的调整系数→回车，程序可以自动计算并显示调整后的市场价，红色字体是调高，蓝色字体是调低的数额，并且在后边的【价格来源】栏自动显示为"自行询价"，其后边的【价差】、【价差合计】已经自动计算显示。

以下各行的人工工日等均可以按照上述方法操作，调整后，此类信息可以自动计入关联界面。继续在【人材机汇总】界面：在此页面的左边→"主要材料表"，在主栏右侧显示已经输入清单、定额子目的全部主要材料，单击某行行首的序号，全行已经用蓝色线条围合框住，便于在后续操作中观察不会选错行、不会产生错误操作。在此材料表下部向右拖动滚动条→双击【规格型号】栏，可以修改规格型号→单击【供货方式】栏，显示▼→▼，可以选择【自行采购】或者【甲供材料】或【甲定乙供】，如果选择【甲供材料】，在后边自动显示此项材料的"甲供数量"，程序会在材料款中自动扣除此项材料款→勾选【市场价锁定】，此项材料价格将在后续操作中无法修改→双击【产地】栏，可以输入产地地址→双击【厂家】栏，可以输入厂家、品牌，可以设置质量等级、编辑备注。还可以显示价差、价差合计。

提示：只有在上部一级功能菜单【编制】→【人材机汇总】，在左边"所有人材机"栏的：人工表、材料表、机械表、设备表、主材表界面的左上角才能显示【载价】功能窗口，进行下述部分的操作：在左下部的"主要材料表"：以下的四个选项界面是找不到【载价】窗口的。

以上各行的各项参数设置完毕，在左上角→【载价】▼（下拉菜单有）有【批量载价】、【载入 Excel 市场价文件】（其操作方法大同小异）→选择【批量载价】，在弹出的"广材助手，批量载价"页面，有【信息价】、【市场价】、【专业测定价】三个选项可供选择，需要按照承包、发包双方在合同中的约定只能选择一项，如果合同没有约定，一般是首先选择政府【信息价】（指导价），【信息价】没有的，选择【市场价】，【信息价】、【市场价】，都没有的再选择【专业测定价】，也可三项都选。如：选择【信息价】→在【信息价】栏下选择【地区】→选择时间段→【下一步】→单击【信息价】（不含税）下部的▼，弹出"广材助手，批量载价"页面，有各种人工、材料的"不含税，属于已扣除税（裸）材料价"；还可以显示"优先使用信息价""第二使用市场价""第三使用专业测定价"，可以分别在【待载价格】含税栏，输入含税价格，在【参考税率】栏，可自动显示税率→回车；还可以在各自的【信息价】（不含税）栏、市场价（不含税）栏，单击显示▼→▼，在弹出的"选择价格"页面，如图 21-17-1。

图 21-17-1　选择信息指导价、市场价、专业测定价的先后顺序

在此有"不含税市场价"、"含税市场价"供选择→【下一步】，如图 21-17-2。

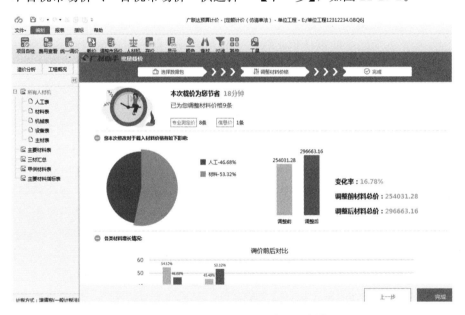

图 21-17-2　批量载价：价格调整前后经济效果对比

显示批量载价，价格调整前后各项指标、经济效果的对比情况，如上图 21-17-2→【完成】。关闭上述页面。材料表中红色的是调整后提高的市场价，绿色是调整后降低的市场价。

## 21.18　在【其他项目】界面的操作

在【分部分项】的右边（向右隔一个功能窗口）→单击【其他项目】功能窗口，进入【其他项目】界面→单击左侧的【计日工费用】，在此页面右侧展开"计日工费用"，在右边展开的【计日工费用】页面→单击"序号"栏，右键（下拉菜单有【插入标题】、【插入费用】、【删除】、【查询】等多个功能）→【插入标题】，在产生的空白行可以输入【计日工费用】的简要文字标题或说明→回车→单击下邻行→右键→【查询】，在弹出的【查询】页面，如图 21-18-1。

图 21-18-1  在【其他项目】界面计算临时用工

在左上角展开【人工】→【综合用工】，有多个用工种类、各个工种的预算工日单价→可以分别双击【普工】、【一般技工】、【高级技工】、【机械人工】、【安装工】、【调试工】、【合计工日】等，在此页面的右上角单击【插入】可以多次双击选择→关闭【查询】页面。已经选择的用工类型已经显示在【计日工费用】页面→输入各工种的【数量】→回车，双击【单价】栏，在此显示的工日预算单价可以按照预先商定的价格修改、调整→回车，在"管理费和利润费率"栏：输入管理费或者利润的百分比，如百分之二十，只能输入 20→回车，可自动显示 20%，程序可以自动计算，显示包含管理费或者利润的"综合单价""综合合计金额"。

还是在展开的【其他项目】界面：在左上角单击【序号】栏→右键（下拉菜单）→【插入标题】：输入标题名称如临时使用材料→回车，在"临时使用材料"标题的下邻行：右键→【查询】，在弹出的"查询【人材机】"页面的左边→展开【材料】，在此页面的右边显示全部材料的名称、规格型号→双击需要选择的材料→【插入】，方法同上述选择临时用工的操作。

在【其他项目】界面的【暂列金额】、【专业工程暂估价】、【总承包服务费】均可以按照上述方法操作→【费用汇总】，进入【费用汇总】界面，在【其他项目】栏，已经可以看到设置的各项费用。

## 21.19  在【人材机汇总】界面设置【主要材料表】

全部清单、定额子目输入完毕，在【其他项目】界面的补充人、材、机已经设置完毕→【人材机汇总】，进入【人材机汇总】界面，在左侧下部→单击【主要材料表】，右侧主栏显示本工程的全部材料、设备。在主屏幕上横行→单击【自动设置主要材料表】，在弹出的"自动设置主要材料表"对话框，如图 21-19-1。

图 21-19-1  自动设置主要材料表

需要按照对话框中的提示，选择设置方式。方式一：取材料价值前【多少】位的材料，如在此输入 20：表示按照占主要材料价值从前向后排序的前 20 位，设置结果是在主要材料表中显示 20 行材料，设置成功后从材料表中的序号可以看出。方式二：取占材料总价值××％的所有材料。方式三：取主材和设备。以上三种方式只能选择其中的一种，一般多选择方式三→在此选择一种设置方式→在对话框中输入要求的条件、数据→确定。

如果当前操作的主要材料表没有变化（死机），从左侧当前操作的【主要材料表】退出，再次单击进入【主要材料表】，右侧的材料表已经按照选择的设置方式完成材料排序，并且可以显示（甲方、乙方、自行采购的）供货方式、供货数量、预算价、市场价、价差、价差合计金额等数据。

## 21.20　在【费用汇总】界面的操作

在上横行→单击【费用汇总】，进入【费用汇总】界面，按照规定营业税的计算：应纳税数额＝税前工程造价×综合税率。按照增值税计算：应纳税数额＝销项（除税）数额－进项税数额。

关于增值税率问题：在【费用汇总】界面，按照国家最新政策规定，增值税税率先后从 11％降至 10％，又降低至 9％。修改增值税率的方法→可以直接双击【增值税】行的"计算公式"栏：全部计算公式变蓝，按照规定可以直接把原有的税率 11％修改为 9％；再把后边的税率数字如 11，直接修改为与前边相同的数字（必须双击此税率栏的首部，不能单击税率栏中间显示▼，会造成操作失败）→输入 9→回车，可以自动显示 9％，修改成功。

以下是一些功能介绍，不一定都要用。如在序号 1 行，单击【分部分项工程费】行的【计算基数】栏，显示▼→▼，在弹出的"费用代码"页面，如图 21-20-1。

图 21-20-1　【计算基数】下部的费用代码、费用名称、费用金额

分别单击左侧的【分部分项】、【措施项目】、【人材机】、【其他项目】等，在上述页面的右侧可分别显示所选项目的：费用代码、费用名称、费用金额相对照，方便查阅，如图 21-20-1。

在【费用汇总】界面，对于【计算基数】栏的【费用代码】的组合、【费用金额】的修改、计算如下。

在【费用汇总】界面：单击任何一行的【计算基数】栏（序号 15："安全文明施工费"；序号 36：定额规费除外），显示▼→▼，在弹出的"费用代码"页面，如图 21-20-1 所示→分别单击此页面左边的【分部分项】、【措施项目】、【人材机】、【其他项目】、【变量表】，可以在右边主栏内分别显示左边各项目的全部：【费用代码】、【费用名称】、【费用金额】。

1. 在【费用汇总】界面：各自的【费率】栏，单击显示▼，不要单击▼，再单击此栏显示【?】光标，可以根据需要输入小于1或者大于1的系数→回车，其后边【金额】栏的数额会自动计算并显示＝原来显示的数额×系数；删除在此输入的系数，可以恢复为原数额。

2. 还是在【费用汇总】界面各自的【费率】栏：单击显示▼→▼，在弹出的"定额库"页面上部，默认显示的是在初始进入计价软件新建工程时，选择的"某地区房屋建筑与装饰工程预算定额2016"▼→▼，有本地区更多如通用安装工程预算定额、市政工程预算定额、仿古建筑工程预算定额等专业定额，在此可选择。说明：一般不需要在此选择、切换定额专业，很少用到此功能。返回并单击原来选择的【费率】栏，可收回此页面。

3. 分别单击各行的备注栏，显示【…】→【…】，可以在弹出的"编辑备注"页面，编辑简单的备注文字说明→确定，编辑的文字说明已经显示在各行的备注栏内。

## 21.21  不清楚的问题咨询【广小二】

确认网线已连接，进入计价软件 P6.0：上横行的【分部分项】、【措施项目】、【其他项目】、【人材机汇总】、【费用汇总】等任何界面的主屏幕右上角，【登录】窗口的右邻，光标放到此功能窗口上可显示【联系客服】并单击【联系客服】，（首次）登录时，在弹出的"在线客服，广小二"页面→【账号登录】→输入账号（手机号码）、密码→【登录】，如图 21-21-1。

图 21-21-1  咨询广小二界面

在弹出的"广小二，广联达客服"页面的最下部，提示：请用一句话描述您的问题，输入需要提出的问题→【发送】，即可以显示您需要的答案。但不是每个问题都有您需要的答案，个别问题可能题库里没有，还需要自己解决。还可以对广小二本次的答复做出自己的评价，满意不满意，提供的答案有用没有用。光标放到此页面外部→右键，可以关闭此页面。

## 21.22  在【费用汇总】界面各项费用的组成与计算方法

在【人材机汇总】界面，对于左侧"所有人材机"栏下的【人工表】、【材料表】、【机械表】等价差的调整、计算以后→进入【费用汇总】界面。

1. 单击"序号10"（P6.0 为）：材料费差价＝CLFCJ：分部分项材料费差价＋ZCF：分部分项主材费＋FBFX－ZCJC：分部分项主材费价差＋SBF：分部分项设备费＋FBFX－SBJC：分部分项设备费价差，程序可以自动计算，不需要操作；2021 版 P6.0 是把各自前边的"费用代码"用计算符号相连接，组成计算式列在【计算基数】栏；把"费用代码"用中文说明列在"基数说明"栏，更容易对照理解。在序号10"材料费价差"行的【计算基数】栏显示各自的"费用代码"与组成的计算式，后边的【基数说明】栏有费用组成的中文说明，可以相互对照理解→单击【计算基数】，此栏显示▼→▼，在弹出的"费用代码"页面，可以查看全部的【费用代码】、【费用名称】、【费用金额】，作者对于上述数据已经复核，很准确。

2. 单击"序号1"，费用代码：A；名称：分部分项工程费；在【计算基数】栏显示：A2＋A3＋A4＋A5＋A6＋A7＋JZMJ（符号含义在下部各行的【费用代码】栏可以查到）；在【基数说明】栏：有与之对应的中文说明；在【计算公式】栏：有用各行费用代码组成的计算式、计算出的金额、费用类别→单击此行的【计算基数】栏显示▼→▼，可以显示其全部【费用代码】、【费用名称】，在此页面的左边分别单击【分部分项】、【措施项目】、【其他项目】、【人材机汇总】、【变量表】，在右侧主栏可以分别进入上述选项界面：查看相对应的【费用代码】、【费用名称】、【费用金额】，如图21-22-1。

图 21-22-1    在【费用汇总】界面各项费用的组成与计算方法

如果在创建工程时，输入了建筑面积，在上述页面→单击【变量表】，可以显示此工程的建筑面积，每平方米计算出来的费用金额。

序号13措施项目费在【计算基数】栏：B2＋B3＋B4＋ZJF＋ZJCSHJ；在【基数说明】栏，有用中文说明表示为：安全文明施工费＋单价类措施费＋其他措施费（费率类）＋分部分项直接费＋总价措施项目合计；后边有计算公式、金额，用于对照、理解、检查各项费用的组成。

## 21.23    【广联达 G＋工作台 GWS】下载安装

单击电脑桌面左下角的"球形图标"开始→显示【所有程序】（不要单击【所有程序】）→向上移动光标单击【软件管家】（如果找不到【软件管家】），单击【强力卸载软件】，在弹出的【软件管家】页面右上角有"一键卸载"字样的页面：在左上角找到并单击【软件管家】→在搜索行，提示"搜索要安装的软件"，输入【广联达（大写）：G＋，此时在下邻行已显示有【广联达 G＋工作台】、（【广联达电子招投标工具】、【广联达清标系统 GVB4.0】的安装方法相同），如果有的软件模块已经安装，还可以在其尾部显示【已安装】的字样。

单击【广联达 G＋工作台】行尾部的→【安装】，提示：G＋已升级到 6.0，如图 21-23-1。

图 21-23-1　【广联达 G＋工作台 GWS】下载安装

单击【开始安装】（安装运行，可能需要几分钟时间）→【完成】，提示：广联达 G＋想要开机启动→【允许】。

在电脑桌面上已经显示【广联达 G＋工作台 GWS】 图标。

在【软件管家】页面上部的"搜索"提示行，"搜索要安装的软件"并单击→输入要安装的软件名称，还可以安装更多的软件。

还可以→单击【广联达电子招投标工具】→【安装】，在弹出的"glodng……补丁压缩"页面：双击"GLOdons0f"→双击【投标工具】，弹出【安装】对话框：将安装某某地区编制投标工具，想要继续吗？→【是】，在弹出的"安装向导"页面→【下一步】，n 个【下一步】→【安装】（安装运行，可能需要几分钟）→【完成】，在电脑桌面上已经显示 "广联达某某地区电子投标编制工具"软件图标。

【广联达清标系统 GVB4.0】软件也按照上述方法安装。

## 21.24　【广材助手】下载、安装

方法 1：单击电脑桌面左下角的球形图标→显示【所有程序】（不要单击【所有程序】）→向上移动光标单击【软件管家】（如果找不到【软件管家】），单击【强力卸载软件】，在弹出的【软件管家】页面左边→单击【软件管家】，在上部【搜索】行，有提示"搜索要安装的软件"→输入要安装的软件名称"广材助手"，在下部主栏会显示要安装的软件→【开始安装】，如图 21-24-1。

图 21-24-1　下载安装【广材助手】

方法2：双击电脑桌面上的【广联达G＋工作台GWS】图标→【软件管家】，在弹出的【广联达软件管家】页面上部小镜子图标的"搜索"行，输入【广材助手】→单击已经输入的【广材助手】前边的【小镜子】搜索图标，显示【广材助手】（最新版）→【一键安装】，弹出"广联达G＋工作台"对话框，在注册账号栏输入手机号→输入密码，如果记不清楚密码，在此行可以输入本人的手机号→【找回密码】，系统会发送验证码到本人手机上，密码修改、确认成功后→进入基本资料栏，登录账号是手机号、昵称、出生日期×年×月×日、工作单位可以不输入→【保存成功】。

又返回到【广联达软件管家】页面：单击页面下部显示的【广材助手】（最新版）→【一键安装】（要求电脑必须是Win7系统）。【广材助手】安装成功。如果在电脑桌面找不到【广材助手】图标，可以在电脑桌面左下角→【开始】→【所有程序】，可以找到【广材助手】字样，拖到电脑桌面上，可以显示【广材助手】图标。

## 21.25　使用【广材助手】功能下载【信息价】、【市场价】

双击电脑桌面上的【广材助手】图标，在显示的"【广材助手】▼"页面的上部有【信息价】、【专业测定价】、【广材网市场价】、【供应商价格】、【企业材料库】、【人工询价】、【个人价格库】（可以显示已经建立的【个人价格库】）→【信息价】，在上部首行→选择【地区】→选择时间段【期数】，如图21-25-1。

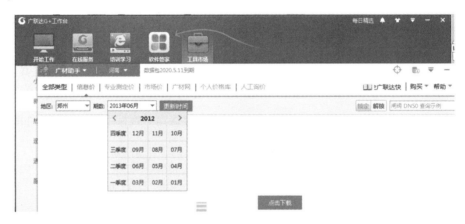

图21-25-1　利用【广材助手】功能下载信息价

【＞】向后选择年份→【＜】向前选择年份→选择年份的季度、月份→【点击下载】。在显示的地区：某期数【×年×月】▼页面的左侧的【所有材料类别】栏下选择材料类别（还有【工程费用台班】）并单击其中1项，在右侧主栏内显示所选择材料类别的全部材料，可以根据需要分别单击选择【显示本期价格】或者选择【结算调差】或者选择【显示平均价】，三项只能选择一项。

在此页面右边上部首行，单击第二个功能窗口【数据包管理】，在弹出的"广材助手，数据包管理"：【已更新数据包】→【导出数据包】，在弹出的"导出数据包"页面下部【文件名】行，自动显示已经建立的"数据包备份，×年×月×日"可以修改→【保存】（运行），提示：导出数据包成功→确定。

查找已经备份的数据包，双击【我的电脑】或者【计算机】，在显示的【我的电脑】或者【计算机】页面左边→【最近访问的位置】→可以找到【广材助手】并双击→下拉滚动条，可以找到"数据包备份，×年×月×日"文件。

选择【显示本期价格】，在各行的材料或者机械台班的行首部显示【出处】（又称价格来源）、名称、规格型号、计量单位、不含税市场价（裸价）、含税市场价、报价时间→单击【历史价】可以显示、选择历史价；应该按照当地定额站发布的信息指导价、有关文件规定执行。按照本章第十五节的方法查询。增值税应该选择不含税市场价（裸价）。

单击【结算调差】→在显示的各材料行尾部增加了【材料调差】栏，例如单击某行的【计算价差】，在弹出的"广材助手计算价差"页面：第一步，价差设置，可以自动显示此种材料的各时间、期数同类材料的当期价格→输入【进场工程量】，把当期也称作【本期价格】数字输入到此页面左上角【投标价】栏内→在【风险范围＋－】栏输入"$n$"％，按照规定输入【税率】，输入【工程名称】，在右下角→【计算价差】→【保存】。

保存后的提取应用：在【人材机汇总】界面下部【广材助手】→【信息价】，在信息价表格的上方→选择【显示平均价】→设置需要进行加权平均的季节、月份→确定→选择需要的平均价即可。

【按照市场价调差】，显示第二步，在【设置期数及平均规则】栏下，选择年份→单击左上角首个期数前边的小方格，可全部选择下边的各个期数；也可以有选择地选择 $n$ 个期数→输入各行所占比例→【下一步】，进入【第三步】，输入【工程量】数字，在上部各期，也是各行尾部补齐【本期价格】→【计算价差】，程序可以在已经输入的【工程量】前边的【信息价平均价】栏自动显示计算出的平均价→【保存】，保存后的提取应用与上述方法基本相同。

# 22 云计价亮点功能展示

【云计价亮点功能体验】：进入 P6.0 计价软件后，（在右上角）→【在线学习】▼→【云计价亮点功能体验】，弹出如图 22-1-1。

图 22-1-1　云计价亮点功能展示

共有 10 种功能→【预算快速新建群体项目】（也就是建立【项目】、【单项】、【单位】三级工程），在弹出的"新建概算、预算、结算、审核工程"页面：在左上角【新建】，有【新建概算项目】、【新建招投标项目】、【新建结算项目】、【新建审核项目】→单击【新建概算项目】，在弹出的"新建项目"页面→【清单计价】或者【定额计价】→【新建单项工程】，在弹出的"新建单项工程"页面：输入工程名称、单项工程个数、勾选【建筑】、【装饰】、【给排水】等→【新建单位工程】，可以快速新建群体工程。

在"云计价亮点功能展示"（如图 22-1-1）页面：【结算人材机轻松调差】→【人材机调整】，在【所有人材机】栏下部的第二行→【材料调差】→（主屏幕上部横行）【从人材机汇总中选择】，在弹出"从人材机汇总中选择"页面→（左上角的）可以选择【所有人材机】或者选择【材料】→选择【风险幅度范围】，在弹出的"设置风险幅度范围"对话框中：修改向上、向下浮动的百分比，如－5 表示向下浮动 0.05，3 表示向上浮动 0.03→确定。

注意：在主屏幕上部根据实际需要选择调差方式，有【造价信息价格差额调整法】、【当期价与基准期价差额调整法】、【当期价与合同价差额调整法】、【价格指数差额调整法】→选择【造价信息价格差额调整法】，下一步选择、修改某期单价，软件自动判断是否调差，并且根据所选择计算方式计算价差，在下部向右拖动滚动条，软件提供有多个时期的信息指导价→选择某个时间段的信息指导价，由软件自动计算调差。

在"云计价亮点功能展示"（如图 22-1-1）页面：为了高效率选择使用已经保存、备份的历史组价，云计价平台提供全新的组价方案保存及快速提取应用方法，单击选择【预算组价方案】，云计价平台可以把组价方案进行保存和选择复用→【分部分项】→任意单击某个清单行首部的序号，此清单及下部所属数个定额子目已经被蓝色线条围合框住为选上→（左上角的）【存档】▼→【组价方案】，就完成了所选择清单及其所属数个定额子目的组价方案保存。

如果要全部选择、保存组价方案，需要单击编码左上角，也就是单击首个清单序号的左上角，所有全部清单包括定额子目已经由蓝色线条围合为选上；也可以选择性地选择一个清单序号，此清单及下部所属数个定额子目已经被蓝色线条围合框住为选上→【Ctrl】加【左键】→可以有选择性的选择多个清单首部的序号，所有选择的清单及其下部所属数个定额子目均已经分别被蓝色线条围合框住为选上，在左上角的→【存档】▼→【组价方案】，已经完成所选择清单、定额子目的组价方案保存、备份。

　　提示：组价就是在一个清单下部所属有数个定额子目的组合。没有组价，是清单下部没有定额子目，属于无效清单。

对于已经保存、备份的组价方案的提取复用，第一种方法：（在右上角）【智能组价】，在弹出的"智能组价"页面【自积累数据】→选择【组价范围】，有整个项目或者当前单位工程两种选择→【立即开始组价】，组价完成。第二种方法：向下拉右边的滚动条，在主栏最下部→【组价方案】→通过不同的项目特征，进行对比、判断、修改、选择符合当前实际工况的组价方案，根据需要→单击须选择的定额子目的行首部，【Ctrl】加【左键】，可有选择性地多次选择，所选所属定额子目，或者多个定额子目已经被蓝色线条围合框住为选上，清单组价也就是使用了原来保存的组价方案。

# 23 用于对量的手算技巧

现在有许多青年人预算软件用得很熟练,对于一些传统、复杂的手算方法使用得不多,遇到发包方、承包方在工程造价结算,相互核对工程量的过程中,发现某个构件存在量差或需要把某个构件的电算工程量与传统手算工程量进行核对检查的情况,手算方法也是不能缺少的,本节仅就部分传统的较为复杂、常用的手算方法提供给读者。

## 23.1 土方工程

1. 四边放坡工程的土方量计算,如图23-1-1。

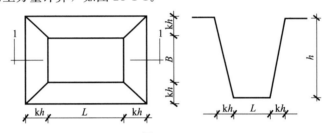

图23-1-1

四边放坡土方体积$=(L+k\times h)(B+k\times h)h+\frac{1}{3}k^2h^2$

式中 $L$、$B$——包括两边工作面宽度在内的基坑底两个方向的长度、宽度(m);

$h$——基坑深度(m);

$k$——放坡系数,$k=h\div$放坡宽度,当开挖深度存在不同土质的数个土层,各层土的放坡坡度系数不同时,可按土的加权平均综合放坡坡度系数。

加权平均坡度系数$=(k_1\times h_1+k_2\times h_2+k_3\times h_3+\cdots k_n\times h_n)/\sum h$

关于放坡深度起点及各种土质的放坡系数,需要按各地预算定额土石方分部的规定。

地沟或者基槽土方量的手工计算方法,一般采用截面法,也就是按照地沟或者基槽的截面积*长度=地沟或者基槽的土方量,对于各段不同截面积,只有某一种或两种构造尺寸不同的基槽,可采用加权平均值,先计算出加权平均综合深度值,再计算出地沟基槽的土方量:

加权平均值综合深度$=(h_1\times L_1+h_2\times L_2+h_3\times L_3+\cdots h_n\times L_n)/L$

式中 $h1$、$h2$、$h3$、$hn$——按照不同深度分段的地沟基槽深度,单位m。

$L$——地沟基槽总长度,单位m。

地沟基槽的宽度×加权平均综合深度×总长度=地沟基槽的土方量(m³)。

2. 长方形两对边放坡如下图23-1-2。

两对边放坡两对边不放坡(支挡土板)的土方体积$=L\times(B+k\times h)\times h$

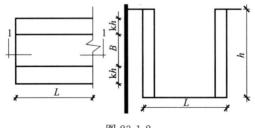

图23-1-2

3. 圆形放坡基坑如下图 23-1-3。

圆形放坡土方基坑土方体积＝$\frac{1}{3} d\pi \times h\ (r^2 + R^2 + r \times R)$

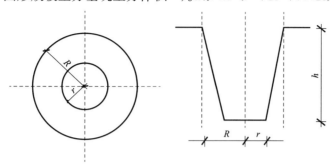

图 23-1-3

## 23.2　桩基工程

在圆柱形钢筋混凝土灌注桩、圆形柱、螺旋楼梯中经常有螺旋箍筋展开长度的计算：

螺旋箍筋长度＝螺旋箍筋圈数$\times \sqrt{螺距^2 + (\pi \times 螺圈外径)^2}$＋构件上下共 2 个环筋长度＋2 个弯钩长度

式中：螺旋箍筋圈数（也称道数）＝同一箍筋间距的箍筋设计长度÷螺距（精确到 2 位小数，尾数只入不舍）。

螺旋筋外径＝圆形构件直径－两个保护层厚

螺距即螺旋筋间距。

## 23.3　变长度钢筋总长度的计算

1. 三角形面积上分布钢筋总长度的计算，如下图 23-3-1。

$L_0$ 表示三角形中 $L_1 \sim L_5 \div n = L_0$ 三角形中位线的长度

$L_1 = L_2$ 的长度＋$L_5$ 的长度＝$L_3 + L_4 = 2L_0 = 2L_0 \div 2 = L_0$

三角形面积上钢筋总长度＝（钢筋总根数＋1）$L_0$

2. 梯形面积上等间距布置钢筋总长度计算，如下图 23-3-2。

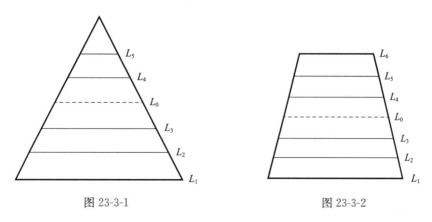

图 23-3-1　　　　　　　　　　　　　　图 23-3-2

$L_0$ 表示梯形的中线长度

$$L_1 + L_6 = L_2 + L_5 = L_3 + L_4 = 2L_0$$

梯形面积中变长度钢筋的总长度＝$L_0$：梯形的中位线长度×$n$（钢筋总根数）

以上需考虑保护层的扣除和弯钩长度，如有搭接应计入搭接长度。

## 23.4　圆形面积上等间距环筋

上图三角形面积之和（如图 23-4-1）为 $2\pi R$。上面图 a、图 b 的面积均为 $\pi R^2$，把其进行等式变换，$\pi R^2 = 2\pi R \cdot R \cdot \frac{1}{2} = $ 图 b 中各三角形面积之和，得出结论为：

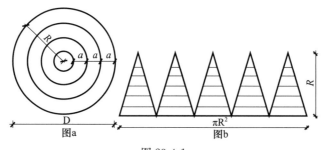

图 23-4-1

圆形面积可展开为底边长＝圆周长，高等于圆半径 $R$ 的若干个三角形面积（或近似于）其二图中等距离线段长度也相等，与上述梯形中位线同理，圆形面积上，环形钢筋总长度＝$L_0$：中位线长度×钢筋根数：$n$。

$$L_0 = （外圆周长＋内圆周长） \times \frac{1}{2} = （2\pi R + 2a：间距 \times \pi） \times \frac{1}{2} = （R＋a）\pi$$

$$圆形面积上环形钢筋总长度 = （R＋a）\pi \times n$$

式中　$R$——外圆环形钢筋半径；

　　　$n$——钢筋根数。

## 23.5　各种图形的面积计算

**1. 椭圆形面积计算**

$$椭圆形面积 = \pi R r = （\pi/4）Dd$$

式中　$D$——椭圆的长轴线长度；

　　　$d$——椭圆的短轴线长度；

　　　$R$——长轴线半轴线长度；

　　　$r$——短轴线半轴线长度。

**2. 正多边形面积计算**

$$正多边形面积 = （n/2）a \times r$$

式中　$n$——边数；

　　　$a$——边长；

　　　$r$——边心距；

　　　$R$——外接圆半径。

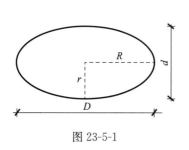

图 23-5-1

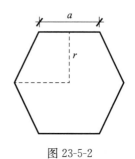

图 23-5-2

**3. 不等边四边形面积计算**

$$不等面四边形的面积 = \frac{1}{2}(h_1 + h_2)d$$

式中　$d$——对角线长度；

　$h_1$、$h_2$——不等边四边形的图示如图 23-5-3。2 个高度。

**4. 平行四边形面积计算**

$$平行四边形面积 = ah。$$

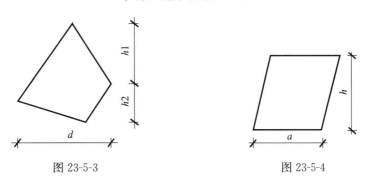

图 23-5-3　　　　　　　　　　　　图 23-5-4

**5. 不平行四边形面积计算**

$$不平行四边形的面积 = \left[(H+h) \times a + b \times H + c \times h\right]/2$$

**6. 扇形面积计算**

$$扇形面积 = (1/2)L \times r = (\pi \times r^2 \cdot \theta°)/360° = 0.008727 r^2 \theta°$$

$$L = r \times \theta(\pi/180°) = 0.01745 r\theta = (2 \times 扇形面积)/r = (2\pi r)/3.64$$

式中　$L$——弧长；

　$r$——半径；

　$\theta$——圆心角（单位：度）。

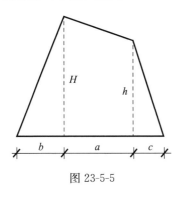
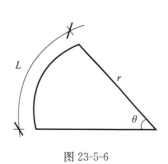

图 23-5-5　　　　　　　　　　　　图 23-5-6

**7. 弓形（又称弧形）**

弓形（又称弧形）的设计有两种，一种是按抛物线设计，另一种是按圆弧设计，需按设计者的说明。

（1）对于抛物线设计的弓形面积 = $0.6667 \times L \times F$，见下图 23-5-7。

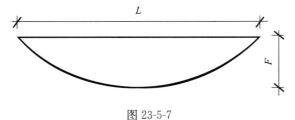

图 23-5-7

弓形又称弧形面积的弧线长＝$L^2＋1.3333F^2$，用于钢筋长度计算

（2）对于按圆弧设计的：

$$弧形面积＝K×L×F$$

$$K＝弧形面积÷L÷F＝（K：弧形面积系数）$$

$$F＝弧形面积÷L÷K$$

$$弧线长＝\sqrt{L^2＋F2}$$

$$弧线的半径：R＝\frac{L^2＋4·F}{8F}$$

$$弧线的圆心角（又称半径）：\Phi°＝弧长×F÷（L^2＋4F^2）÷0.0021816$$

$$＝弧长÷（L^2＋4F^2）×F÷0.0021816$$

## 23.6 圈梁的钢筋长度计算

（1）外墙圈梁纵筋长度＝Σ外墙中心线长度×纵筋根数＋L$d$：锚固长度×外墙 QL 内侧钢筋根数×转角数

（2）内墙圈梁纵筋长度＝（Σ内墙 QL 净长度＋l$d$：规范规定的锚固长度×2×内墙圈梁钢筋根数）×内墙圈梁钢筋根数

## 23.7 平屋面保温层工程量的计算

保温层工程量＝图示面积×平均厚度

关键是平均厚度的计算。

（1）当保温层兼找坡层：

a. 设计保温层（也称找坡层）最薄处为 0 时。

$$双找坡屋面保温层平均厚＝屋面坡度×（L/2）÷2$$

$$单找坡屋面保温层平均厚度＝屋面坡度×L÷2$$

$$找坡的坡度＝保温层最厚的厚度÷L$$

双找坡最薄处为 0，见图 23-7-1。

单找坡最薄处为 0，见图 23-7-2。

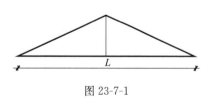
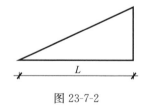

图 23-7-1                  图 23-7-2

b. 保温层最薄处为 $h$，双找坡屋面保温层最薄处为 $h$，见图 23-7-3。

$$双找坡屋面保温层平均厚度＝找坡坡度×（L/2）÷2＋h$$

单找坡屋面保温层最薄处为 $h$，见图 23-7-4：

$$单找坡屋面保温层平均厚度＝找坡坡度×L÷2＋h$$

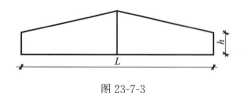
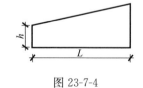

图 23-7-3                   图 23-7-4

# 23.8　坡屋面每 100m² 用瓦块数的计算

（1）瓦的规格和搭接长度见表 23-1-1。

**表 23-8-1　瓦的规格和搭接长度**

| 瓦名称 | 规格 mm | | 搭接长度 | | 单块瓦利用率 |
|---|---|---|---|---|---|
| | 长 | 宽 | 长向 | 宽向 | |
| 水泥瓦 | 385 | 235 | 85 | 33 | 66.98 |
| 黏土瓦 | 380 | 240 | 80 | 33 | 68.09 |
| 水泥、黏土脊瓦 | 455 | 195 | 55 | | 87.91 |

每 100m² 瓦用量：块 $=\dfrac{100\text{m}^2}{(\text{瓦长度}-\text{搭接长})\times(\text{瓦宽度}-\text{搭接宽})\times(1+\text{损耗率})}\times(1+\text{损耗率})$

提示：损耗率按各地定额规定，河南为 2.5%。

（2）脊瓦用量：每 100m² 屋面摊入脊长度 11m 水泥脊瓦、黏土脊瓦长 455mm，宽 195mm，长度方向搭接长度均为 55mm。

每 100m² 屋面摊入脊瓦用量 $=\dfrac{1}{0.455-0.055}\times11\times(1+2.5\%\text{损耗率})$

# 全书快捷键汇总表

| 快捷键 | 功能 |
|---|---|
| 【Z】 | 可隐藏、显示暗柱、框架柱、构造柱构件图元 |
| 【Q】 | 可隐藏、显示剪力墙、砌体墙构件图元 |
| 【E】 | 可隐藏、显示圈梁构件图元 |
| 【G】 | 可隐藏、显示连梁的构件图元 |
| 【X】 | 可隐藏、显示飘窗构件图元 |
| 【M】 | 可以让门的构件图元透明 |
| 【N】 | 可以让楼板洞口的构件图元透明 |
| 【F】 | 可隐藏、显示板负筋构件图元 |
| 【S】 | 可隐藏、显示板受力筋构件图元 |
| 【R】 | 可隐藏、显示各型楼梯构件图元 |
| 在识别或绘制梁画面，在键盘大写状态下输入 L | 显示和隐藏梁构件图元的快捷键 |
| Ctrl＋F10 | 显示、隐藏 CAD 图快捷键 |
| 双击滚轮 | 【全屏】快捷键 |
| F10 | 查看构件图元工程量快捷键 |
| F11 | 查看计算式快捷键；GD：梁查看吊筋快捷键；DJ：梁生成吊筋快捷键 |
| CM | 梁生成侧面筋快捷键；W：尺寸标注显示、隐藏快捷键 |
| 【Y】 | 有【隐藏】、【显示】砌体加筋构件图元快捷键功能 |
| Ctrl＋A | 全部选择使文件全部发黑 |
| Ctrl＋C | 复制 |
| Ctrl＋S | 保存 |
| 书中的"→"表示 | 下一步（单击） |